"十四五"普通高等教育电气类专业系列教材

信号与系统

王娟娟　赵　倩　付　锐◎主　编
郑黎明◎副主编

中国铁道出版社有限公司
CHINA RAILWAY PUBLISHING HOUSE CO., LTD.

内 容 简 介

本书基于工程数学和电路分析,以当代信息科学的观点理解、审视、组织和阐述传统课程内容,以达到深入理解经典理论的目的。

本书共七章,包括信号与系统概论、连续时间信号与系统的时域分析、连续时间信号与系统的频域分析、连续时间信号与系统的复频域分析、离散时间信号与系统的时域分析、离散时间信号与系统的 z 域分析、基于 MATLAB 的信号与系统实例分析。

本书适合作为普通高等学校电子信息类、自动化类及计算机类专业“信号与系统”课程的教材,也可供电气、电子信息、自动化等领域的技术人员参考。

图书在版编目(CIP)数据

信号与系统 / 王娟娟, 赵倩, 付锐主编. -- 北京 : 中国铁道出版社有限公司, 2025. 4. -- (“十四五”普通高等教育电气类专业系列教材). -- ISBN 978-7-113-32024-9

Ⅰ. TN911.6

中国国家版本馆 CIP 数据核字第 2025FT8651 号

书　　名: 信号与系统

作　　者: 王娟娟　赵　倩　付　锐

策　　划: 侯　驰　　**编辑部电话:** (010)83529867

责任编辑: 张家畅　徐盼欣

封面设计: 高博越

责任校对: 安海燕

责任印制: 赵星辰

出版发行: 中国铁道出版社有限公司(100054,北京市西城区右安门西街 8 号)

网　　址: https://www.tdpress.com/51eds

印　　刷: 河北燕山印务有限公司

版　　次: 2025 年 4 月第 1 版　2025 年 4 月第 1 次印刷

开　　本: 787 mm×1 092 mm 1/16　**印张:** 13.5　**字数:** 327 千

书　　号: ISBN 978-7-113-32024-9

定　　价: 45.00 元

前 言

目前,“信号与系统”已经成为电子信息类、自动化类及计算机类专业重要的技术基础课,将为学生进一步学习“数字信号处理”“通信系统原理”“自动控制”“随机信号处理”等课程,以及将来从事信息获取、转换、传输及处理工作奠定良好的基础。随着新一轮科技革命与产业变革的到来,新的学科方向不断涌现,催生出了“新工科”建设体系,大数据、云计算、人工智能等新学科的出现,并未使传统课程“信号与系统”的地位下降,相反,该课程在本科教育体系中更加重要。“信号与系统”课程以确定性信号通过线性时不变系统的过程为核心,综合运用了多门数学课程的知识,涉及频域/复频域分析、线性空间变换、正交分解等数据处理、机器学习领域中的重要思想。

本书基于工程数学和电路分析,涉及连续时间和离散时间信号与系统、傅里叶级数、傅里叶变换、拉普拉斯变换和 z 变换等经典内容。通过对时域、频域重要概念及其时-频转换关系的讨论,希望读者掌握变换和滤波的基本原理并能够在时域和频域中进行自由转换。

本书以当代信息科学的观点理解、审视、组织和阐述传统内容,以激发学生的学习兴趣,达到深入理解经典理论的目的。另外,育人的根本在于立德,根据《普通高等学校教材管理办法》的要求,高校教材应全面贯彻党的教育方针,落实“立德树人”根本任务,这对教育教学方向提出了新要求,因此,打造一本服务新工科、彰显新动态、融合新理念的教材,成为编者及西安交通工程学院信号与系统课程组的一大愿望。

本书共七章。其中,第 1 章论述信号与系统中的基本概念;第 2 章论述连续时间信号与系统的时域分析;第 3 章论述连续时间信号与系统的频域分析;第 4 章论述连续时间信号与系统的复频域分析;第 5 章论述离散时间信号与系统的时域分析;第 6 章论述离散时间信号与系统的 z 域分析;第 7 章是基于 MATLAB 的信号与系统实例分析。

本书在编写过程中注意突出以下几点：

(1)在编写内容上力求深入浅出，摒弃了一些烦琐的数学推导，在每章内容后都配有习题，并加入了部分考研真题，以供学生加强理解和练习。

(2)强调理论与应用的紧密结合，结构清晰，每章都从基本理论出发，循序渐进，结合工程实例，加深学生对内容的理解。

(3)在传统的理论与先进的计算工具——MATLAB 之间进行了整合，主要体现在第 7 章。这样有利于学生应用计算机实践信号与系统的众多理论和算法，同时也为把这些理论与算法应用于工程实例打下基础。

(4)注重价值引领，融入人文教育、德育元素。本书在引出知识点时，结合学科前沿发展史，引导读者思考数学公式中的一般性哲理，培养学生科学思维能力，强调基础知识对学科发展和科技创新的重要作用，激发学生专业认同感和产业强国的责任感。

本书由王娟娟、赵倩、付锐任主编，由郑黎明任副主编，由西安交通工程学院信号与系统课程组成员共同编写。具体编写分工如下：第 1、2 章由赵倩编写，第 3、7 章由付锐编写，第 4、5 章由王娟娟编写，第 6 章由王娟娟、郑黎明编写。在编写过程中，编者参考了许多和“信号与系统”课程相关的文献，在此谨向其作者深表谢意。

由于编者水平有限，书中难免存在疏漏及不妥之处，恳请广大读者批评指正。

编　者

2025 年 2 月

目录

第1章 信号与系统概论

学习目标

(1)了解信号与系统的基本概念。

(2)掌握典型连续信号/离散信号的表示方法,掌握奇异信号的表示方法、物理意义和基本性质。

(3)掌握信号的基本运算方法。

(4)了解系统的基本概念和分类。

学习导言

探索是一种乐趣,学习是一种幸福。系统之美、信号真谛,皆有规律可循。

1.1 概 述

自从爱因斯坦的"相对论"、维纳的"控制论"、香农的"信息论"发表以来,科学技术发生了巨大的变化,新的工业化革命席卷全球。尤其近几十年来,在微电子技术、计算机技术、通信技术快速发展的基础上,世界迅速进入以计算机网络通信为特点、以知识经济为标志的信息时代。

在信息时代,"信息"是一项重要的资源,通过传输与交换就能创造出价值。在现代科学技术日益发展的条件下,携带信息的信号和传输系统日益复杂,促进了信号与系统理论研究的进一步发展。古代用烽火信号传递信息,近代用无线电报传递信息,现代用光纤宽带网传递信息。如何在有限的带宽内传递更多的信息,如何保证信息传递的安全可靠,都是现代信号与系统中要研究的问题。信号的基本分析方法、系统的基本分析方法,是现代信号与系统分析方法的基础。

"信号与系统"的基本概念、基本理论和基本方法直接促进了以下科学技术的发展,并为之奠定了理论基础:

其一,用数学模拟的方法研究信号与系统,促进了信号与系统模拟仿真技术的发展。

其二,用变换域的方法研究信号与系统,促进了信号与系统正交变换技术的发展。

其三,用离散的方法研究连续的信号与系统,促进了信号与系统数字化技术的发展。

"信号与系统"的概念、理论和方法已广泛应用于各个学科领域,例如,在通信、微电子、计算机、航天航空、自动控制、生物医学、图像识别等学科领域中都得到了应用，甚至在社会学信息方面也离不开“信号与系统”所研究的基本概念、基本理论和基本方法。

1.2 信号的概念与分类

1.2.1 信号的概念

宇宙中的一切事物都处在不停的运动中。广义地说，物质的一切运动或状态的变化都是一种信号，即信号是物质运动的表现形式。古代的烽火台通过“光”信号来传递敌人入侵的消息；古战场上通过击鼓和鸣金来传达“进”和“退”的命令；这些信号至今仍在使用，如十字路口交通灯的指路信号、运动场上的发令枪等。

现代社会中，人们每天都会与含有信息的各种各样的信号接触，如打电话、看电视、观天象等，以便获得信息或将信息传递出去。信息一般不能直接传送，它必须借助一定形式的信号（如光信号、声信号、电信号等），才能远距离快速传输和进行各种处理。因此，信号就是信息的载体，是信息的表现形式。图 1-1 所示是几种实际信号的形式。

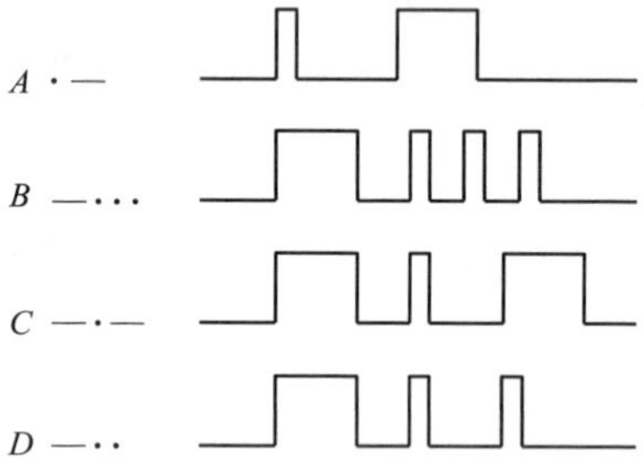

（a）电报信号

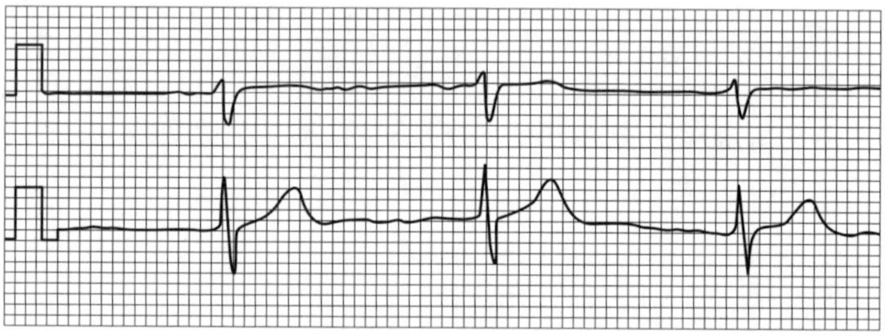

（b）心电图信号

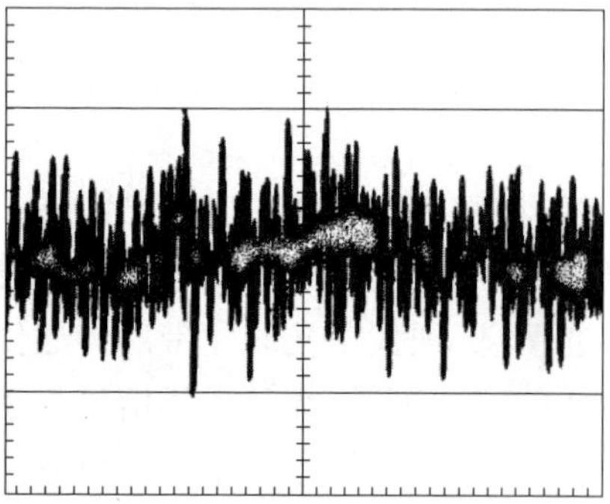

（c）音乐信号

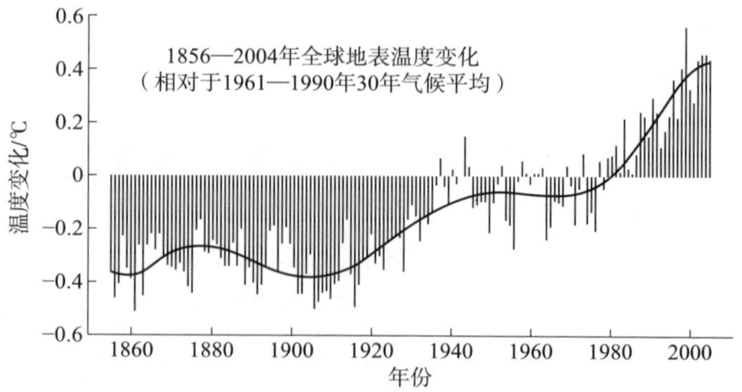

（d）气温变化信号

图 1-1　几种实际信号的形式

通常，传送消息的信号形式都是随时间变化的，如温度信号、压力信号、语音信号、光信号、电信号等，它们反映了事物在不同时刻的变化状态。由于电信号易于产生和控制、传输速度快、应用广泛，所以工程上常把非电信号转化为电信号进行传输与处理。电信号是指带有一定信息量，随时间变化的电流、电压、电容器上的电荷、电感线圈的磁通，以及空间的电磁波等。基于电信号的重要性，本书仅研究随时间变化的电流或电压等电信号，简称信号。

1.2.2 信号的分类

信号的形式各种各样，可以从不同的角度对信号进行分类。

1. 确定信号和随机信号

若信号随时间的变化服从于某种确定规律，能用确定的数学函数表达，对任一确定的时刻，信号有确定的函数值，则这种信号称为确定信号。对于确定信号，给定某一时刻后，就能确定一个相应的信号值，如正弦信号。如果信号是时间的随机函数，则事先将无法预知它的变化规律，这种信号称为不确定信号或随机信号。随机信号不能以明确的数学表达式表示，只能用概率统计的方法描述，噪声就是典型的随机信号。信号在传输过程中不可避免地要受到各种干扰，所以理想的确定信号实际上是不存在的，但作为科学的抽象，研究确定信号的特性仍是十分重要的基础。本书只讨论确定信号。

图 1-2 所示是几种简单的信号波形，其中图 1-2(a) ~ 图 1-2(e)所示各信号均是确定信号，图 1-2(f)所示信号是随机信号。

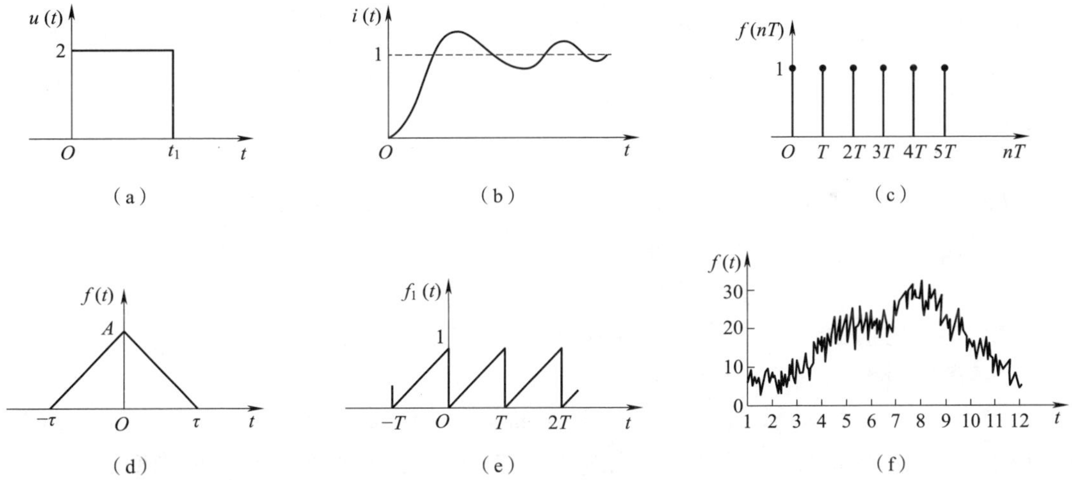

图 1-2 几种简单的信号波形

2. 连续时间信号和离散时间信号

从时间变量的取值是否连续出发，信号可分为连续时间信号和离散时间信号。

在连续时间域里有定义的信号称为连续时间信号，简称连续信号。这里的“连续”是指函数(信号)的定义域——时间 t 是连续的，函数的值域可以是连续或者离散的，如图 1-3 所示。

时间连续、函数值亦连续的连续时间信号称为模拟信号。图 1-3(a)所示的 $f_1(t)$ 属于模拟信号，而图 1-3(b)所示的 $f_2(t)$ 就不属于模拟信号。本书不再细分，将连续信号和模拟信号通用。

只在一些离散时间点上有定义的信号，称为离散时间信号，简称离散信号。这里“离散”是指信号的定义域——时间 t 是离散的，它只取某些规定的离散值 k，如图 1-4 所示。

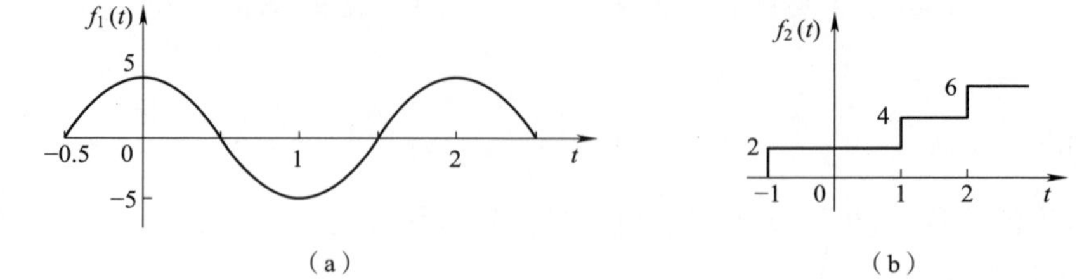

图 1-3　两种连续信号的波形

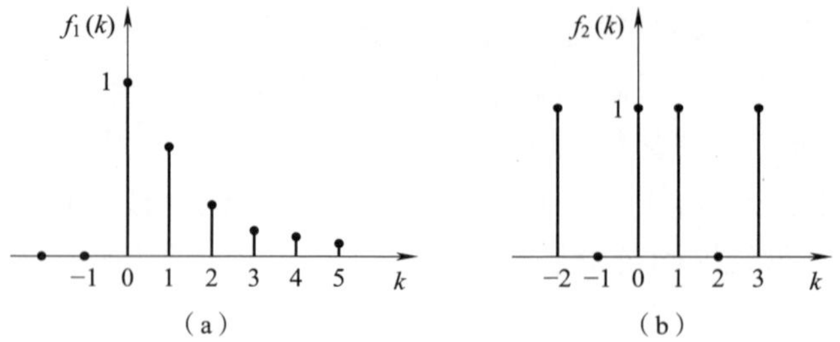

图 1-4　两种离散信号的波形

时间离散、函数值亦离散的离散时间信号称为数字信号。图 1-4(b)所示的 $f_2(k)$ 属于数字信号,而图 1-4(a)所示的 $f_1(k)$ 就不属于数字信号。本书亦不细分,将离散信号、数字信号二者通用。

3. 周期信号和非周期信号

按照时间函数的周期性来划分,信号可分为周期信号和非周期信号。

一个连续信号 $f(t)$,若对所有 t 均有

$$f(t)=f(t+mT),\quad m=0,\pm 1,\pm 2,\cdots \tag{1-1}$$

则称 $f(t)$ 为连续周期信号,满足式(1-1)的最小 T 值称为 $f(t)$ 的周期。

一个离散信号 $f(n)$,若对所有 n 均有

$$f(n)=f(n+mN),\quad m=0,\pm 1,\pm 2,\cdots \tag{1-2}$$

则称 $f(n)$ 为离散周期信号或周期序列,满足式(1-2)的最小 N 值称为 $f(n)$ 的周期。

周期信号的波形如图 1-5 所示。

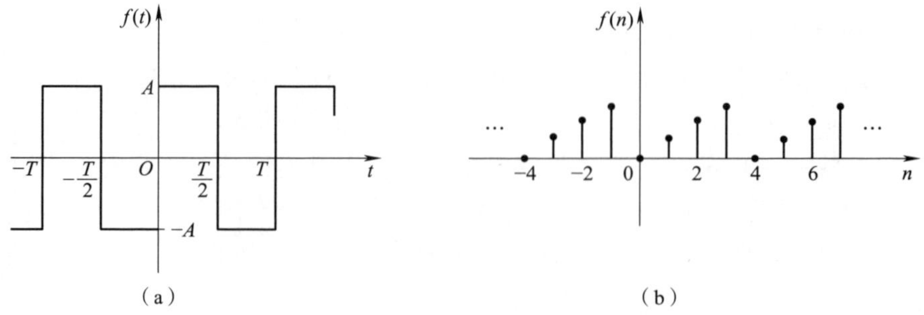

图 1-5　周期信号的波形

凡是无重复变化规律的信号皆为非周期信号。

4. 因果信号和非因果信号

按信号存在的时间范围,可以把信号分为因果信号和非因果信号。当 $t<0$ 时,连续信号 $f(t)=0$,信号 $f(t)$ 是因果信号,反之为非因果信号;当 $n<0$ 时,离散信号 $f(n)=0$,则信号 $f(n)$ 是因果信号,反之为非因果信号。如图 1-6 所示,图 1-6(a)所示信号为非因果信号,图 1-6(b)所示信号为因果信号。

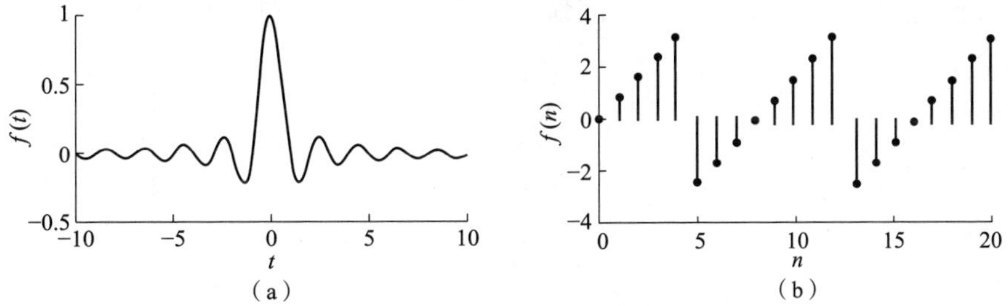

图 1-6　因果信号和非因果信号

1.3　常用的基本信号

在信号与系统的分析中,常常用一些基本信号表示复杂信号。因此,学习基本信号的知识是分析信号与系统的基础。基本信号包括普通信号与奇异信号。

1.3.1　普通信号

普通信号包括直流信号、正弦信号、实指数信号、复指数信号和降正弦函数等。

1. 直流信号

直流信号定义为

$$f(t)=A \quad (-\infty<t<\infty)$$

直流信号是在全时间域上等于恒指值的非因果信号,波形如图 1-7 所示。

2. 正弦信号

正弦信号可表示为

$$f(t)=A\sin(\omega t+\varphi)$$

正弦信号的波形如图 1-8 所示。正弦信号的变化频率是周期 T 的倒数,即 $f(t)=\dfrac{1}{T}$,其角频率 $\omega=2\pi f=\dfrac{2\pi}{T}$。

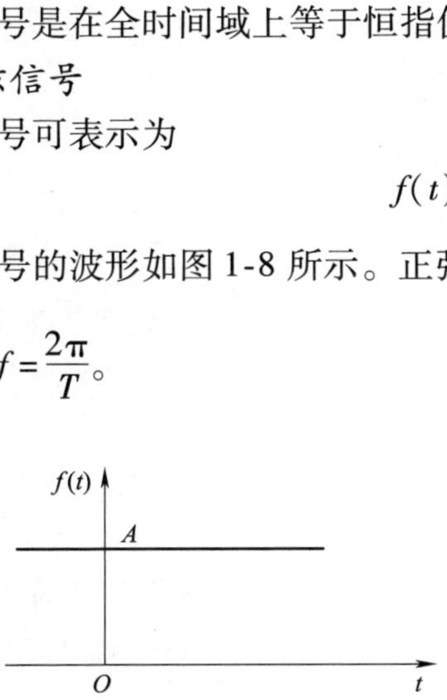

图 1-7　直流信号

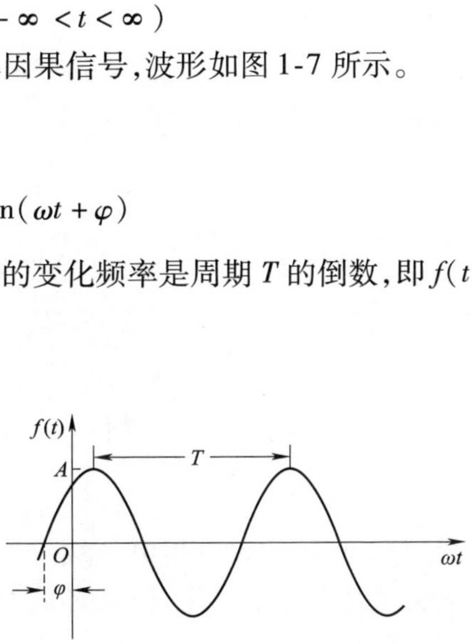

图 1-8　正弦信号

3. 实指数信号

常用的实指数信号是单边的,定义为

$$f(t)=A\mathrm{e}^{-\alpha t}\quad(\alpha>0,t>0)\tag{1-3}$$

实指数信号是因果信号,如图 1-9 所示。

特别应注意的是,引入单位阶跃函数 $\varepsilon(t)$ 后,信号 $f(t)$ 和 $f(t)\varepsilon(t)$ 的波形有时是不同的。例如,信号 e^{-t} 和 $\mathrm{e}^{-t}\varepsilon(t)$ 的波形如图 1-10 所示,前者在整个时间域均按 e^{-t} 规律变化,而后者仅在正时间域按规律 e^{-t} 变化,它在负时间域全为零,并在 $t=0$ 处有跃变。

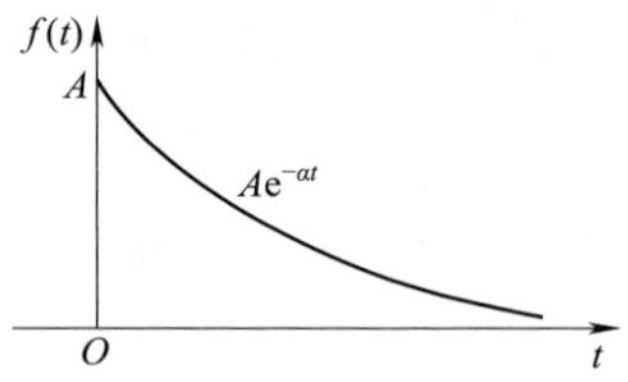

图 1-9 实指数信号

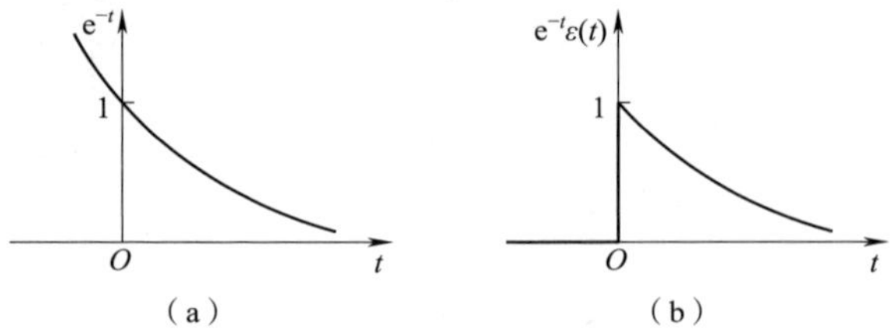

图 1-10 e^{-t} 和 $\mathrm{e}^{-t}\varepsilon(t)$ 的波形

4. 复指数信号

设 α 为任意实数,则复指数信号可表示为

$$f(t)=A\mathrm{e}^{(\alpha+\mathrm{j}\omega)t}\tag{1-4}$$

式中,若 $\alpha=0$,则 $f(t)$ 成为虚指数信号;若 $\omega=0$,则 $f(t)$ 成为实指数信号。根据欧拉公式,虚指数信号

$$\mathrm{e}^{\mathrm{j}\omega t}=\cos\omega t+\mathrm{j}\sin\omega t,\quad \mathrm{e}^{-\mathrm{j}\omega t}=\cos\omega t-\mathrm{j}\sin\omega t$$

从而有

$$\sin\omega t=\frac{1}{2\mathrm{j}}(\mathrm{e}^{\mathrm{j}\omega t}-\mathrm{e}^{-\mathrm{j}\omega t}),\quad \cos\omega t=\frac{1}{2}(\mathrm{e}^{\mathrm{j}\omega t}+\mathrm{e}^{-\mathrm{j}\omega t})$$

所以复指数信号可表示为

$$f(t)=A\mathrm{e}^{\alpha t}(\cos\omega t+\mathrm{j}\sin\omega t)\tag{1-5}$$

其实部和虚部如图 1-11 所示($t\geqslant0$ 时)。

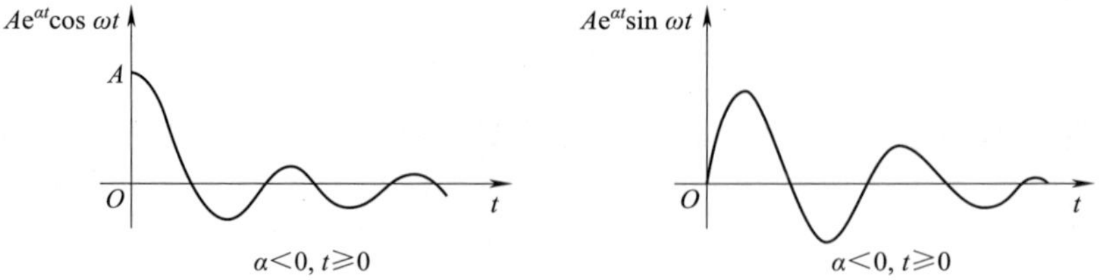

图 1-11 复指数信号

5. 降正弦函数

在通信及信号处理的许多应用中,经常会遇到一种重要函数——降正弦函数(也称抽样函数)。它的特点是将正弦信号除以 t 后形成由大到小的摆降波形,常用 $\mathrm{Sa}(t)$ 表示,其定义为

$$\mathrm{Sa}(t)=\frac{\sin t}{t}\tag{1-6}$$

降正弦函数曲线如图 1-12 所示。

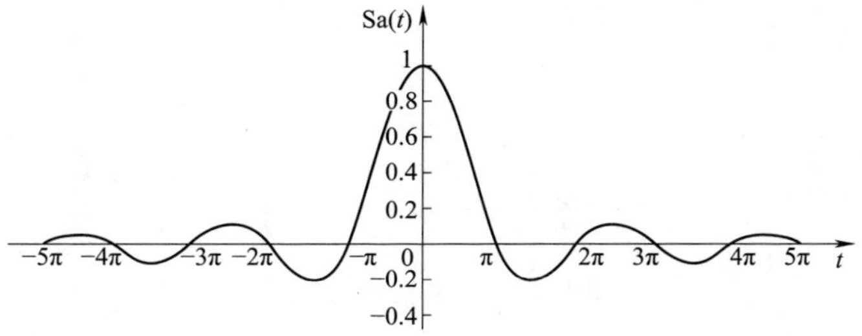

图 1-12　降正弦函数曲线

1.3.2　奇异信号

奇异信号包括单位阶跃信号、单位斜坡信号、单位冲激信号和单位冲激偶信号。

1. 单位阶跃信号

单位阶跃信号用 $\varepsilon(t)$ 表示，定义为

$$\varepsilon(t)=\begin{cases}t, & t>0\\ 0, & t<0\end{cases} \tag{1-7}$$

单位阶跃函数在 $t=0$ 处发生跃变，阶跃幅度为 1，若阶跃幅度为 A，则可记为 $A\varepsilon(t)$。

延迟 t_0 后发生跃变的单位阶跃函数可表示为

$$\varepsilon(t-t_0)=\begin{cases}1, & t>t_0\\ 0, & t<t_0\end{cases}$$

在负时间域幅值恒定为 1 而在 $t=0$ 处发生跃变到零的阶跃信号可表示为

$$\varepsilon(-t)=\begin{cases}1, & t<0\\ 0, & t>0\end{cases}$$

$\varepsilon(t)$、$\varepsilon(t-t_0)$ 和 $\varepsilon(-t)$ 的波形如图 1-13 所示。

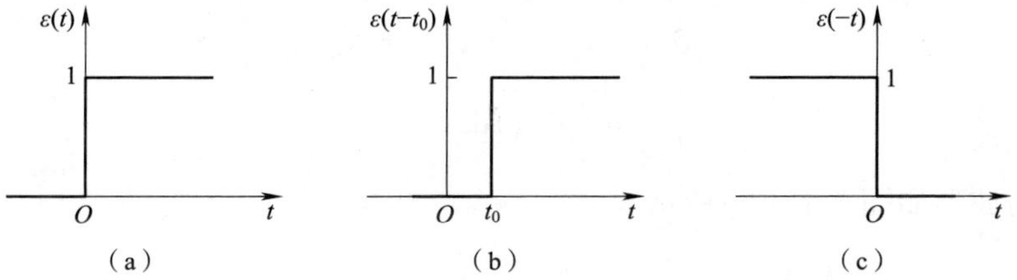

图 1-13　三种阶跃信号的波形

在信号分析与处理中，常遇到信号的某些基本运算——加（减）、乘、平移、反转和尺度变换等，这些也称信号的简单处理，它们是复杂信号处理的基础。

2. 单位斜坡信号

单位斜坡信号常用 $r(t)$ 表示，定义为

$$r(t)=\begin{cases}t, & t\geqslant 0\\ 0, & t<0\end{cases} \tag{1-8}$$

也可借助阶跃信号简洁地表示为 $r(t)=t\varepsilon(t)$。斜坡信号的波形如图 1-14 所示。

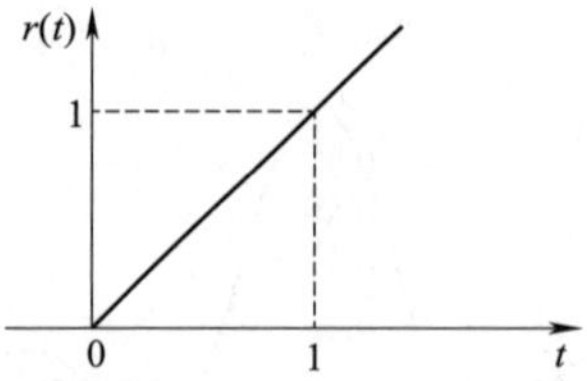

图 1-14　斜坡信号的波形

从阶跃信号与斜坡信号的定义,可以导出阶跃信号与斜坡信号之间的关系,即

$$r(t)=\int_{-\infty}^{t}\varepsilon(\tau)\mathrm{d}\tau=\begin{cases}t, & t>0\\0, & t<0\end{cases} \tag{1-9}$$

$$\frac{\mathrm{d}r(t)}{\mathrm{d}t}=\varepsilon(t) \tag{1-10}$$

3. 单位冲激信号

冲激函数的提出有着广泛的物理基础。例如,如何描述钉子在一瞬间受到极大作用力的过程？如何描述乒乓球运动员发球瞬间的作用力？如何描述在极短时间内给电容以极大电流充电的情形？因此,需要定义一个理想函数以满足各种应用。

1)单位冲激信号的定义

单位冲激信号可由不同的方式来定义,其中一种定义是采用狄拉克(Dirac)的定义,用 $\delta(t)$ 表示,即

$$\begin{cases}\delta(t)=0, & t\neq 0\\ \int_{-\infty}^{\infty}\delta(t)\mathrm{d}t=1\end{cases} \tag{1-11}$$

冲激信号用箭头表示,如图 1-15(a)所示。冲激信号具有强度,其强度就是冲激信号对时间的定积分值。在图中以括号注明,以与信号的幅值区分。

冲激信号可以延迟至任意时刻 t_0,以符号 $\delta(t-t_0)$ 表示,定义为

$$\begin{cases}\delta(t-t_0)=0, & t\neq t_0\\ \int_{-\infty}^{\infty}\delta(t-t_0)\mathrm{d}t=1\end{cases} \tag{1-12}$$

$\delta(t-t_0)$ 的波形如图 1-15(b)所示。

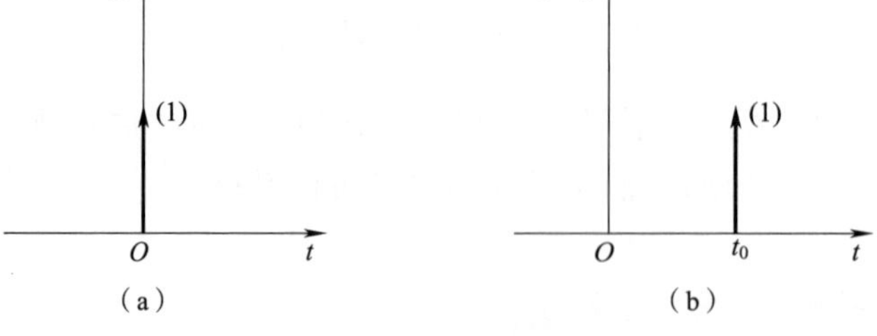

图 1-15　冲激信号

强度为 A 的冲激信号可记为 $A\delta(t)$，延迟 t_0 出现的冲激信号可记为 $A\delta(t-t_0)$。

单位冲激信号 $\delta(t)$ 是作用时间极短但取值极大的一类信号的数学模型。为较直观地理解冲激信号，可以将其看成某些普通偶信号的极限。图1-16所示为一个宽度为 τ，幅度为 $\frac{1}{\tau}$ 的对称矩形脉冲信号。当保持矩形脉冲面积 $\tau\cdot\frac{1}{\tau}=1$ 不变，而令宽度 $\tau\to 0$ 时，其幅度 $\frac{1}{\tau}$ 趋于无穷大，这个极限情况即为单位冲激函数，其定义为

$$\delta(t)=\lim_{\tau\to 0}\frac{1}{\tau}\left[\varepsilon\left(t+\frac{\tau}{2}\right)-\varepsilon\left(t-\frac{\tau}{2}\right)\right] \tag{1-13}$$

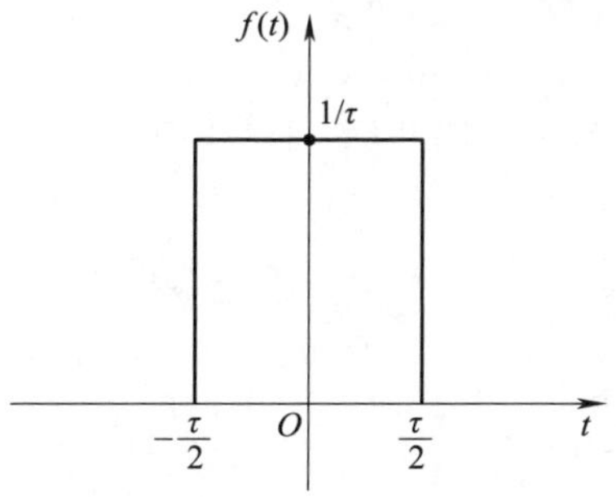

图1-16　矩形脉冲信号

还有一些面积为1的偶函数，如三角形脉冲函数、双边指数脉冲函数、钟形脉冲函数等，当宽度趋于0时的极限也可以用来定义 $\delta(t)$ 的函数。

2）单位冲激信号与单位阶跃信号的关系

根据 $\delta(t)$ 的定义，可以建立单位冲激信号与单位阶跃信号的确切关系。由于 $\delta(t)$ 只在 $t=0$ 存在，因此

$$\int_{-\infty}^{\infty}\delta(t)\,\mathrm{d}t=\int_{0-}^{0+}\delta(t)\,\mathrm{d}t=1 \tag{1-14}$$

故有

$$\int_{-\infty}^{t}\delta(\tau)\,\mathrm{d}\tau=\begin{cases}1, & t>0\\ 0, & t<0\end{cases}$$

根据 $\varepsilon(t)$ 的定义，应有

$$\varepsilon(t)=\int_{-\infty}^{t}\delta(\tau)\,\mathrm{d}\tau \tag{1-15}$$

式(1-15)表明：单位冲激信号的积分为单位阶跃信号；反过来，单位阶跃信号的导数应为单位冲激信号，即

$$\delta(\tau)=\frac{\mathrm{d}\varepsilon(t)}{\mathrm{d}t} \tag{1-16}$$

【例1-1】　已知 $f(t)$ 的波形如图1-17(a)所示，试求其一阶导数并画出波形。

解　首先用 $\varepsilon(t)$ 的组合表示 $f(t)$，即

$$f(t)=\varepsilon(t)+\varepsilon(t-t_1)-2\varepsilon(t-t_2)$$

对上式求导,得

$$f'(t)=\delta(t)+\delta(t-t_1)-2\delta(t-t_2)$$

其波形如图 1-17(b)所示。

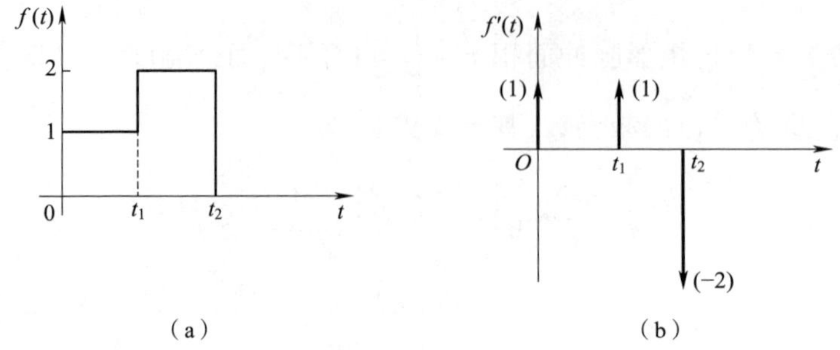

图 1-17　例 1-1 图

3)冲激信号的性质

冲激信号具有以下重要性质:

(1)$\delta(t)$是偶函数。

因为

$$\delta(t)=\frac{\mathrm{d}\varepsilon(t)}{\mathrm{d}t}$$

对上式以 $-t$ 换 t,有

$$\delta(-t)=\frac{\mathrm{d}\varepsilon(-t)}{-\mathrm{d}t}=\delta(t)$$

所以 $\delta(t)$是偶函数。进一步,若 τ 为某一时间值,则有

$$\delta(t-\tau)=\delta(\tau-t)$$

(2)$\delta(t)$具有取样性。

若函数$f(t)$在 $t=0$ 连续,由于 $\delta(t)$只在 $t=0$ 存在,故有

$$f(t)\delta(t)=f(0)\delta(t) \tag{1-17}$$

若$f(t)$在 $t=t_0$ 连续,则有

$$f(t)\delta(t-t_0)=f(t_0)\delta(t-t_0) \tag{1-18}$$

以上说明,$\delta(t)$函数可以把信号 $f(t)$在某时刻的值取样(筛选)出来作为自己的强度,如图 1-18 所示。

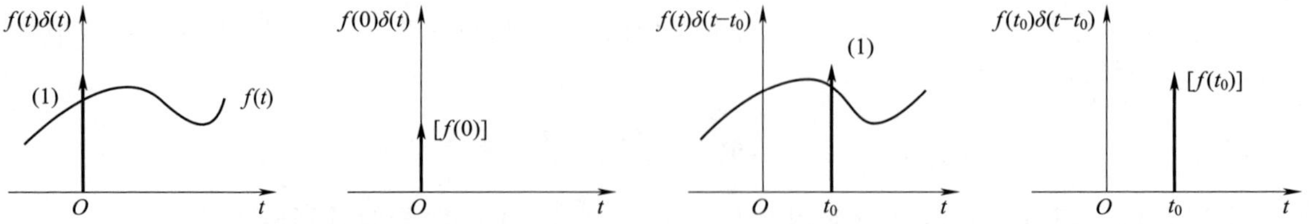

图 1-18　$\delta(t)$的取样性示意

利用上述$\delta(t)$的取样性,可以得到以下重要的积分结果:

$$\begin{cases}\int_{-\infty}^{\infty} f(t)\delta(t)\,\mathrm{d}t = f(0)\\ \int_{-\infty}^{\infty} f(t)\delta(t-t_0)\,\mathrm{d}t = f(t_0)\end{cases} \tag{1-19}$$

4. 单位冲激偶信号$\delta'(t)$

1)单位冲激偶信号的定义

冲激信号$\delta(t)$的导数即为冲激偶信号$\delta'(t)$或$\delta^{(1)}(t)$,其定义为

$$\delta'(t) = \frac{\mathrm{d}\delta(t)}{\mathrm{d}t} \tag{1-20}$$

因为单位冲激函数可表示为

$$\delta(t) = \lim_{\tau\to 0}\frac{1}{\tau}\left[\varepsilon\left(t+\frac{\tau}{2}\right) - \varepsilon\left(t-\frac{\tau}{2}\right)\right]$$

所以

$$\delta'(t) = \frac{\mathrm{d}\delta(t)}{\mathrm{d}t} = \lim_{\tau\to 0}\frac{1}{\tau}\left[\delta\left(t+\frac{\tau}{2}\right) - \delta\left(t-\frac{\tau}{2}\right)\right] \tag{1-21}$$

式(1-21)取极限后是两个强度为无限大的冲激函数,当t从负值趋向零时,是强度为正无穷的正冲激函数;当t从正值趋向零时,是强度为负无穷的负冲激函数,如图1-19所示。

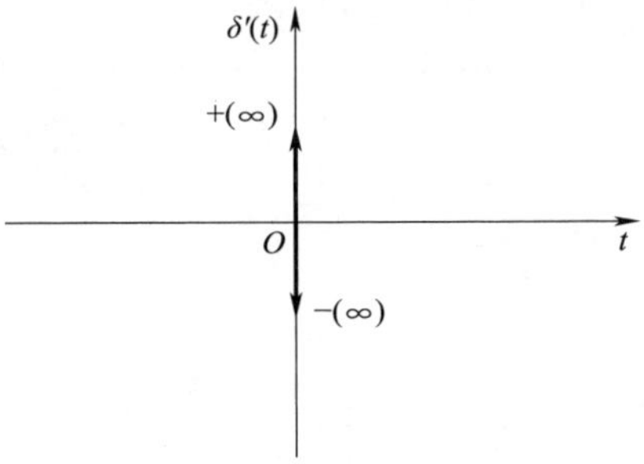

图1-19 单位冲击偶函数$\delta'(t)$

2)冲激偶函数的性质

(1)取样特性。

对$f'(t)$在$t=0$点连续的函数,有

$$\int_{-\infty}^{\infty} \delta'(t) f(t)\,\mathrm{d}t = -f'(0) \tag{1-22}$$

(2)尺度特性。

$$\delta'(at) = \frac{1}{a|a|}\delta'(t), \quad a\neq 0 \tag{1-23}$$

由式(1-23),当$a=1$时,有

$$\delta'(-t) = -\delta'(t) \tag{1-24}$$

这说明$\delta'(t)$是奇函数,故有

$$\int_{-\infty}^{\infty} \delta'(t)\,\mathrm{d}t = 0 \tag{1-25}$$

可以证明

$$\delta^{(n)}(-t)=(-1)^n\delta^{(n)}(t) \tag{1-26}$$

即 $\delta(t)$ 的偶次导数是偶函数,奇次导数是奇函数。

(3)冲激偶函数与冲激信号的关系。

$$\delta'(t)=\frac{\mathrm{d}\delta(t)}{\mathrm{d}t} \tag{1-27}$$

$$\int_{-\infty}^{t}\delta'(\tau)\mathrm{d}\tau=\delta(t) \tag{1-28}$$

1.4 信号的基本运算

1.4.1 相加(相减)和相乘

1. 相加(相减)

两信号进行加、减运算,就是对两信号对应时刻的信号值相加、减。设 $f_1(\cdot)$、$f_2(\cdot)$ 两信号运算的结果信号为 $y(\cdot)$,显然有

$$y(\cdot)=f_1(\cdot)\pm f_2(\cdot) \tag{1-29}$$

式中,若"·"是 t 则表示连续信号运算,若"·"是 n 则表示离散信号运算。

设有信号 $f_1(t)=\varepsilon(t)$,$f_2(t)=-\varepsilon(t-t_0)$,则二者之和为

$$f(t)=\varepsilon(t)-\varepsilon(t-t_0)$$

两信号之和 $f(t)$ 的波形如图 1-20 所示,即 $f(t)$ 在任意时刻的值是两信号在该时刻值的和。

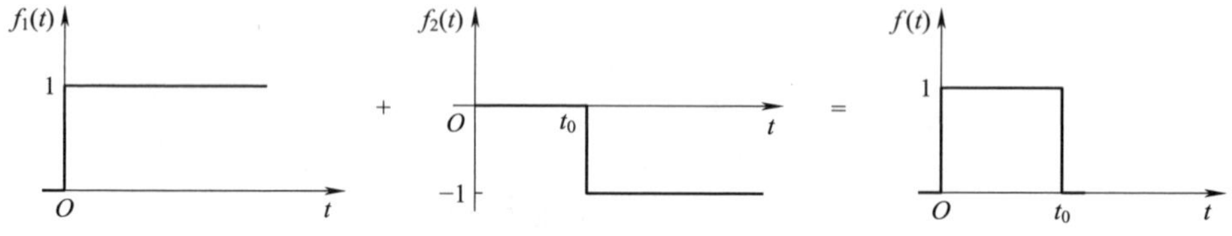

图 1-20 信号的相加

2. 信号的相乘

两信号相乘运算,就是两信号对应时刻的函数值相乘,即

$$y(\cdot)=f_1(\cdot)f_2(\cdot) \tag{1-30}$$

设有信号 $f_1(t)$ 和 $f_2(t)$,二者相乘所得的新函数在任意时刻的值等于两个信号在该时刻的值之积,图 1-21 为信号相乘的示意图。

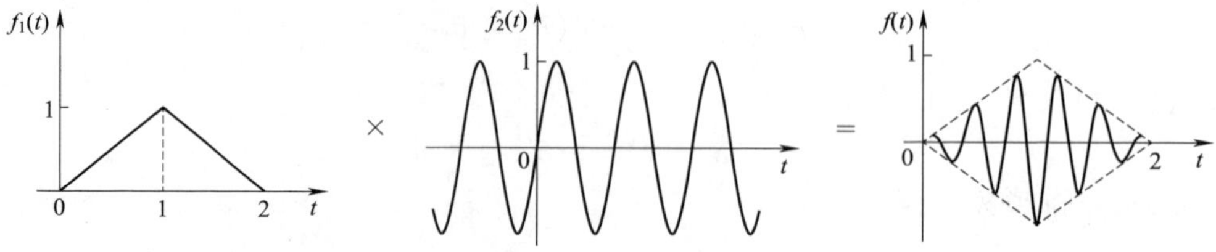

图 1-21 信号的相乘

1.4.2 反转和平移

将信号$f(t)$的自变量t换成$-t$,可得到另一个信号$f(-t)$,这称为信号的反转或反折。从图形上看,将$f(t)$的波形以纵坐标为轴反转180°,即成为$f(-t)$。例如,已录制的音像信号$f(t)$,将其倒转播放就是$f(-t)$,示意图如图1-22(a)所示。

将信号$f(t)$的自变量t换成$(t\pm t_0)$,t_0为正的实常数,则可得一个新的信号$f(t\pm t_0)$。这就意味着把$f(t)$的波形沿时间轴整体平移(延时)t_0个单位。$f(t-t_0)$表示向右平移t_0,$f(t+t_0)$表示向左平移t_0,示意图如图1-22(b)所示。

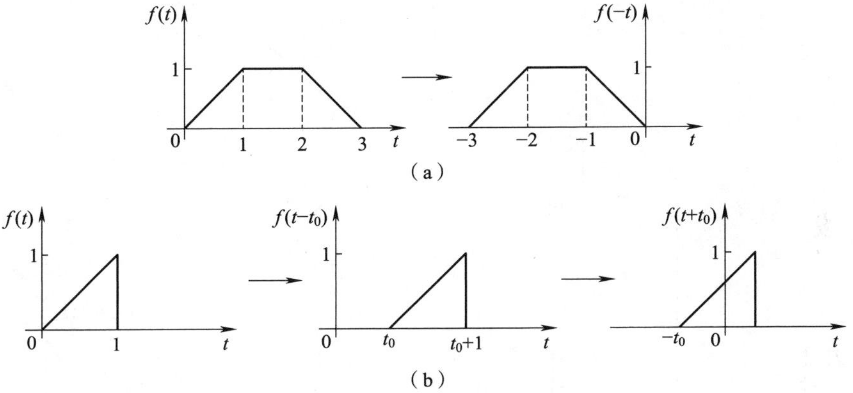

图1-22 信号的反转与平移

1.4.3 尺度变换

若将信号$f(t)$的自变量t换成at,a为正实数,则信号$f(at)$将在时间尺度上压缩或扩展,这称为信号的尺度变换。若$0<a<1$,则意味着原信号从原点沿t轴扩展;若$a>1$,则意味着原信号沿t轴压缩(幅值不变),如图1-23所示。

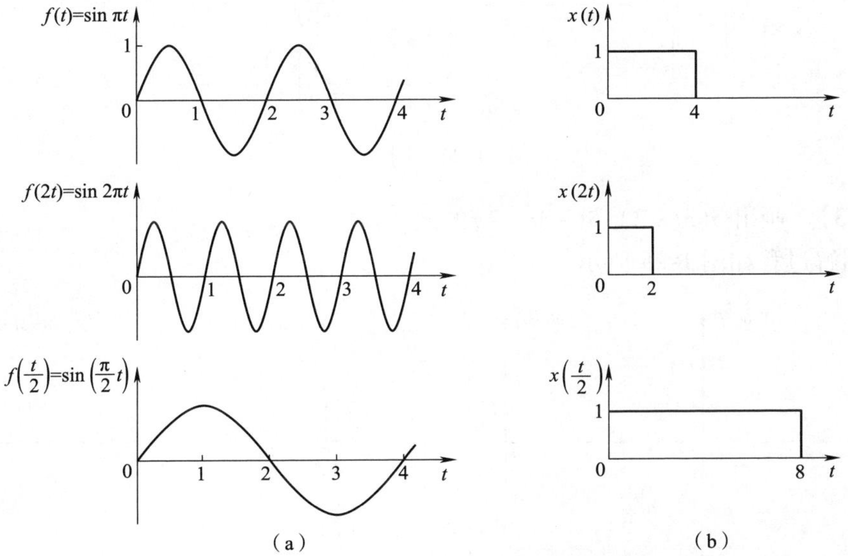

图1-23 信号的尺度变换

信号的尺度变换在信息的存储、压缩和解压缩技术方面应用很广。例如，若$f(t)$是已录制好的音乐信号磁带，则$f(2t)$是以原声的2倍速度播放；$f\left(\frac{t}{2}\right)$是将原声降低一半速度播放。

需要注意的是，尺度变换仅是在时间轴上被压缩或扩展，但幅度均没有变化。

由上面的分析可知，无论是展缩、平移还是反转，都是对自变量的变化而言的。实际上，信号的变化是上述三种方式的综合，现举例说明。

【例1-2】 已知$f(t)$的波形，求$f(-2t+1)$的波形。

解 图解过程如图1-24所示。

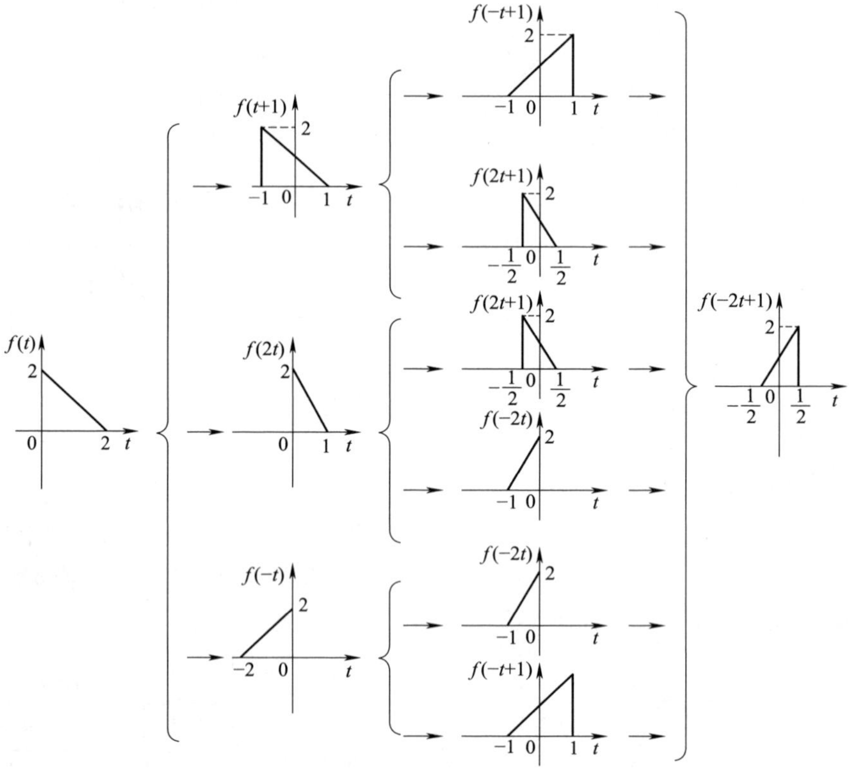

图1-24 例1-2图

【例1-3】 画出$\delta(3t+2)$、$\delta(-3t-2)$的波形。

解 图解过程如图1-25所示。

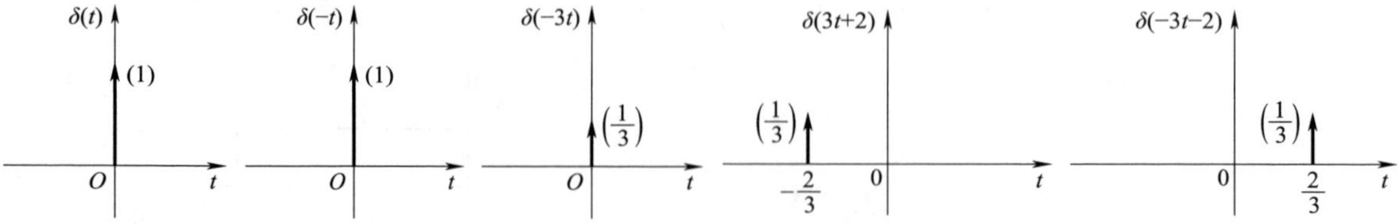

图1-25 例1-3图

1.5 系统的概念与分类

1.5.1 系统的概念

各种变化着的信号从来不是孤立存在的,信号总是在系统中产生又在系统中不断传递。系统是由若干相互作用和相互依赖的事物组合而成的具有某种特定功能的整体,如通信系统、雷达系统、控制系统、电力系统、机械系统等。

例如,图1-26所示电视系统,摄像机的作用是把目标图像的光信号转换成相应的电信号,微音器把伴随图像的声音也转换成相应的电信号。这些信号经过发射机处理与放大后通过天线以电磁波形式发射到空间,接收机则把通过天线收到的信号进行放大、处理后送到显像管和扬声器。

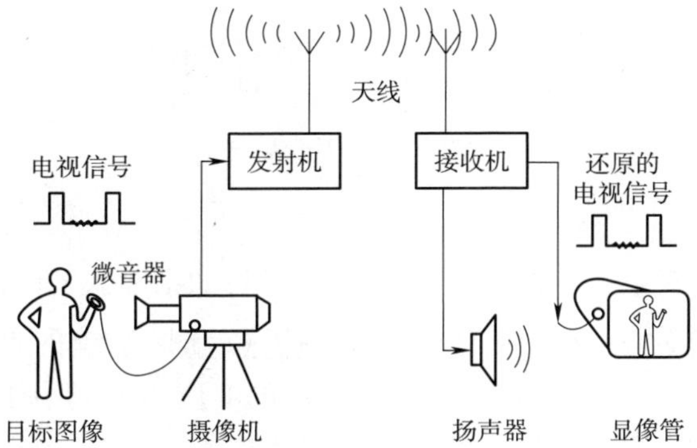

图1-26 电视系统的组成

系统的概念不仅适用于自然科学的各个领域,而且适用于社会科学,如政治领域、经济组织、教育体制等。在当今与将来的社会中,可以说人人都要"涉足"系统问题,所以研究系统的基础理论,学习掌握分析系统的基本方法具有重要的意义。在各种系统中,电系统具有特殊的重要作用,因为大多数非电系统的都可以用电系统来模拟或仿真。

1.5.2 系统的分类

系统的种类很多,各类不同的系统有各自的具体特征,但各个系统之间也存在着某些共性。根据系统的数学模型和基本特性分类,可将其分为连续时间系统和离散时间系统、线性系统和非线性系统、时变系统和时不变系统、因果系统和非因果系统等。

1. 连续时间系统和离散时间系统

若系统中各个子系统的输入、输出信号均为连续信号,则称为连续系统,如图1-27(a)所示;若系统中各个子系统的输入、输出信号均为离散信号,则称为离散系统,如图1-27(b)所示。

若系统中有的子系统为连续系统,有的子系统为离散系统,则称为混合系统,如图1-28所示。

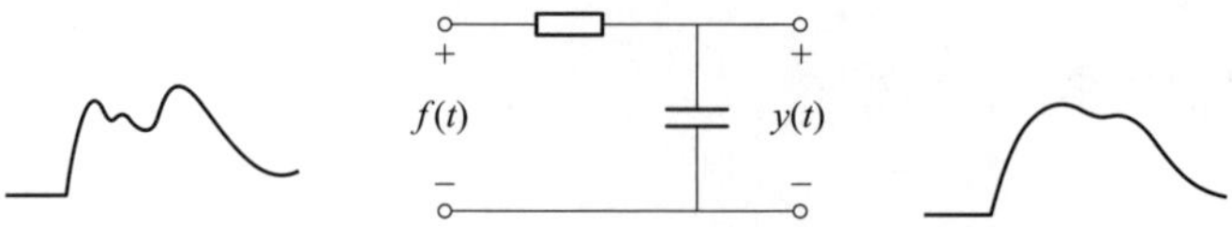

（a）连续系统

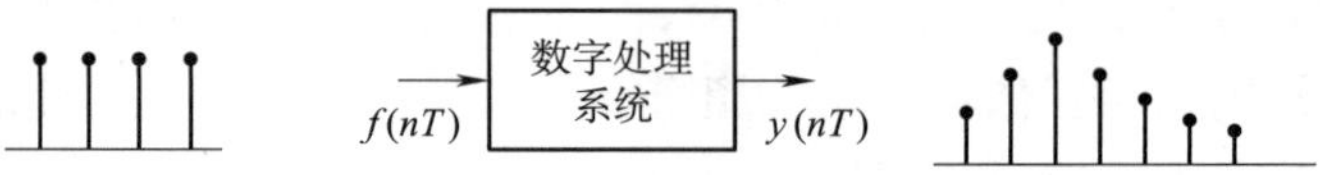

（b）离散系统

图 1-27　连续系统和离散系统示意图

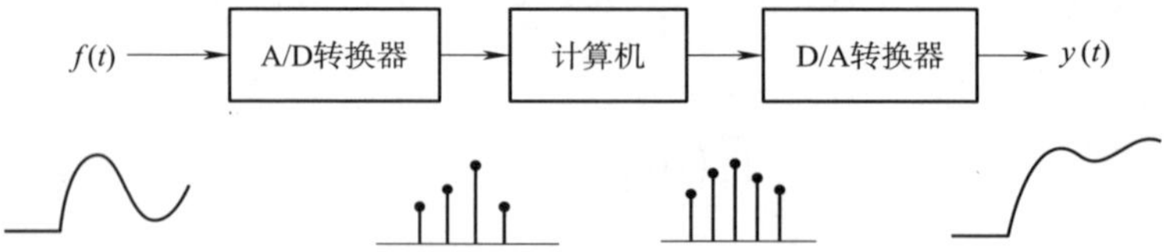

图 1-28　混合系统

2. 线性系统和非线性系统

线性包含叠加性与齐次性两个概念。叠加性是指，如果输入 $f_1(t)$ 时系统的响应为 $y_1(t)$，输入 $f_2(t)$ 时系统的响应为 $y_2(t)$，则输入 $f_1(t)+f_2(t)$ 时，系统的响应为 $y_1(t)+y_2(t)$，如图 1-29(a)所示；齐次性是指，如果系统对输入 $f(t)$ 的响应为 $y(t)$，则当输入增大至 k 倍时，其响应也增大至 k 倍，如图 1-29(b)所示。

（a）

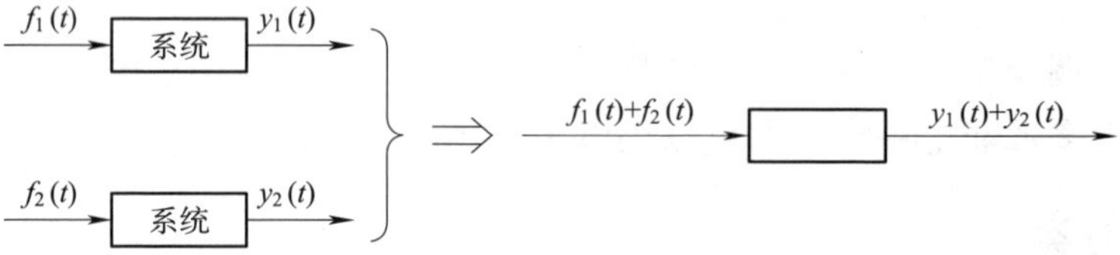

（b）

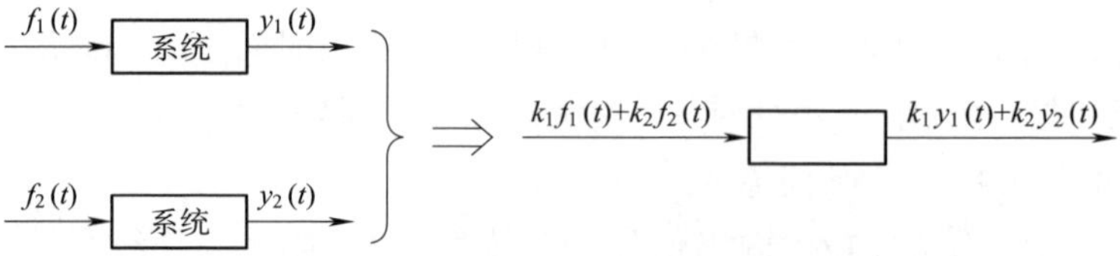

（c）

图 1-29　线性系统

能同时满足叠加性与齐次性的系统称为线性系统，如图 1-29(c)所示，可记为

若
$$f_1(t)\to y_1(t),\quad f_2(t)\to y_2(t)$$

则

$$k_1f_1(t)+k_2f_1(t)\to k_1y_1(t)+k_2y_1(t) \tag{1-31}$$

3. 时变系统和时不变系统

如果系统的参数都是常数,它们不随时间变化,则称该系统为时不变系统,否则称为时变系统。线性系统可以是时不变的,也可以是时变的。描述线性时不变(LTI)系统的数学模型是常系数线性微分(或差分)方程,而描述线性时变系统的数学模型是变系数线性微分(或差分)方程。

由于时不变系统的参数不随时间变化,故系统的零状态响应 $y_f(\cdot)$ 的形式与输入信号接入的时间无关,也就是说,如果激励 $f(\cdot)$ 作用于系统所引起的响应为 $y_f(\cdot)$,那么,当激励延迟一定时间 t_d(或 k_d)接入时,它所引起的零状态响应也延迟相同的时间,即若

$$T[\{0\},f(\cdot)]=y_f(\cdot)$$

式中,$f(\cdot)$表示系统的输入信号(又称激励);$y_f(\cdot)$表示系统的输出信号(又称响应);$\{0\}$表示系统在0时刻的状态;$T[\cdot]$表示系统输入与输出的运算关系。

对于连续系统,有

$$T[\{0\},f(t-t_d)]=y_f(t-t_d) \tag{1-32}$$

对于离散系统,有

$$T[\{0\},f(k-k_d)]=y_f(k-k_d) \tag{1-33}$$

满足式(1-32)或式(1-33)的系统称为连续时不变系统或离散时不变系统。

不满足式(1-32)或式(1-33)的系统称为时变系统。

图1-30直观、形象地表述了连续时不变系统的特性。

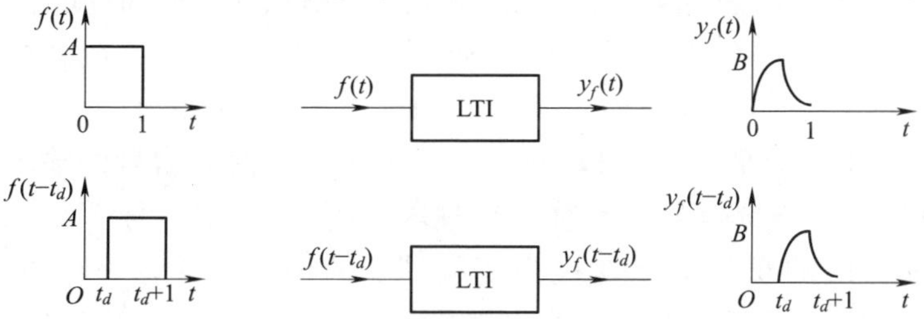

图1-30　连续时不变系统

4. 因果系统和非因果系统

人们常将激励与零状态响应的关系看成因果关系,即把激励看作产生响应的原因,而零状态响应是激励引起的结果。这样,就称响应(零状态响应)不出现于激励之前的系统为因果系统。对因果系统的这种叙述性定义亦可用数学式表示。

若系统输入与相应的零状态响应满足以下关系:

当 $f(\cdot)=0, t<t_0$(或 $k<k_0$)时,有

$$y_f(\cdot)=0, t<t_0(\text{或 } k<k_0) \tag{1-34}$$

则称为因果系统。t_0 或 k_0 可认为是输入信号开始加入的时刻,习惯取 t_0 或 k_0 等于0,这一时刻也就是人们分析研究系统的观察时刻,前述系统的零输入响应 $y_x(\cdot)$、零状态响应 $y_f(\cdot)$ 之分的界定时刻也正是这一时刻。不满足式(1-34)的系统称为非因果系统。

1.6 信号与系统的分析概述

信号分析就是研究信号的描述、运算、分解、合成和变换等特性及信号发生变化时其相应特性的变化情况，从而揭示信号自身具有的内在规律，其目的是使之能更好地配合系统对信号进行传输与处理，来满足人们期望得到的结果。已知系统的结构、输入信号、起始储能求系统响应；或已知系统的内部结构、元件参数值，研究系统在时域、频域、复频域所表现出来的性能，称为系统分析。

在实际工程系统中，信号分析与系统分析难以分得清楚，它们常是交织在一起的。

信号与系统的分析分为时域分析和变换域分析。

1. 信号与系统的时域分析

时域分析比较直观，它直接分析时间变量的函数，研究系统的时域特性。时域分析整个过程都是在时间域里进行，分析所得结果是信号、系统在时间域里所呈现的特性。时域分析方法的主要优点是物理概念清楚。对于输入-输出法，利用经典法求解常系数线性微分方程或差分方程。在线性系统的时域分析中，卷积方法是一种重要的方法。

2. 信号与系统的变换域分析

在电路分析课程正弦稳态电路分析中所引入“相量”分析正弦稳态电路的方法，就属于变换域分析的思想。

广义说，将信号与系统模型的时间变量函数，按照某种运算变换成相应的变换域的某种变量函数，对信号和系统分析的整个过程在该变换域中进行，这种分析方法称为变换域分析法。例如，本书将在第 3 章讨论的连续信号与系统的频域分析法，把一些时域信号 $f(t)$ 称为傅里叶变换(Fourier transform，FT)的积分运算，变换为频域的函数 $F(\mathrm{j}\omega)$，系统的冲激响应 $h(t)$ 变换为系统的频响函数 $H(\mathrm{j}\omega)$。以频域特性为主要研究对象，分析系统输入信号的占有频带、系统的通频带宽度、上下边界截止频率以及二者如何“配合”使对信号的输入、处理更为有效。在本书的第 4 章讨论的连续信号与系统的复频域分析法，是把信号 $f(t)$ 称为拉普拉斯变换(Laplace transform，LT)的积分运算变换为复频域 s 的函数 $F(s)$，系统的冲激响应变换为 $H(s)$，以复频域的像函数为研究对象，讨论零极点及系统的响应，分析系统的因果性，判别系统的稳定性等。

与连续信号与系统的频域、复频域相对应，离散信号与系统亦有频域分析与复频域分析，将在“数字信号处理”课程中学习。

综上所述，“信号与系统”课程主要研究信号与线性时不变系统。该课程应用了较多的数学知识，在学习过程中，应着重掌握信号与系统的基本理论与基本分析方法，将数学概念、物理概念以及工程概念相结合，注意其提出问题、分析问题与解决问题的方法。只有这样，才能真正理解信号与系统的实质，为以后的学习与应用奠定坚实的基础。

小　结

本章讨论了信号与系统的一些基本概念，首先介绍了信号的概念与分类(确定信号和随机信号、连续时间信号和离散时间信号、周期信号和非周期信号、因果信号和非因果信号)；其次介绍了常用的基本信号(普通信号和奇异信号)，普通信号包括直流信号、正弦信号、实指数信号、复指数信号和降正弦函数，奇异信号包括单位阶跃信号、单位斜坡信号、单位冲激信号和单位冲激偶信号；再次介绍了信号的基本运算，包括相加(相减)和相乘、反转和平移、尺度变换等；还介绍了系统的概念和分类，系统分为连续时间系统和离散时间系统、线性系统和非线性系统、时不变系统和时变系统、因果系统和非因果系统四大类；最后概述了信号与系统的分析，从系统模型求解上看，线性时不变系统分为时域分析法和变换域分析法。

习　题

1-1　绘出下列信号的波形图。

(1)$f_1(t)=-t[\varepsilon(t+1)-\varepsilon(t-1)]$；

(2)$f_2(t)=t[\varepsilon(t+1)-\varepsilon(t)]+[\varepsilon(t)-\varepsilon(t-1)]$；

(3)$f_3(t)=-(t-2)[\varepsilon(t)-\varepsilon(t-1)]$；

(4)$f_4(t)=\cos 10\pi t[\varepsilon(t-1)-\varepsilon(t-2)]$；

(5)$f_5(t)=te^{-t}\varepsilon(t)$。

1-2　试写出图 1-31 中各信号的函数表达式。

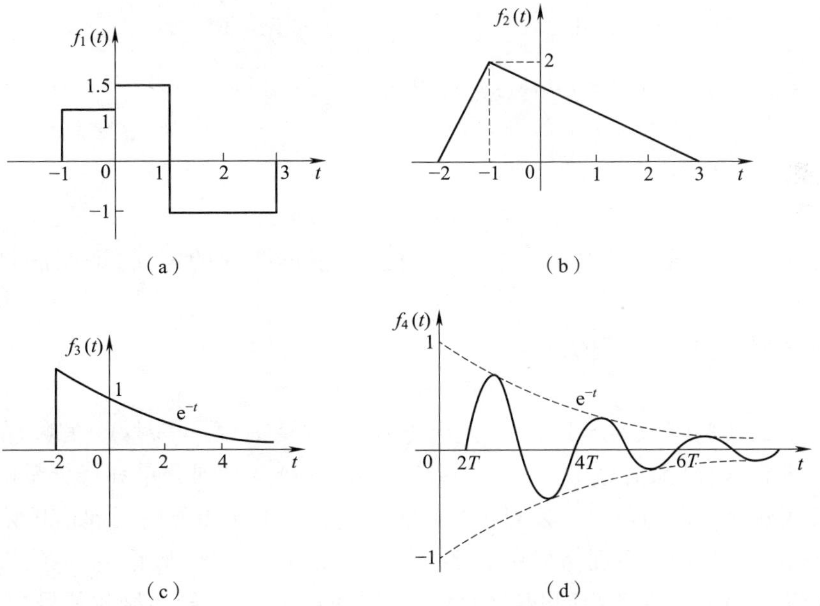

图 1-31　题 1-2 图

1-3　如图 1-32 所示 $f(t)$，试画出如下信号的波形。

(1)$f(-t)$；　(2)$f(t-1)$；

(3)$f(t+1)$；　(4)$f(2t)$；

(5)$f\left(\frac{t}{2}\right)$；　(6)$f(2t-2)$。

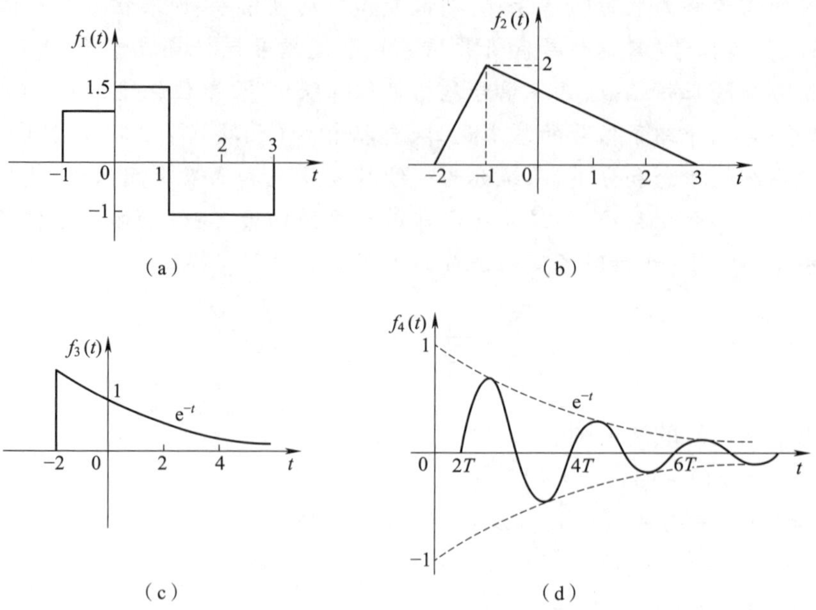

图 1-32　题 1-3 图

1-4　判断下列方程所表示系统的性质。

(1) $y(t) = \dfrac{\mathrm{d}f(t)}{\mathrm{d}t} + \int_0^t f(x)\,\mathrm{d}x$;

(2) $y''(t) + 2y'(t) + 3y(t) = f'(t) + f(t-2)$;

(3) $[y'(t)]^2 + y(t) = f(t)$。

1-5　试证明方程

$$y'(t) + ay(t) = f(t)$$

所描述的系统为线性系统。式中 a 为常数。(提示:根据线性的定义,证明满足可加性和齐次性。)

1-6　若有线性时不变系统的方程为

$$y'(t) + ay(t) = f(t)$$

在非零 $f(t)$ 作用下其响应 $y(t) = 1 - e^{-t}$,试求方程 $y'(t) + ay(t) = 2f(t) + f'(t)$ 的响应。

1-7　[考研真题]已知信号 $x(t) = e^{-t}u(t)$,画出 $x(t)$ 及其偶分量和奇分量的波形图。

1-8　[考研真题]无线通信中,发射机和接收机速度上的额差异将引起信号频率上的平移,称为多普勒(Doppler)效应。下面考虑一个复指数信号 $x(t) = e^{j\omega_0 t}$,假设有两条传输路径,一条路径没有改变信号,而另一条路径引起了信号的频移和衰减,从而导致接收信号为 $y(t) = e^{j\omega_0 t} + \alpha e^{j\omega_0 t}e^{j\varphi t}$,其中,$\alpha$ 是衰减因子,φ 是多普勒频移,φ 一般远小于信号频率。令 $\omega_0 = \pi$,$\varphi = \dfrac{\pi}{100}$,$\alpha = 0.7$。如果将 $y(t)$ 写成 $y(t) = A(t)e^{j[\omega_0 t + \theta(t)]}$,其中 $A(t)$ 和 $\theta(t)$ 均为实函数,求 $A(t)$ 的表达式。

第2章　连续时间信号与系统的时域分析

学习目标

(1)掌握线性常系数微分方程/差分方程的经典解法,深入领会解的物理意义。

(2)了解零输入响应/零状态响应的基本概念。

(3)掌握单位冲激响应/单位脉冲响应的定义、物理意义及典型系统的单位冲激响应/位脉冲响应的求解方法,领会利用单位冲激响应/单位脉冲响应表征系统的方法。

(4)掌握卷积/卷积和的定义、性质及利用卷积/卷积和求系统零状态响应的方法。

学习导言

知系统,知规律,方能玄妙可通、深邃可识、不行而至、不见而明。

简单成就复杂,规律美在简约。任何物质系统都可到数学简单性中寻找各种具体的运动和规律,数学的简单性为真理的探索提供了可靠的源泉。

2.1　概　　述

第1章介绍并讨论了线性非时交系统。线性系统既符合齐次性又符合叠加性,利用线性系统的这一特性,可以把复杂的信号 $e(t)$ 分解为许多简单的信号,简单信号通过系统后得到一些响应。这些响应往往也是一些简单信号。许多简单信号的响应相加成为一个复杂信号 $r(t)$,这个复杂信号 $r(t)$ 就是信号 $e(t)$ 的响应。这就是求解线性系统的整体思路,不管是时域分析还是频域分析都是如此。

非时变是指描述的系统的物理对象是不随时间变化而变化的,即系统包含的元器件的参数是不变的,如系统内电阻值、电容值、电感量的数值不随时间变化而变化。从数学上讲,描述该系统的微分方程的系数是常数,即微分方程是常微分方程。这种系统的求解相对比较简单。

线性非时变系统在各种系统中是比较典型而又比较简单的一种系统。各种复杂的系统可以借用线性非时变系统的分析方法来进行分析,所以,线性非时变系统非常重要,它的分析方法也非常重要。

线性非时变系统的分析方法有时域分析法和频域分析法两种。本章介绍时域分析法,频域分析法在以后的章节中介绍。

连续时间系统的时域分析方法根据系统的网络结构,列出系统的微分方程,这时根据数学中解微分方程的方法能得到一个微分方程的通解(齐次方程的解),这个解称为系统的自然响应,另一个非齐次方程的特解称为系统的强迫响应,自然响应和强迫响应之和就是系统的总的响应,这是一种分析方法。也可以把系统的响应分为零输入响应和零状态响应。一般零输入响应的求解比较简单,而零状态响应采用卷积法来求取。信号与系统领域一般采用后一种方法求解系统的响应。

时域是真实世界,是自然界唯一实际存在的域。所谓逝者如斯夫,不舍昼夜,人们日常经历的都是随着时间的延续在发生和发展着的事物,所以时域是人们所熟悉和易于理解的。本章专门对连续时间信号与系统的时域进行深入细致的论述。

2.2 LTI 连续系统的时域响应

2.2.1 微分方程的建立及时域经典分析法

1. 微分方程的建立

线性时不变(LTI)连续系统是最常见、最有用的一类系统,描述这类系统输入-输出特性的是常系数线性微分方程。从系统的模型(微分方程)出发,在时间域中研究输入信号通过系统后响应的变化规律,是研究系统时域特性的重要方法,这种方法就是时域分析法。

为了在时域中分析系统,必须首先建立 LTI 系统的微分方程。以一阶电路系统为例,建立微分方程的基本依据是基尔霍夫定律(KCL、KVL)以及元件的电压-电流关系(VCR)。具体而言,对任一节点有

$$\text{KCL}: \sum_{t=1}^{n} i(t) = 0$$

对任一回路有

$$\text{KVL}: \sum_{t=1}^{n} u(t) = 0$$

图 2-1 所示为两个一阶系统。对于图 2-1(a)的 RC 电路,有微分方程

$$RC\frac{\mathrm{d}u_C(t)}{\mathrm{d}t} + u_C(t) = u_S(t)$$

即

$$u'_C(t) + \frac{1}{RC}u_C(t) = \frac{1}{RC}u_S(t) \tag{2-1}$$

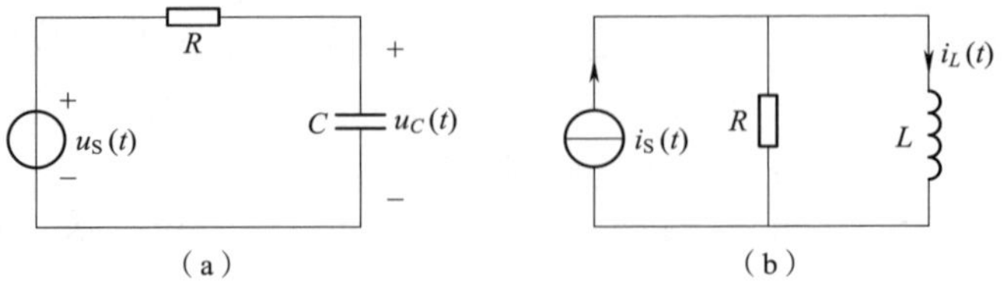

图 2-1 一阶系统示例

对于图 2-1(b)的 RL 电路,有

$$\frac{L}{R}\frac{\mathrm{d}i_L(t)}{\mathrm{d}t} + i_L(t) = i_S(t)$$

即

$$i_L'(t)+\frac{R}{L}i_L(t)=\frac{R}{L}i_S(t) \tag{2-2}$$

式(2-1)和式(2-2)可以写成一阶微分方程的一般形式

$$y'(t)+ay(t)=x(t) \tag{2-3}$$

式中,$y(t)$为系统的响应变量(电流或电压);$x(t)$为输入信号的强迫函数。

一般地,n 阶 LTI 连续系统的微分方程形式可写为

$$\begin{aligned} &y^{(n)}(t)+a_{n-1}y^{(n-1)}(t)+\cdots+a_1y^{(1)}(t)+a_0y(t)\\ &=b_mf^{(m)}(t)+b_{m-1}f^{(m-1)}(t)+\cdots+b_1f^{(1)}(t)+b_0f(t) \end{aligned} \tag{2-4}$$

式中,$y(t)$为系统的响应变量(电流或电压等); $f(t)$为系统的激励信号(电压源或电流源等);$y^{(n)}(t)$表示 $y(t)$的 n 阶导数; $f^{m}(t)$表示$f(t)$的 m 阶导数。这种 n 阶常系数线性微分方程是系统时域分析的基础。

2. 时域经典分析法

式(2-4)可记为

$$\sum_{i=0}^{n}a_iy^{(i)}(t)=\sum_{j=0}^{m}b_jy^{(j)}(t) \tag{2-5}$$

式中,$a_i(i=0,1,\cdots,n)$和 $b_j(j=0,1,\cdots,m)$均为常数,$a_m=1$。该微分方程的全解由齐次解 $y_h(t)$和特解 $y_p(t)$组成,即

$$y(t)=y_h(t)+y_p(t) \tag{2-6}$$

1)齐次解(通解)

齐次解是齐次微分方程

$$y^{(n)}(t)+a_{n-1}y^{(n-1)}(t)+\cdots+a_1y^{(1)}(t)+a_0y(t)=0 \tag{2-7}$$

的解,它是形式为 $Ce^{\lambda t}$的一些函数的线性组合。将 $Ce^{\lambda t}$代入式(2-7)中,得

$$C\lambda^n e^{\lambda t}+Ca_{n-1}\lambda^{n-1}e^{\lambda t}+\cdots+Ca_1\lambda e^{\lambda t}+Ca_0e^{\lambda t}=0$$

由于 $C\neq0$,且对于任意 t 上式均成立,则上式可简化为

$$\lambda^n+a_{n-1}\lambda^{n-1}+\cdots+a_1\lambda+a_0=0 \tag{2-8}$$

式(2-8)称为齐次微分方程的特征方程,其 n 个根 $\lambda_i(i=0,1,\cdots,n)$称为齐次微分方程的特征根。齐次解 $y_h(t)$的函数形式由特征根确定。表 2-1 列出了特征根取不同值时所对应的齐次解,其中 C_i、D_i、A_i 和 θ_i 等为待定系数。

表 2-1　不同特征根对应的齐次解

特征根 λ	齐次解 $y_k(t)$
单实根	$Ce^{\lambda t}$
r 重实根	$C_{r-1}t^{r-1}e^{\lambda t}+C_{r-2}t^{r-2}e^{\lambda t}+\cdots+C_1te^{\lambda t}+C_0e^{\lambda t}$
一对共轭复根 $\lambda_{1,2}=\alpha\pm j\beta$	$e^{\omega t}(C\cos\beta t+D\sin\beta t)$或 $Ae^{\omega t}[\cos(\beta t+\theta)]$,其中 $Ae^{j\theta}=C+jD$
r 重共轭复根	$A_{r-1}t^{r-1}e^{\omega t}[\cos(\beta t+\theta_{r-1})]+A_{r-2}t^{r-2}e^{\omega t}[\cos(\beta t+\theta_{r-2})]+\cdots+A_0e^{\omega t}[\cos(\beta t+\theta_0)]$

例如,若式(2-8)的 n 个特征根 λ 均为单实根,则其齐次解为

$$y_h(t)=\sum_{i=1}^{n}C_ie^{\lambda t} \tag{2-9}$$

式中，常数 C_i 将在求得全解后由初始条件确定。

2）特解

特解的函数形式与激励函数的形式有关。表 2-2 列出了几种激励及其对应的特解。选定特解后，将它代入原微分方程，求出各待定系数 P_i，就得出方程的特解。

表 2-2　不同激励所对应的特解

激励 $f(t)$	特解 $y_p(t)$
t^m	$P_m t^m + P_{m-1}t^{m-1} + \cdots + P_1 t + P_0$　所有特征根均不等于 0； $t^r(P_m t^m + P_{m-1}t^{m-1} + \cdots + P_0)$　有 r 重等于 0 的特征根
$e^{\alpha t}$	$Pe^{\alpha t}$　α 不等于特征根； $P_1 te^{\alpha t} + P_0 e^{\alpha t}$　α 等于特征单根； $P_r t^r e^{\alpha t} + P_{r-1}t^{r-1}e^{\alpha t} + \cdots + P_1 te^{\alpha t} + P_0 e^{\alpha t}$　α 等于 r 重特征根
$\cos\beta t$ 或 $\sin\beta t$	$P\cos\beta t + Q\sin\beta t$　所有的特征根均不等于 $\pm j\beta$ 或 $A\cos(\beta t - \theta)$　其中，$Ae^{j\theta} = P + jQ$

3）全解

得到齐次解的表示式和特解后，将两者相加可得全解的表达式。利用已知的 n 个初始条件 $y(0), y^{(1)}(0), y^{(2)}(0), \cdots, y^{(n-1)}(0)$，即可求得齐次解的待定系数，从而得到微分方程的全解。

【例 2-1】　描述某 LTI 系统的微分方程为

$$y''(t) + 5y'(t) + 6y(t) = f(t)$$

求：当 $f(t) = 2e^{-t}, t \geqslant 0; y(0) = 2, y'(0) = -1$ 时的全解。

解　原微分方程的特征方程为

$$\lambda^2 + 5\lambda + 6 = 0$$

其特征根 $\lambda_1 = -2, \lambda_2 = -3$。微分方程的齐次解为

$$y_h(t) = C_1 e^{-2t} + C_2 e^{-3t}$$

由表 2-2 可知，当输入 $f(t) = 2e^{-t}$ 时，其特解可设为

$$y_p(t) = Pe^{-t}$$

将 $y_p''(t)$、$y_p'(t)$、$y_p(t)$ 和 $f(t)$ 代入原微分方程中，得

$$Pe^{-t} + 5(-Pe^{-t}) + 6Pe^{-t} = 2e^{-t}$$

解得 $P = 1$。于是得微分方程的特解为

$$y_p(t) = e^{-t}$$

微分方程的全解为

$$y(t) = y_h(t) + y_p(t) = C_1 e^{-2t} + C_2 e^{-3t} + e^{-t}$$

其一阶导数为

$$y'(t) = -2C_1 e^{-2t} - 3C_2 e^{-3t} - e^{-t}$$

令 $t = 0$，并将初始值代入，得

$$y(0) = C_1 + C_2 + 1 = 2$$

$$y'(0) = -2C_1 - 3C_2 - 1 = -1$$

解得 $C_1 = 3, C_2 = -2$，最后得微分方程的全解为

$$y(t)=\overbrace{\underbrace{3e^{-2t}-2e^{-3t}}_{\text{自由响应}}}^{\text{齐次解}}+\overbrace{\underbrace{e^{-t}}_{\text{强迫响应}}}^{\text{特解}},t\geqslant 0$$

由以上可见,LTI 系统的数学模型——常系数线性微分方程的全解由齐次解和特解组成。齐次解的函数形式仅依赖系统本身的特性,而与激励 $f(t)$ 的函数形式无关,称为系统的自由响应或固有响应。但应注意,齐次解的系数 C_i 是与激励有关的。特解的形式由激励信号确定,称为强迫响应。

2.2.2　系统的零输入响应和零状态响应

在"电路"课程中已经知道,线性动态电路的完全响应通常可分为零输入响应(ZIR)和零状态响应(ZSR)两部分。零输入响应是激励为零时仅由系统的初始状态 $\{x(0)\}$ 所引起的响应,用 $y_x(t)$ 表示;零状态响应是系统的起始状态为零时仅由输入信号 $f(t)$ 所引起的响应,用 $y_f(t)$ 表示。这样,LTI 系统的全部响应将是零输入响应和零状态响应之和,即

$$y(t)=y_x(t)+y_f(t)\tag{2-10}$$

在零输入条件下,式(2-4)或式(2-5)等号右端为零,化为齐次方程。若其特征根均为单根,则其零输入响应为

$$y_x(t)=\sum_{i=1}^{n}C_{xi}e^{\lambda_i t}\tag{2-11}$$

式中,C_{xi} 为待定系数。

若系统的初始状态为零,这时式(2-4)或式(2-5)仍是非齐次方程。若其特征根均为单根,则其零状态响应为

$$y_f(t)=\sum_{i=1}^{n}C_{fi}e^{\lambda_i t}+y_p(t)\tag{2-12}$$

式中,C_{fi} 为待定系数。

系统的全响应可以分为自由响应和强迫响应,也可以分为零输入响应和零状态响应,它们的关系是

$$y(t)=\sum_{i=1}^{n}\underbrace{C_i e^{\lambda_i t}}_{\text{自由响应}}+\underbrace{y_p(t)}_{\text{强迫响应}}=\underbrace{\sum_{i=1}^{n}C_{xi}e^{\lambda_i t}}_{\text{零输入响应}}+\underbrace{\sum_{i=1}^{n}C_{fi}e^{\lambda_i t}+y_p(t)}_{\text{零状态响应}}\tag{2-13}$$

式中

$$\sum_{i=1}^{n}C_i e^{\lambda_i t}=\sum_{i=1}^{n}C_{xi}e^{\lambda_i t}+\sum_{i=1}^{n}C_{fi}e^{\lambda_i t}\tag{2-14}$$

可见,两种分解方式有明显的区别。虽然自由响应和零输入响应都是齐次方程的解,但二者的系数各不相同,C_{xi} 仅由系统的初始状态所决定,而 C_i 要由系统的初始状态和激励信号共同来确定。在初始状态为零时,零输入响应等于零,但在激励信号的作用下,自由响应并不为零。也就是说,自由响应包含零输入响应和零状态响应的一部分。

在用经典法求零输入响应和零状态响应时,也需用响应及其各阶导数的初始值,以确定待定系数 C_{xi} 和 C_{fi}。由式(2-10)可得其各阶导数为

$$y^{(j)}(t)=y_x^{(j)}(t)+y_f^{(j)}(t),\quad j=0,1,2,\cdots,n-1\tag{2-15}$$

如果上式对 $t=0^-$ 也成立,则有

$$y^{(j)}(0^-)=y_x^{(j)}(0^-)+y_f^{(j)}(0^-) \tag{2-16}$$

$$y^{(j)}(0^+)=y_x^{(j)}(0^+)+y_f^{(j)}(0^+) \tag{2-17}$$

对于零状态响应，在 $t=0^-$ 时刻激励尚未接入，故应有

$$y_f^{(j)}(0^-)=0 \tag{2-18}$$

对于零输入响应，由于激励为零，故应有

$$y_x^{(j)}(0^+)=y_x^{(j)}(0^-)=y^{(j)}(0^-) \tag{2-19}$$

根据给定的初始状态（即 0^- 值），利用式(2-16)～式(2-19)可求得零输入响应和零状态响应的有关 0^+ 初始值。

如果输入是 $t=t_0$ 时接入的，则式(2-16)～式(2-19)中的 0^- 换为 t_{0^-}，0^+ 换为 t_{0^+} 即可。

【例 2-2】 描述某 LTI 系统的微分方程为

$$y''(t)+4y'(t)+3y(t)=f'(t)+4f(t)$$

已知 $y(0^+)=1$，$y'(0^+)=7$，$f(t)=2e^{-2t}\varepsilon(t)$，求该系统的零状态响应 $y_f(t)$、零输入响应 $y_x(t)$ 和全响应 $y(t)$。

解 (1)先求零状态响应 $y_f(t)$。将已知的 $f(t)$ 代入原方程，得

$$y''(t)+4y'(t)+3y(t)=-4e^{-2t}\varepsilon(t)+2\delta(t)+8e^{-2t}\varepsilon(t)$$

$$y_f(0^-)=0$$

$$y_f'(0^-)=0$$

分析 $y_f'(t)$ 不含 $\delta(t)$ 但在 $t=0$ 处要上跳 2，$y_f(t)$ 在 $t=0$ 处为拐点连续，所以有

$$y_f(0^+)=y_f(0^-)=0,\ y_f'(0^+)=y_f'(0^-)+2=2$$

特征方程为

$$\lambda^2+4\lambda+3=0\rightarrow\lambda_1=-1,\lambda_2=-3$$

设特解为

$$y_p(t)=pe^{-2t}\varepsilon(t)$$

代入原方程并代入 $t=0_+$，有

$$4p-8p+3p=4\rightarrow p=-4$$

所以

$$y_p(t)=-4e^{-2t}\varepsilon(t)$$

设零状态响应

$$y_f(t)=[C_{f1}e^{-t}+C_{f2}e^{-3t}-4e^{-2t}]\varepsilon(t)$$

代入 $y_f(t)$ 的 0_+ 条件，得

$$\begin{cases}C_{f1}+C_{f2}-4=0\\-C_{f1}-3C_{f2}+8=2\end{cases}$$

解得 $C_{f1}=3$，$C_{f2}=1$，故得

$$y_f(t)=(3e^{-t}+e^{-3t}-4e^{-2t})\varepsilon(t)$$

由上式得 $y_f(0^+)=0$；$y_f'(0^+)=2$

(2)求零输入响应 $y_x(t)$。设

$$y_x(t)=(C_{x_1}e^{-t}+C_{x_2}e^{-3t})\varepsilon(t)$$

考虑

$$\begin{cases} y_x(0^+) = y(0^+) - y_f(0^+) = 1 - 0 = 1 \\ y_x'(0^+) = y'(0^+) - y_f'(0^+) = 7 - 2 = 5 \end{cases}$$

将 $y_x(t)$ 的 0^+ 条件代入 $y_x(t)$ 表达式中，有

$$C_{x_1} + C_{x_2} = 1$$

$$-C_{x_1} - 3C_{x_2} = 5$$

解得

$$C_{x_1} = 4, C_{x_2} = -3$$

所以零输入响应为

$$y_x(t) = (4e^{-t} - 3e^{-3t})\varepsilon(t)$$

(3)求全响应 $y(t)$。将零输入响应与零状态响应相加即得全响应为

$$y(t) = y_x(t) + y_f(t) = (7e^{-t} - 4e^{-2t} - 2e^{-3t})\varepsilon(t)$$

2.3　冲激响应和阶跃响应

在求零状态响应时，同样会遇到与经典法求特解类似的困难，这就需要借助卷积法来解决。冲激响应和阶跃响应是利用卷积法求零状态响应的两个重要概念，同时也是表征系统本身特性的两个重要概念。

2.3.1　系统的单位冲激响应

一个 LTI 系统，当其初始状态为零时，输入为单位冲激函数 $\delta(t)$ 所引起的响应称为单位冲激响应，简称冲激响应，用 $h(t)$ 表示。因此，冲激响应是指激励为单位冲激函数 $\delta(t)$ 时系统的零状态响应。冲激响应示意图如图 2-2 所示。

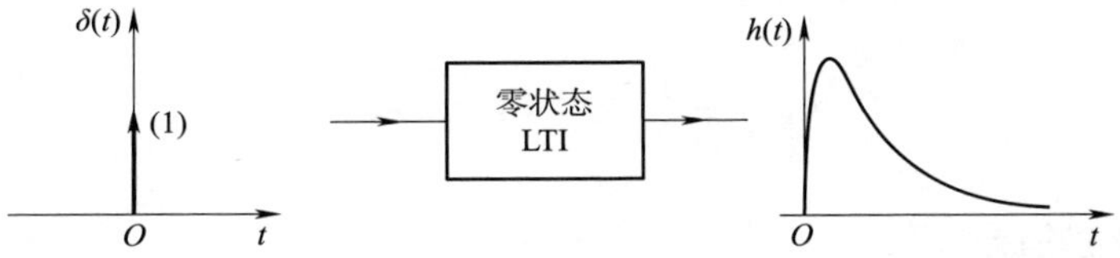

图 2-2　冲激响应示意图

【例 2-3】　一阶连续系统的微分方程为

$$\frac{dy(t)}{dt} + 2y(t) = 3f(t)$$

求系统的冲激响应 $h(t)$。

解　由 $h(t)$ 的定义，令 $f(t) = \delta(t)$，并考虑零状态条件，原微分方程可写为

$$\frac{dh(t)}{dt} + 2h(t) = 3\delta(t)$$

由方程写出特征方程为

$$\lambda+2=0$$

解得 $\lambda=-2$,设

$$h(t)=Ce^{-2t}\varepsilon(t)$$

代入特征方程,得

$$-2Ce^{-2t}\varepsilon(t)+C\delta(t)+2Ce^{-2t}\varepsilon(t)=3\delta(t)$$

比较上式两端,得 $C=3$,所以系统的冲激响应为

$$h(t)=3e^{-2t}\varepsilon(t)$$

【例 2-4】 设描述系统的微分方程为

$$y''(t)+4y'(t)+3y(t)=f'(t)+2f(t)$$

求系统的冲激响应 $h(t)$。

解 令 $f(t)=\delta(t)$,$y(t)=h(t)$,代入原微分方程得

$$h''(t)+4h'(t)+3h(t)=\delta'(t)+2\delta(t)$$

其齐次方程的特征根为 $\lambda_1=-1$,$\lambda_2=-3$,且由平衡分析可知 $h(t)$ 中不含冲激函数,于是有

$$h(t)=(C_1e^{-t}+C_2e^{-3t})\varepsilon(t)$$

对 $h(t)$ 求导,得

$$h'(t)=(C_1+C_2)\delta(t)+(-C_1e^{-t}-3C_2e^{-3t})\varepsilon(t)$$

$$h''(t)=(C_1+C_2)\delta'(t)+(-C_1-3C_2)\delta(t)+(C_1e^{-t}+9C_2e^{-3t})\varepsilon(t)$$

代入式(2-31),得

$$(C_1+C_2)\delta'(t)+(3C_1+C_2)\delta(t)=\delta'(t)+2\delta(t)$$

利用方程两端的奇异函数相匹配的方法,得

$$C_1+C_2=1$$

$$3C_1+C_2=2$$

解得 $C_1=\frac{1}{2}$,$C_2=\frac{1}{2}$,因此得冲激响应为

$$h(t)=\frac{1}{2}(e^{-t}+e^{-3t})\varepsilon(t)$$

2.3.2 系统的单位阶跃响应

一个 LTI 系统,当其初始状态为零时,输入为单位阶跃函数 $\varepsilon(t)$ 所引起的响应称为单位冲激响应,简称冲激响应,用 $s(t)$ 表示。因此,阶跃响应是指激励为单位阶跃函数 $\varepsilon(t)$ 时系统的零状态响应。阶跃响应示意图如图 2-3 所示。

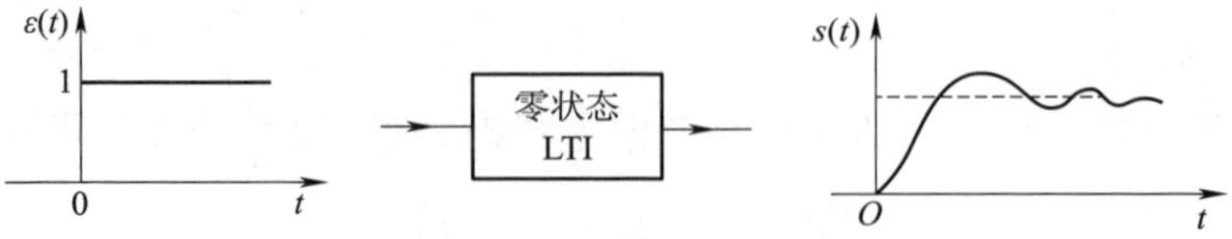

图 2-3 阶跃响应示意图

系统阶跃响应的求法与冲激响应的求法类似。所不同的是,由于输入的阶跃函数在 $t>0$ 时不为零,因而系统的阶跃响应应包括齐次解和特解两部分,在此不做推导。另外,根据 LTI 系统的微(积)分特性,同一系统的阶跃响应与冲激响应的关系为

$$h(t)=\frac{\mathrm{d}s(t)}{\mathrm{d}t} \tag{2-20}$$

$$s(t)=\int_{-\infty}^{t}h(\tau)\mathrm{d}\tau \tag{2-21}$$

2.4 卷积积分及其应用

卷积积分法在信号和系统理论中占有重要地位,随着理论研究的深入和计算机技术发展,卷积法得到了更广泛的应用,它也是时域与变换域方法之间相联系的重要手段。

2.4.1 卷积积分的概念

卷积是卷积积分的简称,卷积积分法求 LTI 系统的零状态响应就是利用任意信号均可分解为冲激信号的线性组合,即

$$f(t)=\int_{-\infty}^{\infty}f(\tau)\delta(t-\tau)\mathrm{d}\tau \tag{2-22}$$

来求得任意信号作用在线性时不变系统的零状态响应。推导过程简述如下:

	激励		响应
	$\delta(t)$	$\longrightarrow$	$h(t)$
时不变性	$\delta(t-\tau)$	$\longrightarrow$	$h(t-\tau)$
齐次性	$f(\tau)\delta(t-\tau)$	$\longrightarrow$	$f(\tau)h(t-\tau)$
叠加(积分)性	$\int_{-\infty}^{\infty}f(\tau)\delta(t-\tau)\mathrm{d}\tau$	$\longrightarrow$	$\int_{-\infty}^{\infty}f(\tau)h(t-\tau)\mathrm{d}\tau$

即任意信号 $f(t)$ 作用下系统的零状态响应为

$$y_f(t)=\int_{-\infty}^{\infty}f(\tau)h(t-\tau)\mathrm{d}(\tau)=f(t)*h(t) \tag{2-23}$$

式中,τ 为积分变量,信号输入的瞬间;t 为观察响应的瞬间,积分过程中的常量;$t-\tau$ 表示系统的记忆时间。

这种求解响应的方法是数学卷积运算的一种形式,称为卷积积分法,简称卷积法。其实质就是把一系列冲激响应进行叠加的过程。另外,卷积法求系统的零状态响应只适用于线性时不变系统,对于非线性系统不适用。

【例 2-5】 求下列各卷积。

(1) $\varepsilon(t)*\varepsilon(t)$;

(2) $\varepsilon(t)*r(t)$;

(3) $\mathrm{e}^{\lambda_1 t}\varepsilon(t)*\mathrm{e}^{\lambda_2 t}\varepsilon(t)$。

解 (1) $y(t)=\varepsilon(t)*\varepsilon(t)=\int_{0}^{t}\varepsilon(\tau)\varepsilon(t-\tau)\mathrm{d}\tau$

$$= \int_0^t \mathrm{d}\tau = t\varepsilon(t)$$

(2) $y(t) = \varepsilon(t) * t\varepsilon(t) = \int_0^t \tau\varepsilon(\tau)\varepsilon(t-\tau)\mathrm{d}\tau$

$$= \int_0^t \tau \mathrm{d}\tau = \frac{1}{2}t^2\varepsilon(t)$$

(3) $y(t) = \mathrm{e}^{\lambda_1 t}\varepsilon(t) * \mathrm{e}^{\lambda_2 t}\varepsilon(t) = \int_0^t \mathrm{e}^{\lambda_1 \tau}\mathrm{e}^{\lambda_2(t-\tau)}\mathrm{d}\tau$

$$= \frac{1}{\lambda_1 - \lambda_2}(\mathrm{e}^{\lambda_1 t} - \mathrm{e}^{\lambda_2 t})\varepsilon(t)$$

在计算卷积积分时,对于一些基本信号,可以通过查表得到,避免直接积分过程中的复杂计算。常用信号卷积积分见表2-3。也可以利用卷积的一些特性简化计算。

表2-3 常用信号卷积积分

序号	$f_1(t)$	$f_2(t)$	$f_1(t) * f_2(t)$
1	$f(t)$	$\delta(t)$	$f(t)$
2	$\varepsilon(t)$	$\varepsilon(t)$	$t\varepsilon(t)$
3	$t\varepsilon(t)$	$\varepsilon(t)$	$\frac{1}{2}t^2\varepsilon(t)$
4	$\mathrm{e}^{-at}\varepsilon(t)$	$\varepsilon(t)$	$\frac{1}{a}(1-\mathrm{e}^{-at})\varepsilon(t)$
5	$\mathrm{e}^{-a_1 t}\varepsilon(t)$	$\mathrm{e}^{-a_2 t}\varepsilon(t)$	$\frac{1}{a_1-a_2}(\mathrm{e}^{-a_1 t}-\mathrm{e}^{-a_2 t})\varepsilon(t), a_1 \neq a_2$
6	$\mathrm{e}^{-at}\varepsilon(t)$	$\mathrm{e}^{-at}\varepsilon(t)$	$t\mathrm{e}^{-at}\varepsilon(t)$
7	$t\varepsilon(t)$	$\mathrm{e}^{-at}\varepsilon(t)$	$\frac{at-1}{a^2}\varepsilon(t) + \frac{1}{a^2}\mathrm{e}^{-at}\varepsilon(t)$
8	$t\mathrm{e}^{-at}\varepsilon(t)$	$\mathrm{e}^{-at}\varepsilon(t)$	$\frac{1}{2}t^2\mathrm{e}^{-at}\varepsilon(t)$

2.4.2 卷积积分的性质

卷积是一种数学运算,它有着许多重要的性质,灵活地运用卷积积分性质能够简化系统分析。

1. 卷积的代数运算

卷积积分运算遵守代数运算的交换律、分配律、结合律,下面分别述之。

(1)交换律

$$f_1(t) * f_2(t) = f_2(t) * f_1(t) \tag{2-24}$$

证明

$$f_1(t) * f_2(t) = \int_{-\infty}^{\infty} f_1(\tau)f_2(t-\tau)\mathrm{d}\tau$$

$$\xlongequal{令 t-\tau=x} \int_{-\infty}^{\infty} f_1(t-x)f_2(x)\mathrm{d}x$$

$$= f_2(t) * f_1(t)$$

此式说明两函数在卷积积分中的次序是可以任意交换的,对于系统来说,交换律表明了

图 2-4 所示的等效情况，即激励信号与系统的单位冲激响应互换可得到相同的响应。

图 2-4　卷积的交换律

(2)分配律

$$f_1(t)*[f_2(t)+f_3(t)]=f_1(t)*f_2(t)+f_1(t)*f_3(t) \tag{2-25}$$

分配律可由卷积积分定义直接推导出，这里从略。

如果把 $f_1(t)$ 看作系统的单位脉冲响应，则式(2-25)说明几个信号同时作用于系统产生的零状态响应，等于每个信号单独作用于系统产生的零状态响应的叠加。

如果把 $f_2(t)$ 和 $f_3(t)$ 看作两个不同系统的单位冲激响应，则分配律说明，信号 $f_1(t)$ 作用于单位冲激响应 $f_2(t)+f_3(t)$ 的系统产生的零状态响应，等于信号 $f_1(t)$ 分别作用于单位冲激响应为 $f_2(t)$、$f_3(t)$ 系统产生的零状态响应之和。同时可见，并联系统的等效单位冲激响应是各系统单位冲激响应之和，如图 2-5 所示。

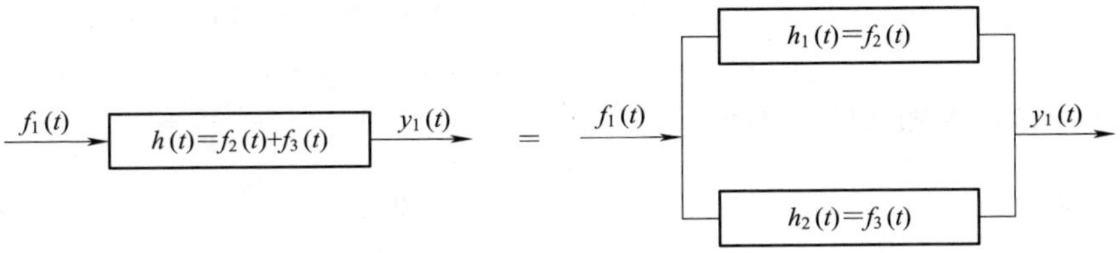

图 2-5　卷积的分配律

(3)结合律

$$[f_1(t)*f_2(t)]*f_3(t)=f_1(t)*[f_2(t)*f_3(t)] \tag{2-26}$$

证明

$$\begin{aligned}[f_1(t)*f_2(t)]*f_3(t) &= \int_{-\infty}^{\infty}\left[\int_{-\infty}^{\infty} f_1(\tau)f_2(\eta-\tau)\mathrm{d}\tau\right]f_3(t-\eta)\mathrm{d}\eta \\ &\xlongequal{\text{换序}} \int_{-\infty}^{\infty} f_1(\tau)\left[\int_{-\infty}^{\infty} f_2(\eta-\tau)f_3(t-\eta)\mathrm{d}\eta\right]\mathrm{d}\tau \end{aligned} \tag{2-27}$$

令 $\eta-\tau=x$，代入式(2-27)，有

$$\begin{aligned}[f_1(t)*f_2(t)]*f_3(t) &= \int_{-\infty}^{\infty} f_1(\tau)\left[\int_{-\infty}^{\infty} f_2(x)f_3(t-\tau-x)\mathrm{d}x\right]\mathrm{d}\tau \\ &= \int_{-\infty}^{\infty} f_1(\tau)\left[\int_{-\infty}^{\infty} f_2(x)f_3(t-x)\mathrm{d}x\right]\mathrm{d}\tau \\ &= f_1(t)*[f_2(t)*f_3(t)] \end{aligned} \tag{2-28}$$

如果系统的输出端与另一端的输入端相连，则这种连接方法称为级联。若结合律中 $f_1(t)$ 和 $f_3(t)$ 分别为两个系统的单位冲激响应，则结合律表示为图 2-6(a)所示的等效关系，即信号 $f_2(t)$ 作用下的响应与两系统的级联顺序无关。

如果 $f_1(t)$ 和 $f_2(t)$ 分别为两个系统的单位冲激响应，则结合律又表明了图 2-6(b)的等效关系，即激励信号作用于两级联系统的响应等效于该信号作用于单位冲激响应 $h(t)=f_1(t)*$

$f_2(t)$的系统上的响应，同时可见，级联后系统的单位冲激响应等于各级联系统单位冲激响应的卷积。

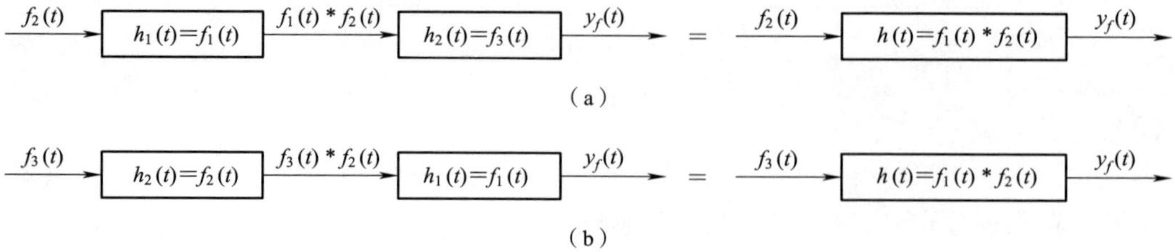

图 2-6　卷积的结合律

2. 卷积积分的时移特性

若$f_1(t)*f_2(t)=f(t)$，则

$$f_1(t-t_1)*f_2(t-t_2)=f(t-t_1-t_2) \tag{2-29}$$

证明　$f_1(t-t_1)*f_2(t-t_2)=[f_1(t)*\delta(t-t_1)]*[f_2(t)*\delta(t-t_2)]$

$$=f_1(t)*f_2(t)*\delta(t-t_1)*\delta(t-t_2)$$

$$=f(t)*\delta(t-t_1-t_2)=f(t-t_1-t_2)$$

$f(t-t_1)$与$\delta(t-t_2)$示意图如图 2-7 所示。

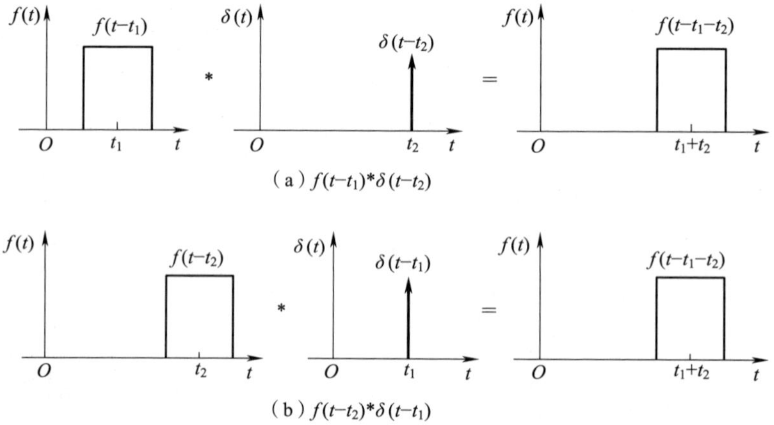

图 2-7　$f(t-t_1)$与$\delta(t-t_2)$示意图

若已知$\varepsilon(t)*\varepsilon(t)=r(t)=t\varepsilon(t)$，则根据时移特性可直接得到

$$\varepsilon(t+3)*\varepsilon(t-5)=(t-2)\varepsilon(t-2)$$

3. 尺度变换

若$f_1(t)*f_2(t)=f(t)$，则

$$f_1\left(\frac{t}{a}\right)*f_2\left(\frac{t}{a}\right)=|a|f\left(\frac{t}{a}\right) \tag{2-30}$$

证明

$$f(t)=f_1(t)*f_2(t)=\int_{-\infty}^{\infty}f_1(\tau)f_2(t-\tau)\mathrm{d}\tau$$

$$f\left(\frac{t}{a}\right)=\int_{-\infty}^{\infty}f_1(\tau)f_2\left(\frac{t}{a}-\tau\right)\mathrm{d}\tau$$

令 $\tau=\frac{\tau'}{a}$,则

$$f\left(\frac{t}{a}\right)=\int_{-\infty}^{\infty}f_1\left(\frac{\tau'}{a}\right)f_2\left(\frac{t}{a}-\frac{\tau'}{a}\right)\frac{\mathrm{d}\tau'}{|a|}=\frac{1}{|a|}\int_{-\infty}^{\infty}f_1\left(\frac{\tau'}{a}\right)f_2\left(\frac{t}{a}-\frac{\tau'}{a}\right)\mathrm{d}\tau'$$

因此

$$|a|f\left(\frac{t}{a}\right)=f_1\left(\frac{t}{a}\right)*f_2\left(\frac{t}{a}\right)$$

4. 与冲激函数的卷积

函数 $f(t)$ 与冲激函数 $\delta(t)$ 的卷积

$$f(t)*\delta(t)=\int_{-\infty}^{\infty}f(\tau)\delta(t-\tau)\mathrm{d}\tau \tag{2-31}$$

考虑卷积积分满足交换律式(2-24)并应用 $\delta(t)$ 的筛选性质,式(2-31)可改写为

$$f(t)*\delta(t)=\delta(t)*f(t)=\int_{-\infty}^{\infty}\delta(\tau)f(t-\tau)\mathrm{d}\tau \tag{2-32}$$

式(2-32)说明,函数 $f(t)$ 与 $\delta(t)$ 卷积运算,其结果仍是 $f(t)$。由式(2-32)可以证明下列推论式成立。

推论

$$f(t)*\delta(t-t_1)=f(t-t_1) \tag{2-33}$$

$$f(t-t_1)*\delta(t-t_2)=f(t-t_1-t_2) \tag{2-34}$$

设

$$f_1(t)*f_2(t)=y(t)$$

则有

$$f_1(t-t_1)*f_2(t-t_2)=y(t-t_1-t_2) \tag{2-35}$$

5. 卷积的微分特性

若 $f_1(t)*f_2(t)=f(t)$,则

$$\frac{\mathrm{d}}{\mathrm{d}t}[f_1(t)*f_2(t)]=\frac{\mathrm{d}}{\mathrm{d}t}f(t)=f_1(t)*\frac{\mathrm{d}f_2(t)}{\mathrm{d}t}=\frac{\mathrm{d}f_1(t)}{\mathrm{d}t}*f_2(t) \tag{2-36}$$

证明

$$\frac{\mathrm{d}f(t)}{\mathrm{d}t}=\frac{\mathrm{d}}{\mathrm{d}t}[f_1(t)*f_2(t)]=\frac{\mathrm{d}}{\mathrm{d}t}f(t)\left[\int_{-\infty}^{\infty}f_1(\tau)*f_2(t-\tau)\mathrm{d}\tau\right]$$

$$=\int_{-\infty}^{\infty}f_1(\tau)*f_2(t-\tau)\mathrm{d}\tau=f_1(t)*\frac{\mathrm{d}f_2(t)}{\mathrm{d}t}$$

同理可证明

$$\frac{\mathrm{d}f(t)}{\mathrm{d}t}=f_2(t)*\frac{\mathrm{d}f_1(t)}{\mathrm{d}t} \tag{2-37}$$

推论　(1)$\delta(t+1)*\delta'(t-2)=[\delta(t+1)*\delta(t-2)]'=\delta'(t-1)$;

(2)$f(t)*\delta(t)=f'(t)$;

(3)$f(t)*\delta^{(n)}(t)=f^{(n)}(t)$;$f(t)*\delta^{(n)}(t-t_0)=f^{(n)}(t-t_0)$;

(4)$[f_1(t)*f_2(t)]'=f_1(t)*f_2(t)*\delta'(t)$。

6. 卷积的积分特性

若$f_1(t)*f_2(t)=f(t)$，则

$$\int_{-\infty}^{t} f_1(x)*f_2(x)\mathrm{d}x=\int_{-\infty}^{t} f(x)\mathrm{d}x=f_1(x)*\left[\int_{-\infty}^{t} f_2(x)\mathrm{d}x\right]$$
$$=\left[\int_{-\infty}^{t} f_1(x)\mathrm{d}x\right]*f_2(x) \tag{2-38}$$

证明

$$\begin{aligned}\int_{-\infty}^{t} f_1(x)*f_2(x)\mathrm{d}x&=\int_{-\infty}^{t} f(x)\mathrm{d}x\\&=\int_{-\infty}^{t}\left[\int_{-\infty}^{t} f_1(\tau)f_1(x-\tau)\mathrm{d}\tau\right]\mathrm{d}x\\&=\int_{-\infty}^{t} f_1(\tau)\left[\int_{-\infty}^{t} f_1(x-\tau)\mathrm{d}x\right]\mathrm{d}\tau\\&=f_1(t)*\int_{-\infty}^{t} f_2(x)\mathrm{d}x\end{aligned}$$

同理可证明

$$\int_{-\infty}^{t} f(x)\mathrm{d}x=\left[\int_{-\infty}^{\infty} f_1(x)\mathrm{d}x\right]*f_2(t) \tag{2-39}$$

推论 （1）$f(t)*\varepsilon(t)=f(t)*\int_{-\infty}^{t}\delta(\tau)\mathrm{d}\tau=\int_{-\infty}^{t} f(\tau)\mathrm{d}\tau$；

（2）$f(t)*\delta^{(-n)}(t)=f^{(-n)}(t)$；$f(t)*\delta^{(-n)}(t-t_0)=f^{(-n)}(t-t_0)$；

（3）$\int_{-\infty}^{t}[f_1(\tau)*f_2(\tau)]\mathrm{d}\tau=f_1(t)*f_2(t)*\delta^{(-1)}(t)$。

2.4.3 卷积积分的计算

卷积除了根据式(2-23)给出的卷积定义式（具体见例2-5）计算外，还可利用性质和图解法求解。

1. 利用性质求卷积积分

【例2-6】 信号$f_1(t)$和$f_2(t)$如图2-8所示，试用卷积的时移特性求$f_1(t)*f_2(t)$。

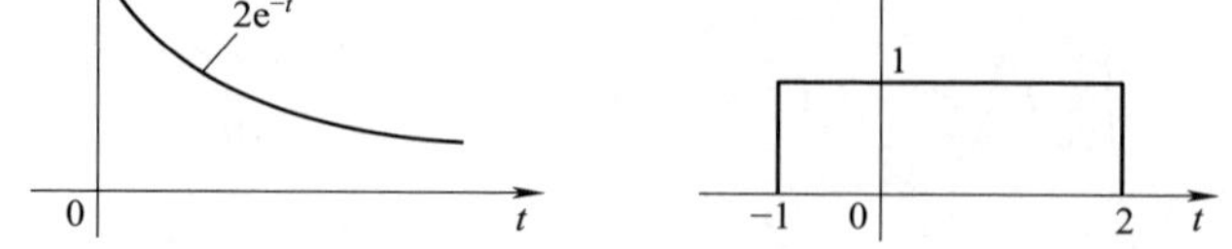

图2-8 例2-6图

解 写出信号的表达式为

$$f_1(t)=2\mathrm{e}^{-t}\varepsilon(t)$$
$$f_2(t)=\varepsilon(t+1)-\varepsilon(t-2)$$
$$f(t)=f_1(t)*f_2(t)=f_1(t)*\varepsilon(t+1)-f_1(t)*\varepsilon(t-2)$$

由卷积积分时移特性可知应求

$$f_1(t) * \varepsilon(t) = \int_{-\infty}^{t} 2\mathrm{e}^{-t}\varepsilon(t)\,\mathrm{d}t = \int_{0}^{t} 2\mathrm{e}^{-t}\,\mathrm{d}t = 2(1-\mathrm{e}^{-t})\varepsilon(t)$$

则可得

$$f_1(t) * f_2(t) = 2[1-\mathrm{e}^{-(t+1)}]\varepsilon(t+1) - 2[1-\mathrm{e}^{-(t+1)}]\varepsilon(t-2)$$

【例 2-7】 信号$f_1(t)$和$f_2(t)$如图 2-9 所示，试用卷积的微分、积分特性求$f_1(t) * f_2(t)$。

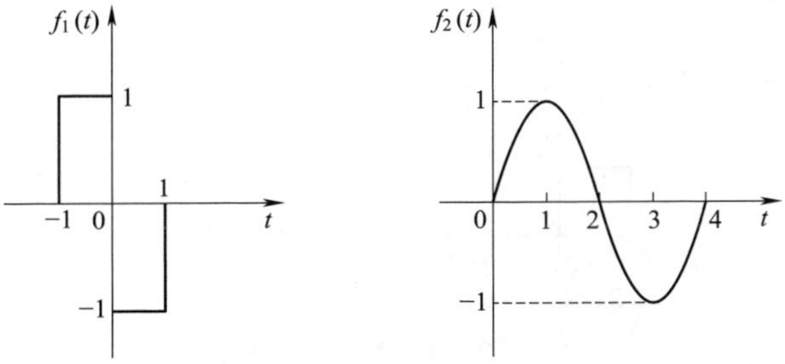

图 2-9　例 2-7 图

解 $f_1(t) = \varepsilon(t+1) - 2\varepsilon(t) + \varepsilon(t-1)$

$$f_1'(t) = \delta(t+1) - 2\delta(t) + \delta(t-1)$$

$$f_2(t) = \sin\frac{\pi}{2}t\varepsilon(t)$$

$$\int_{-\infty}^{t} f_2(t) = \int_{-\infty}^{t} \sin\frac{\pi}{2}t\varepsilon(t)\,\mathrm{d}t = \int_{0}^{t} \sin\frac{\pi}{2}t\,\mathrm{d}t = \frac{2}{\pi}\left(1-\cos\frac{\pi}{2}t\right)\varepsilon(t)$$

$$\begin{aligned} f_1(t) * f_2(t) &= f_1(t) * \int_{-\infty}^{t} f_2(t)\,\mathrm{d}t \\ &= [\delta(t+1) - 2\delta(t) + \delta(t-1)] * \left[\frac{2}{\pi}\left(1-\cos\frac{\pi}{2}\right)\varepsilon(t)\right] \\ &= \frac{2}{\pi}\left[1-\cos\frac{\pi}{2}(t+1)\right]\varepsilon(t+1) - \frac{4}{\pi}\left(1-\cos\frac{\pi}{2}\right)\varepsilon(t) + \\ &\quad \frac{2}{\pi}\left[1-\cos\frac{\pi}{2}(t-1)\right]\varepsilon(t-1) \end{aligned}$$

2. 图解法求卷积积分

把卷积积分的过程用波形图表示出来，有助于对卷积积分产生更加直观的理解，下面通过例题说明图解法求卷积的步骤和运算规律。

【例 2-8】 求卷积$f(t) = f_1(t) * f_2(t)$，其中$f_1(t) = 2[\varepsilon(t) - \varepsilon(t-1)]$，$f_2(t) = \varepsilon(t) - \varepsilon(t-1)$。

解 (1)把$f_1(t)$和$f_2(t)$转到以积分变量τ为横坐标的坐标系中，$f_1(t)$转为$f_1(\tau)$，$f_2(t)$转为$f_2(t-\tau)$，如图 2-10 所示。因为$f_2(t-\tau)$可以写为$f_2[-(\tau-t)]$，所以其图形是$f_2(-\tau)$向右平移t。

(2)当t改变时，$f_2(t-\tau)$的波形在以τ为横坐标的坐标系中移动。t在积分中可被看作一个参变量，其每取一个值，都对应一个确定的被积函数$f_1(\tau)f_2(t-\tau)$，对其以积分变量τ进行积分的结果(即以τ为横坐标的坐标系中$f_1(\tau)f_2(t-\tau)$的波形面积)，就是t时刻的卷积结果$f(t)$。如图2-11所示,这里取了$t=0,0.5,1,1.5,2$几个典型值,分别得到被积函数的波形$f_1(\tau)f_2(t-\tau)$,而波形面积(阴影表示)即$f(t)$在相应时刻的取值。

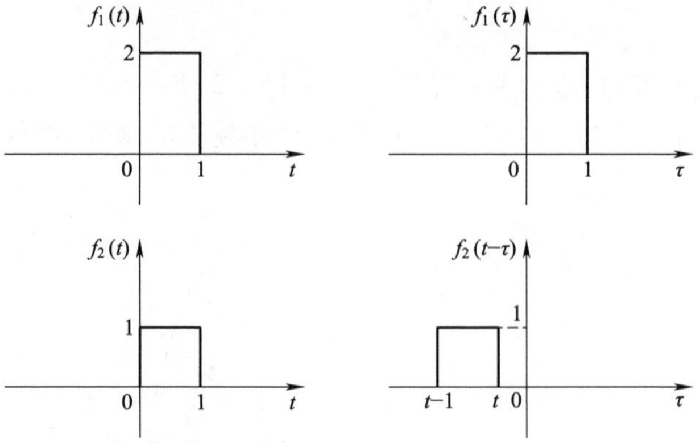

图2-10　例2-8图1

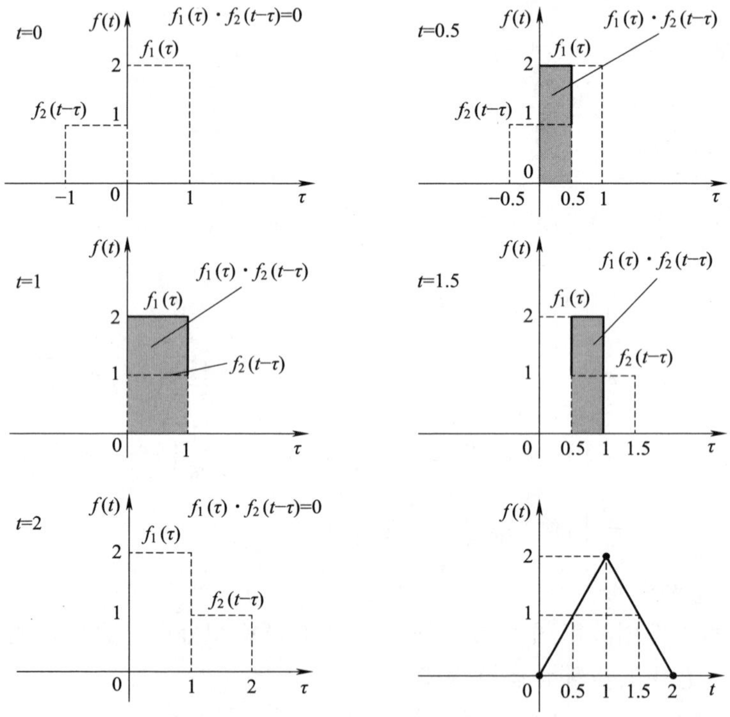

图2-11　例2-8图2

小　结

本章主要介绍了连续时间信号与系统的时域分析法,首先介绍了微分方程的建立及时域经典分析法与系统的零输入响应和零状态响应;其次引入了冲激响应和阶跃响应用于表示系统;再次介绍了卷积积分的概念及其性质(卷积代数运算、时移特性、尺度变换、与冲激函数的卷积、微分特性、积分特性);最后介绍了卷积积分的计算,包括利用卷积积分定义、卷积积分性质和图解法求卷积的方法。本章通过卷积的性质揭示了系统的性质,可以为后续学习变换域分析法打下必要的基础。

习　题

2-1　如图2-12所示电路,输入为 $i_S(t)$,分别写出以 $i(t)$、$\varepsilon(t)$ 为输出电路的输入输出方程。

2-2　如图2-13所示电路,输入为 $u_S(t)$,分别写出以 $i(t)$、$\varepsilon(t)$ 为输出电路的输入输出方程。

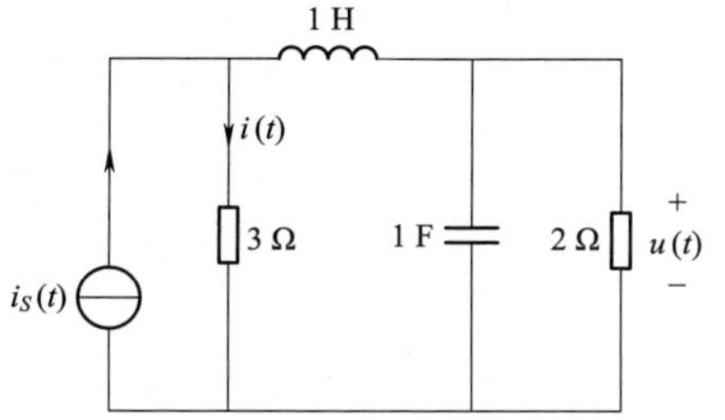

图2-12　题2-1图

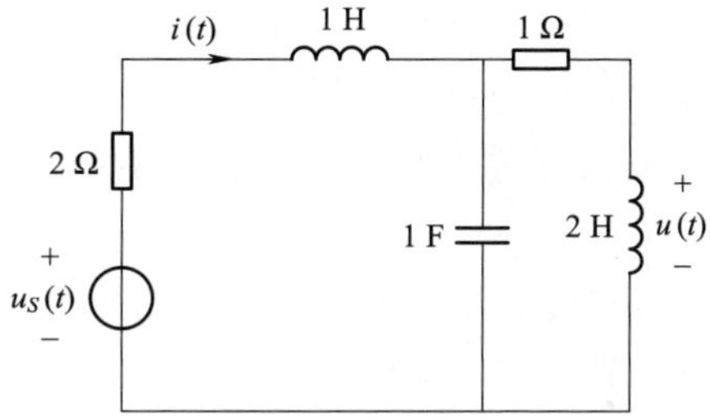

图2-13　题2-2图

2-3　如图2-14所示电路,已知 $u_C(t)=2$ V,$i_L(t)=1$ A,试求 $i_L(0^+)$、$u_C(0^+)$和 $u'_C(0^+)$。

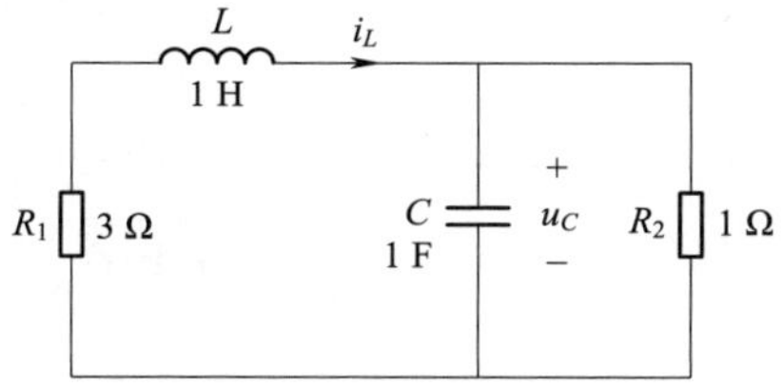

图2-14　题2-3图

2-4　设有二阶系统方程

$$y''(t)+4y'(t)+4y(t)=0$$

在某起始状态下的 0^+ 初始值为

$$y(0^+)=1, y'(0^+)=2$$

试求零输入响应。

2-5　设有一阶系统方程

$$y'(t)+3y(t)=f'(t)+f(t)$$

试求其冲激响应 $h(t)$ 和阶跃响应 $s(t)$。

2-6　某LTI系统的冲激响应如图2-15(a)所示,若输入信号 $f(t)$ 为图2-15(b)所示三角波,试求系统的零状态响应。

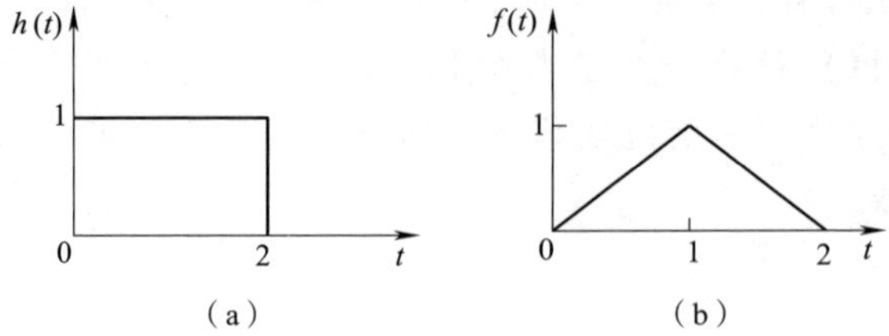

图 2-15　题 2-6 图

2-7　描述某系统的输入输出方程为

$$y'(t)+3y(t)=f(t)$$

已知 $y(0^+)=1.5$，$f(t)=3\varepsilon(t)$，求系统的自由响应 $y_h(t)$ 与强迫响应 $y_p(t)$。

2-8　某系统的输入输出方程为

$$y''(t)+3y'(t)+2y(t)=2f'(t)+4f(t)$$

已知 $f(t)=t\varepsilon(t)$，$y(0^-)=2$，$y'(0^-)=2$，求系统的零输入响应 $y_x(t)$。

2-9　描述某系统的输入输出方程为

$$y''(t)+3y'(t)+2y(t)=f'(t)+5f(t)$$

已知 $f(t)=\mathrm{e}^{-3t}\varepsilon(t)$，求系统的零状态响应 $y_f(t)$。

2-10　图 2-16 所示系统由两个子系统组合而成，各子系统的冲激响应分别为

$$h_a(t)=\delta(t-1)$$

$$h_b(t)=\varepsilon(t)-\varepsilon(t-3)$$

试求总系统的冲激响应 $h(t)$，并画出 $h(t)$ 的图形。

2-11　图 2-17 所示系统由三个子系统组合而成，各子系统的冲激响应分别为

$$h_1(t)=\varepsilon(t) \qquad \text{(积分器)}$$

$$h_2(t)=\delta(t-1) \qquad \text{(单位延时器)}$$

$$h_3(t)=-\delta(t) \qquad \text{(倒相器)}$$

试求复合系统的冲激响应 $g(t)$。

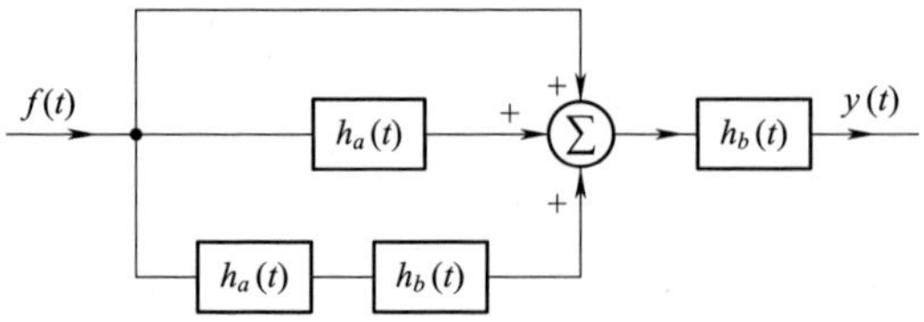

图 2-16　题 2-10 图

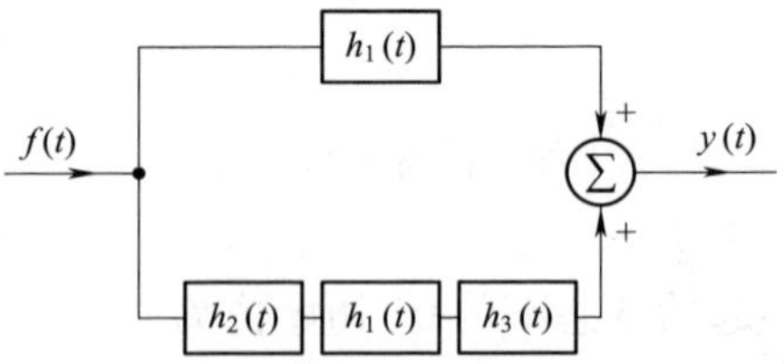

图 2-17　题 2-11 图

2-12　求下列卷积：

(1) $\delta(t)*2$；

(2) $\varepsilon(t+3)*\varepsilon(t-5)$；

(3) $\varepsilon(t+1)*\varepsilon(t+2)$；

(4) $\mathrm{e}^{-(t-1)}\varepsilon(t-1)*\varepsilon(t+1)$；

(5) $(t-1)\varepsilon(t+1) * \varepsilon(t-1)$；

(6) $(t+1)\varepsilon(t-1) * \varepsilon(t-1)$。

2-13　用图形卷积法求解图 2-18 所示各对信号的卷积值，并画出图形。

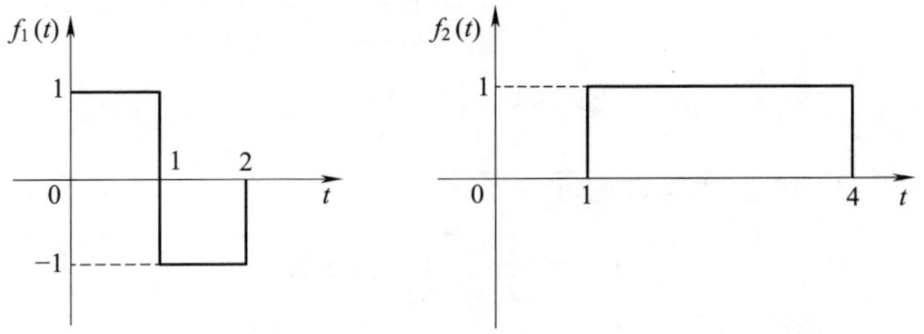

(a)

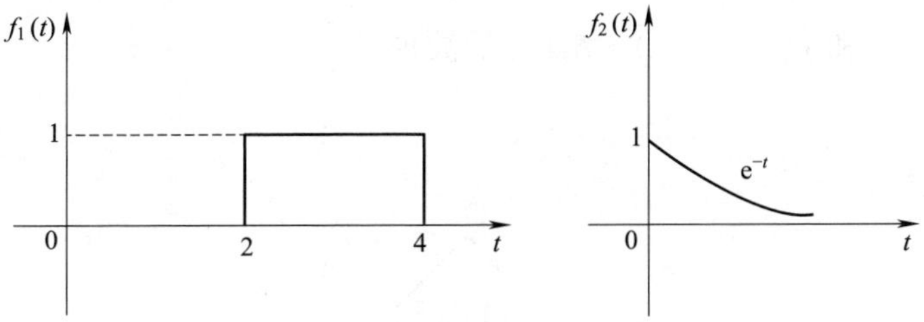

(b)

图 2-18　题 2-13 图

2-14　试用图解法求解图 2-19 所示两波形的卷积积分。

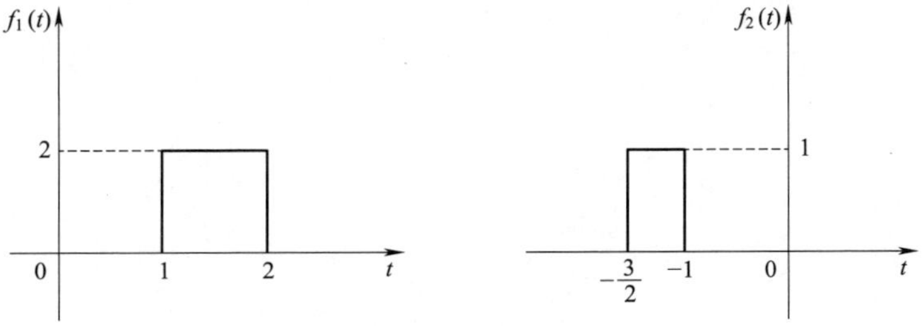

图 2-19　题 2-14 图

2-15　[考研真题]已知 $x_1[n]=\left(\frac{1}{2}\right)^n[u[n]-u[n-4]]$，$x2[n]=\{1,\underset{\underset{n=0}{\uparrow}}{1},1\}$，求 $y[n]=x_1[n]*x_2[n]$，并画出 $x_1[n]$ 和 $y[n]$ 的图形。

2-16　[考研真题]一个互联线性时不变系统如图 2-20 所示，它的子系统的脉冲响应分别为 $h_1[n]=\delta[n]+2\delta[n-1]+\delta[n-2]$，$h_2[n]=u[n]$，$h_3[n]=u[n-3]$。联系 $y[n]$ 和 $x[n]$ 的总系统的脉冲响应应几位 $h[n]$。

(1) 将 $h[n]$ 用 $h_1[n]$、$h_2[n]$ 和 $h_3[n]$ 表示出来。

(2) 用(1)的结果具体计算 $h[n]$，并画出 $h[n]$ 的波形。

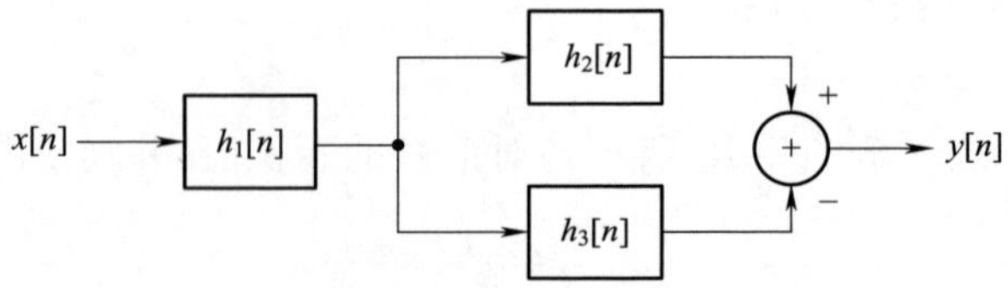

图 2-20　题 2-16 图

2-17　[考研真题]已知连续线性时不变系统

$$y(t)=\frac{1}{T}\int_{t-T/2}^{t+T/2}x(\tau)\,\mathrm{d}\tau$$

其中，$T>0$，求系统的冲激响应并画出其波形。

2-18　[考研真题]已知图 2-21 所示三角脉冲 $x(t)$，画出 $T=1.5$ 时周期冲激脉冲序列 $\delta_T(t)=\sum\limits_{n=-\infty}^{\infty}\delta(t-nT)$ 和 $y(t)=x(t)*\delta_T(t)$ 的波形。

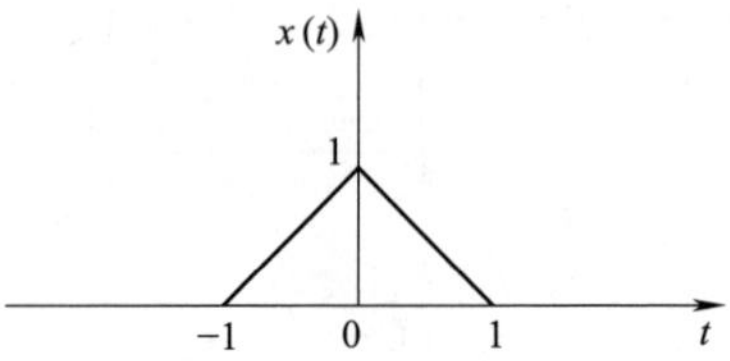

图 2-21　题 2-18 图

第3章　连续时间信号与系统的频域分析

学习目标

(1)掌握周期信号的傅里叶级数表示和复指数表示。
(2)掌握周期信号频谱的特点及非周期信号的频谱函数。
(3)掌握信号频带宽度的概念。
(4)掌握信号时域特性与频域特性的关系的应用。
(5)掌握卷积定理及其应用。
(6)掌握取样定理及信号恢复的应用。

学习导言

有小则有大,有分则有合;有之以为利,无之以为用。系统为载体,信号为灵魂;频域展特性,多姿竞美轮。信号传输有规律,频域分析见真容。

3.1 概　　述

从第2章可以看到,一个信号可以分解为许多信号分量,各个信号分量可以用同样形式的函数来表示,例如,单位冲激函数、单位阶跃函数等求系统响应时,先将这些简单的信号分量分别施加于系统并求出其解,然后再利用线性系统的叠加原理求得总响应。

一个矢量可以在一个坐标系统中沿着各个坐标轴求出矢量的各个分量;一组坐标轴构成一个矢量空间。坐标系统可以有多种,最常用的是坐标轴互相正交的系统。一个信号也可以用某一组函数集来表示,并找出该信号在函数中的分量;一个函数集可以构成一个信号空间。用来表示信号的函数集有多种选取方法,常用的是正交函数集。

正交函数集有多种,其中的一种是三角函数集,即傅里叶级数。任一信号,只要符合一定的条件,都可以分解为一系列不同频率的正弦分量。每一个特定的正弦分量,都有它相应的振幅值和相位值。对于一个正弦波而言,它的振幅、相位和频率被唯一确定。因此,对于一个信号而言,它的各个分量的振幅和相位分别是频率的函数,或者合起来,它的复数振幅是频率的函数。因此,信号既可以用时间函数来表示,又可以用频率函数来表示。前者称为该信号在时域中的表示,后者称为该信号在频域中的表示。本章涉及的是时域到频域的变换问题,以及这种变换的关系问题。

本章主要讨论信号如何表示为一个正交函数集,然后重点讨论信号的频域特性,最后建立信号的频谱概念。

3.2 信号分解为正交函数

3.2.1 正交函数集

如有定义在(t_1,t_2)区间的两个函数$f_1(t)$和$f_2(t)$,若满足

$$\int_{t_1}^{t_2} f_1(t)f_2(t)\mathrm{d}t = 0$$

则称$f_1(t)$和$f_2(t)$在区间(t_1,t_2)内正交。

如有n个函数$f_1(t), f_2(t), \cdots, f_n(t)$构成一个函数集,若这些函数在区间$(t_1,t_2)$内满足

$$\int_{t_1}^{t_2} f_i(t)f_j(t)\mathrm{d}t = 0$$

则称此函数集为在区间(t_1,t_2)的正交函数集,在区间(t_1,t_2)内相互正交的n个函数构成正交信号空间。如果在正交函数集$\{f_1(t), f_2(t), \cdots, f_n(t)\}$之外,不存在函数可与函数集中任意函数正交,则称该函数集为完备正交函数集。

例如,三角函数集$\{1, \cos\omega t, \cos 2\omega t, \cdots, \cos n\omega t, \sin\omega t, \sin\omega 2t, \cdots, \sin n\omega t, \cdots\}$在区间$(t_0,t_0+T)\left(\text{式中 } T=\dfrac{2\pi}{\omega}\right)$组成正交函数集,且为完备正交函数集。因为对于所有的m和n都满足正交特性式

$$\int_{t_0}^{t_0+T} \cos m\omega t\sin n\omega t\mathrm{d}t = 0$$

所以,该三个函数集为正交函数集。此外,沃尔什函数集在区间(0,1)内也是完备的正交函数集,沃尔什函数用$\mathrm{Wal}(k,t)$表示,其中k是沃尔什函数编号,为非负整数。其他如勒让德多项式、切比雪夫多项式等也可构成正交函数集。

3.2.2 信号分解

设有n个函数$f_1(t), f_2(t), \cdots, f_n(t)$在区间$(t_1,t_2)$构成一个正交函数空间。可将任意函数$\phi(t)$用这$n$个正交函数的线性组合来近似,可表示为

$$\phi(t) \approx c_1 f_1(t) + c_2 f_2(t) + \cdots + c_n f_n(t) = \sum_{j=1}^{n} c_j f_j(t) \tag{3-1}$$

显然,应选取各系数c_j使实际函数与近似函数之间误差在区间(t_1,t_2)内为最小。通常选择误差的均方值最小,这时可以认为已经得到最好的近似值。误差的均方值也称均方误差,用符号$\overline{\varepsilon^2}$表示。

均方误差为

$$\overline{\varepsilon^2} = \frac{1}{t_2-t_1}\int_{t_1}^{t_2}\left[f(t) - \sum_{j=1}^{n} c_j\phi_j(t)\right]^2\mathrm{d}t$$

$$\frac{\partial\,\overline{\varepsilon^2}}{\partial c_i} = \frac{\partial}{\partial c_i}\int_{t_1}^{t_2}\left[f(t) - \sum_{j=1}^{n} c_j\phi_j(t)\right]^2\mathrm{d}t = 0$$

展开被积函数并求导,式中只有两项不为0,写为

$$\frac{\partial}{\partial c_i}\int_{t_1}^{t_2}[-2c_i f(t)\phi_i(t)+c_i^2\phi_i^2(t)]\mathrm{d}t=0$$

于是可求得

$$-2\int_{t_1}^{t_2}f(t)\phi_i(t)\mathrm{d}t+2c_i\int_{t_1}^{t_2}\phi_i^2(t)\mathrm{d}t=0$$

所得系数为

$$c_i=\frac{\int_{t_1}^{t_2}f(t)\phi_i(t)\mathrm{d}t}{\int_{t_1}^{t_2}\phi_i^2(t)\mathrm{d}t}=\frac{1}{K_i}\int_{t_1}^{t_2}f(t)\phi_i(t)\mathrm{d}t$$

因此,用正交函数去近似$f(t)$时,所取得项数越多,即n越大,则均方误差越小。当$n\to\infty$时,均方误差为零,此时有

$$\int_{t_1}^{t_2}f^2(t)\mathrm{d}t=\sum_{j=1}^{\infty}c_j^2K_j$$

上式称为巴塞瓦尔公式,表明:在区间(t_1,t_2)上$f(t)$所含能量恒等于$f(t)$在完备正交函数集中分解的各正交分量能量之和。与此相反,如果信号在正交函数集中的各正交分量能量总和小于信号本身的能量,此时该正交函数集不完备。

当$n\to\infty$时,均方误差$\overline{\varepsilon^2}=0$,式(3-1)可写为

$$f(t)=\sum_{j=1}^{\infty}c_j\phi_j(t) \tag{3-2}$$

因此,函数$f(t)$在区间(t_1,t_2)可分解为无穷多项正交函数之和。

3.3 傅里叶级数

周期信号是定义在$(-\infty,\infty)$区间,间隔时间T而按相同规律重复变化的信号,如图3-1所示。它可表示为

$$f(t)=f(t+mT)$$

式中,m为任意整数;时间T称为该信号的重复周期,简称周期。周期T的倒数称为该信号的频率。

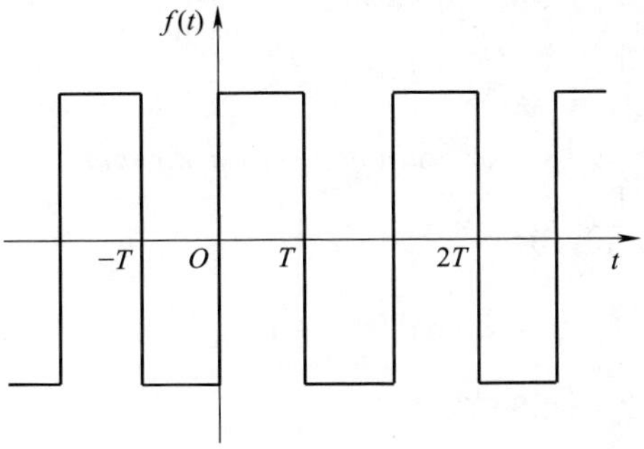

图3-1　周期信号

由式(3-2)可知,周期信号$f(t)$在区间(t_0,t_0+T)可以展开成在完备正交信号空间中的无穷级数。如果完备正交函数集是三角函数集,则周期信号展开的无穷级数称为"三角型傅里叶级数"。完备正交函数集是指数函数集,则周期信号展开的无穷级数称为"指数型傅里叶级数"。二者统称为傅里叶级数。

3.3.1　傅里叶级数的三角形式

设有周期信号$f(t)$,它的周期是T,角频率$\omega=\dfrac{2\pi}{T}$。当满足狄利克雷(Dirichlet)条件时,它可分解为如下三角级数——称为$f(t)$的傅里叶级数(定义式)。

$$f(t)=a_0+\sum_{n=1}^{\infty}a_n\cos n\omega t+\sum_{n=1}^{\infty}b_n\sin n\omega t \tag{3-3}$$

式中,系数$a_0,a_n,b_n(n=1,2,\cdots)$称为傅里叶系数:

$$\begin{cases} a_0=\dfrac{1}{T}\displaystyle\int_{-\frac{T}{2}}^{\frac{T}{2}}f(t)\,\mathrm{d}t \\ a_n=\dfrac{2}{T}\displaystyle\int_{-\frac{T}{2}}^{\frac{T}{2}}f(t)\cos n\omega t\,\mathrm{d}t \quad (n=1,2,\cdots) \\ b_n=\dfrac{2}{T}\displaystyle\int_{-\frac{T}{2}}^{\frac{T}{2}}f(t)\sin n\omega t\,\mathrm{d}t \end{cases} \tag{3-4}$$

设有图3-2所示的直角三角形,处于两维坐标第四象限,角φ_n的对边为纵轴上的$-b_n$,邻边为横轴上的a_n,斜边为c_n,则有

$$c_n=\sqrt{a_n^2+b_n^2}$$

$$\cos\varphi_n=\frac{a_n}{\sqrt{a_n^2+b_n^2}}=\frac{a_n}{c_n}$$

$$\sin\varphi_n=\frac{-b_n}{\sqrt{a_n^2+b_n^2}}=\frac{-b_n}{c_n}$$

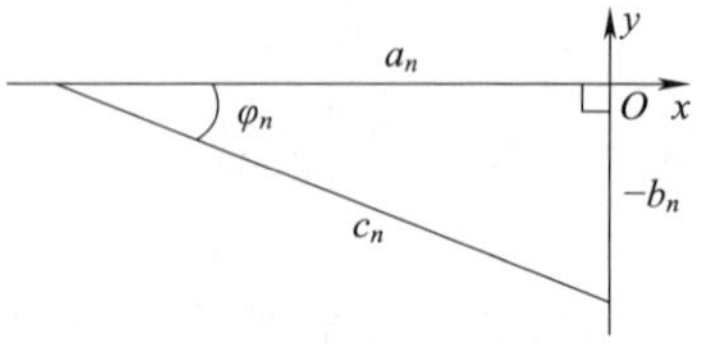

图3-2　直角三角形

再利用三角函数的和角公式可将式(3-3)变形为

$$\begin{aligned} f(t)&=a_0+\sum_{n=1}^{\infty}(a_n\cos n\omega t+b_n\sin n\omega t) \\ &=a_0+\sum_{n=1}^{\infty}\sqrt{a_n^2+b_n^2}\left(\frac{a_n}{\sqrt{a_n^2+b_n^2}}\cos n\omega t-\frac{-b_n}{\sqrt{a_n^2+b_n^2}}\sin n\omega t\right) \\ &=a_0+\sum_{n=1}^{\infty}c_n(\cos\varphi_n\cos n\omega t-\sin\varphi_n\sin n\omega t) \end{aligned}$$

可得傅里叶级数三角形式的另一种表示方法:

$$f(t)=c_0+c_1\cos(\omega t+\varphi_1)+c_2\cos(2\omega t+\varphi_2)+\cdots=c_0+\sum_{n=1}^{\infty}c_n\cos(n\omega t+\varphi_n)$$

故傅里叶级数又可以写为(标准式)

$$f(t)=c_0+\sum_{n=1}^{\infty}c_n\cos(n\omega t+\varphi_n) \tag{3-5}$$

【例3-1】　求图3-3所示周期方波的傅里叶级数。

解　因$f(t)$是奇函数,故有

$$a_0 = \frac{1}{T}\int_0^T f(t)\,\mathrm{d}t = 0$$

$$a_n = \frac{2}{T}\int_{-\frac{T}{2}}^{\frac{T}{2}} f(t)\cos n\omega t\mathrm{d}t = 0$$

$$b_n = \frac{2}{T}\int_{-\frac{T}{2}}^{\frac{T}{2}} f(t)\sin n\omega t\mathrm{d}t = \frac{4}{T}\int_0^{\frac{T}{2}} A\sin n\omega t\mathrm{d}t$$

$$= \frac{4A}{T}\left[\frac{-\cos n\omega t}{n\omega}\bigg|_0^{\frac{T}{2}}\right] = \begin{cases}\frac{4A}{n\pi}, & n = 1,3,5,\cdots \\ 0, & n = 2,4,6,\cdots\end{cases}$$

所以$f(t)$的傅里叶级数为

$$f(t) = \frac{4A}{\pi}\left(\sin\omega t + \frac{1}{3}\sin 3\omega t + \frac{1}{5}\sin 5\omega t + \cdots\right)$$

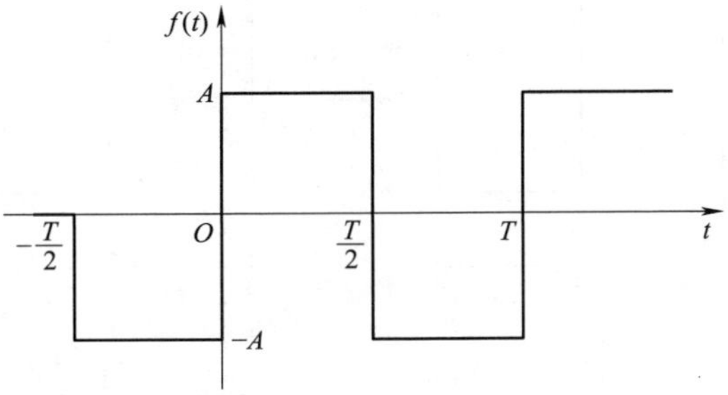

图3-3　例3-1图

图3-4为基波、三次谐波、五次谐波、七次谐波等直至5 001次谐波分量叠加后的合成波形。可见,谐波分量越多,其合成结果越接近原来的方波。

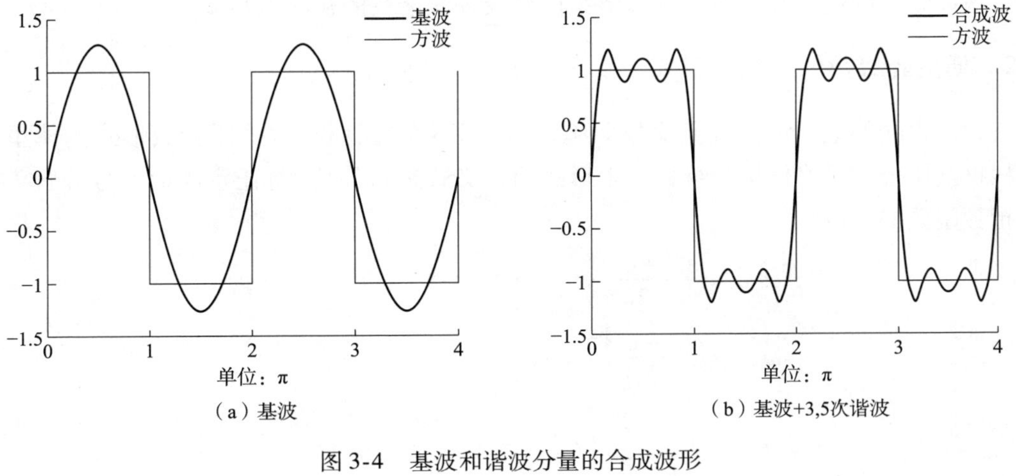

图3-4　基波和谐波分量的合成波形

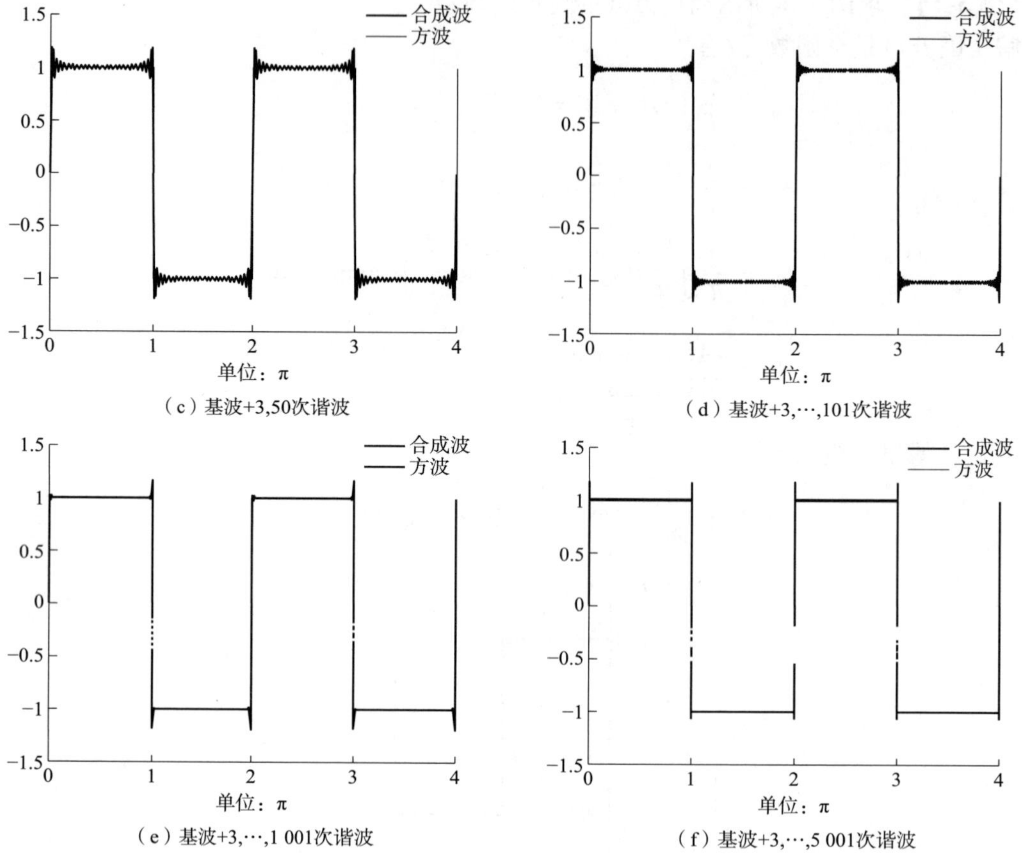

图 3-4　基波和谐波分量的合成波形(续)

式(3-5)是傅里叶级数三角形式的标准式。其重要意义在于一个周期信号可以分解为常数分量和无穷个不同频率余弦信号的代数和，或者说一个周期电信号可以分解为直流分量和无穷个谐波分量的代数和。不同频率余弦信号或各次谐波的初相就是 φ_n。

3.3.2　傅里叶级数的复指数形式

三角形式的傅里叶级数含义比较明确，但运算不便，因而经常采用指数形式的傅里叶级数。根据欧拉公式可将傅里叶级数三角形式的定义式进行简化，将任意周期信号分解为一系列复指数函数的离散和。

$$\cos \omega t=\frac{\mathrm{e}^{\mathrm{j}\omega t}+\mathrm{e}^{-\mathrm{j}\omega t}}{2}$$

$$\sin \omega t=\frac{\mathrm{e}^{\mathrm{j}\omega t}-\mathrm{e}^{-\mathrm{j}\omega t}}{2\mathrm{j}}$$

$$\begin{aligned}f(t)&=a_0+\sum_{n=1}^{\infty}\left(a_n\frac{\mathrm{e}^{\mathrm{j}n\omega t}+\mathrm{e}^{-\mathrm{j}n\omega t}}{2}+b_n\frac{\mathrm{e}^{\mathrm{j}n\omega t}-\mathrm{e}^{-\mathrm{j}n\omega t}}{2\mathrm{j}}\right)\\&=a_0+\sum_{n=1}^{\infty}\left(\frac{a_n-\mathrm{j}b_n}{2}\mathrm{e}^{\mathrm{j}n\omega t}+\frac{a_n+\mathrm{j}b_n}{2}\mathrm{e}^{-\mathrm{j}n\omega t}\right)\end{aligned}$$

令

$$F_n=\frac{a_n-\mathrm{j}b_n}{2}=|F_n|\mathrm{e}^{\mathrm{j}\varphi_n}$$

其中

$$|F_n|=\frac{1}{2}\sqrt{a_n^2+b_n^2},\quad \varphi_n=-\arctan\frac{b_n}{a_n}$$

显然,F_n 的共轭复数 F_n^* 为

$$F_n^*=\frac{a_n+\mathrm{j}b_n}{2}$$

可进一步简化为

$$\begin{aligned}f(t)&=a_0+\sum_{n=1}^{\infty}(F_n\mathrm{e}^{\mathrm{j}n\omega t}+F_n^*\mathrm{e}^{-\mathrm{j}n\omega t})\\&=a_0+\sum_{n=1}^{\infty}F_n\mathrm{e}^{\mathrm{j}n\omega t}+\sum_{n=1}^{\infty}F_{-n}\mathrm{e}^{-\mathrm{j}n\omega t}\\&=F_0+\sum_{n=1}^{\infty}F_n\mathrm{e}^{\mathrm{j}n\omega t}+\sum_{n=-1}^{-\infty}F_n\mathrm{e}^{\mathrm{j}n\omega t}\\&=\sum_{n=-\infty}^{-1}F_n\mathrm{e}^{\mathrm{j}n\omega t}+a_0+\sum_{n=1}^{\infty}F_n\mathrm{e}^{\mathrm{j}n\omega t}\end{aligned}$$

故可得

$$f(t)=\sum_{n=-\infty}^{\infty}F_n\mathrm{e}^{\mathrm{j}n\omega t}\tag{3-6}$$

式中,$F_0=a_0$。式(3-6)即为 $f(t)$ 的复指数级数形式。注意,式(3-6)中出现了负频率,它在频域分析信号时是重要的数学表示,其中系数 F_n 通常是复数。

$$\begin{aligned}F_n&=\frac{a_n-\mathrm{j}b_n}{2}\\&=\frac{1}{T}\int_{-\frac{T}{2}}^{\frac{T}{2}}f(t)\cos n\omega t\mathrm{d}t-\mathrm{j}\frac{1}{T}\int_{-\frac{T}{2}}^{\frac{T}{2}}f(t)\sin n\omega t\mathrm{d}t\\&=\frac{1}{T}\int_{-\frac{T}{2}}^{\frac{T}{2}}f(t)(\cos n\omega t-\mathrm{j}\sin n\omega t)\mathrm{d}t\end{aligned}$$

即复系数

$$F_n=\frac{1}{T}\int_{-\frac{T}{2}}^{\frac{T}{2}}f(t)(\cos n\omega t-\mathrm{j}\sin n\omega t)\mathrm{d}t\tag{3-7}$$

式(3-7)表明,只要给定周期信号 $f(t)$,则 F_n 可以在一个周期内积分确定,继而可写出复指数形式的傅里叶级数。式(3-6)和式(3-7)是表示周期信号的一对重要关系。

又因为 F_n 为各次谐波 $n\omega$ 的函数,它可表示为

$$F_n=|F_n|\mathrm{e}^{\mathrm{j}\varphi_n}$$

并且

$$F_{-n}=|F_n|\mathrm{e}^{-\mathrm{j}\varphi_n}$$

式中,$|F_n|$ 为各次谐波的幅度;φ_n 为各次谐波的相位。对于式(3-6)中每对相同 n 值的正、负

频率项就可合成为一个余弦实函数,即

$$\begin{aligned}F_n e^{jn\omega t}+F_{-n}e^{-jn\omega t}&=|F_n|e^{-j\varphi_n}e^{-jn\varpi t}+|F_n|e^{j\varphi_n}e^{jn\varpi t}\\&=|F_n|[e^{j(n\omega t+\varphi_n)}+e^{-j(n\omega t+\varphi_n)}]\\&=2|F_n|\cos(n\omega t+\varphi_n)\end{aligned}$$

与式(3-5)比较,可知各谐波振幅为

$$c_n=2|F_n|$$

说明:周期信号$f(t)$的各次谐波振幅c_n是各次谐波振幅$|F_n|$的2倍。可见,周期信号$f(t)$的三角级数形式和复指数级数形式只是同一信号的两种不同表示方法。前者为实数级数,后者为复数级数,但都是把周期信号表示为不同频率的各分量。

【例3-2】 设有周期信号$f(t)$如图3-5所示,它可表示为

$$\begin{aligned}f(t)=\delta_T(t)&=\cdots+\delta(t+T)+\delta(t)+\delta(t-T)+\delta(t-2T)+\cdots\\&=\sum_{n=-\infty}^{\infty}\delta(t-nT)\end{aligned}$$

其特点是每隔时间T出现一个冲激信号,一般称$\delta_T(t)$为周期冲激串。试求其复指数形式的级数表达式。

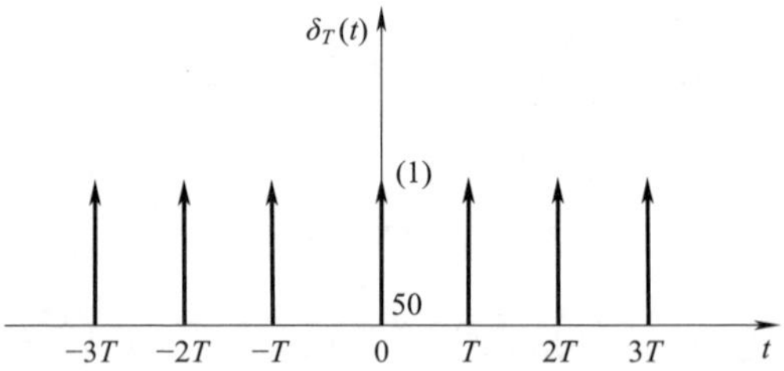

图3-5 周期冲激串

解 对于该冲激串,因在一个周期内只有一个$\delta(t)$,故

$$F_n=\frac{1}{T}\int_{-\frac{T}{2}}^{\frac{T}{2}}\delta(t)e^{-jn\omega t}dt$$

由$\delta(t)$的采样性质,令$t=0$,则有

$$F_n=\frac{1}{T}\quad(n=\pm1,\pm2,\cdots)$$

$$F_0=\frac{1}{T}\int_{-\frac{T}{2}}^{\frac{T}{2}}\delta(t)dt=\frac{1}{T}$$

也就是说,$\delta_T(t)$的各频率分量的幅度是等值的。最后得指数级数形式为

$$f(t)=\delta_T(t)=\sum_{n=-\infty}^{\infty}\frac{1}{T}e^{jn\varpi t}=\frac{1}{T}\sum_{n=-\infty}^{\infty}e^{jn\varpi t}$$

可见,$\delta_T(t)$可用无穷多个离散频率的复指数的累加和表示。

3.3.3 函数对称性与傅里叶系数的关系

(1)若$f(t)$是关于纵轴对称的偶函数,如图3-6所示,则偶函数的傅里叶级数中不会含有正弦项,只可能含有直流分量和余弦项。

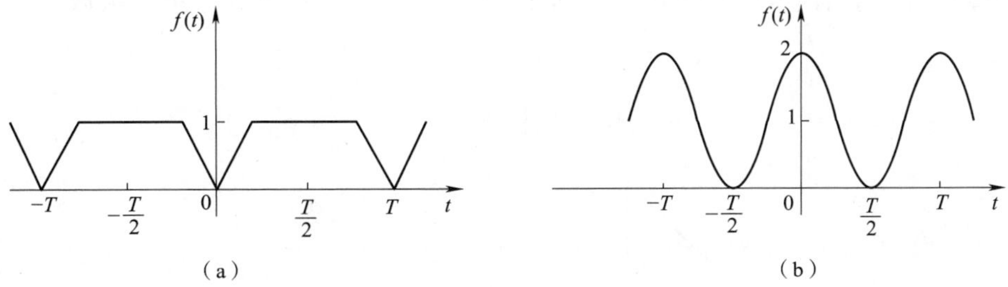

$$f(t) = a_0 + \sum_{n=1}^{\infty}(a_n \cos n\omega t)$$

图 3-6　周期偶函数

(2)若 $f(t)$ 是关于原点对称的奇函数,如图 3-7 所示,则奇函数的傅里叶级数中不含有直流分量和余弦项,只能包含正弦项。

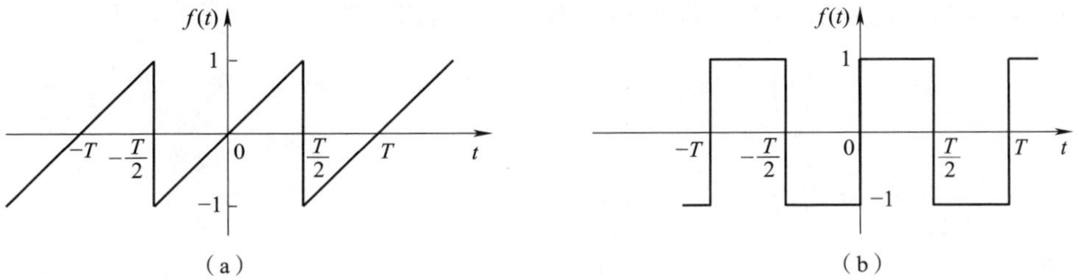

$$f(t) = \sum_{n=1}^{\infty}(b_n \sin n\omega t)$$

图 3-7　周期奇函数

(3)若 $f(t)$ 是奇谐函数,即

$$f(t) = -f\left(t \pm \frac{T}{2}\right)$$

奇谐函数的傅里叶级数展开式中只会含有基波和奇次谐波项,而不含有偶次谐波项和直流分量。

(4)若 $f(t)$ 是偶谐函数,即

$$f(t) = f\left(t \pm \frac{T}{2}\right)$$

偶谐函数的傅里叶级数展开式中只含有直流项和偶次谐波项,而不含有基波和奇次谐波项。

综上所述,信号的奇偶特性决定了其傅里叶级数的组成成分,即是否有直流分量、正弦分量和余弦分量。而奇谐、偶谐特性影响的是傅里叶级数中的谐波成分,即是否有奇次谐波(包括基波)和偶次谐波。

一个周期信号有可能既满足奇偶对称条件也满足奇谐或偶谐对称条件,因此,在判断傅氏级数的构成成分时,可以先根据第一个条件判断组成成分,然后再根据第二个条件判断谐波成分。

【例 3-3】 周期锯齿波图形如图 3-8 所示,求该信号的指数形式傅里叶级数。

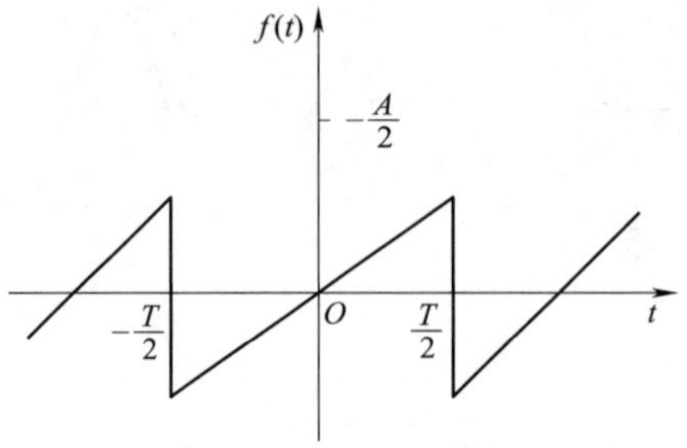

图 3-8 周期锯齿波图形

解 $f(t)$在一个周期内的表达式为

$$f(t)=\frac{2}{T}t,\quad -\frac{T}{2}<t<\frac{T}{2}$$

又因为$f(t)$为奇函数并且奇谐偶谐特性为奇谐,所以可得

$$a_0=\frac{1}{T}\int_{-\frac{T}{2}}^{\frac{T}{2}}\frac{A}{T}t\mathrm{d}t=0$$

$$a_n=\frac{2}{T}\int_{-\frac{T}{2}}^{\frac{T}{2}}\frac{A}{T}t\cos n\omega t\mathrm{d}t=0$$

$$b_n=\frac{2}{T}\int_{-\frac{T}{2}}^{\frac{T}{2}}\frac{A}{T}t\sin n\omega t\mathrm{d}t=\frac{A}{n\pi}(-1)^{n+1},\quad n=1,2,3,\cdots$$

故

$$f(t)=\sum_{n=-\infty}^{\infty}\mathrm{j}\,\frac{1}{n\pi}\cos(n\pi)\mathrm{e}^{\mathrm{j}n\omega t}$$

3.4 周期信号的频谱

3.4.1 周期信号频谱的特点

周期信号可以分解成一系列正弦信号或虚指数信号之和,即

$$f(t)=\frac{a_0}{2}+\sum_{n=1}^{\infty}a_n\cos(n\omega t+\varphi_n)$$

或

$$f(t)=\sum_{n=-\infty}^{\infty}F_n\mathrm{e}^{\mathrm{j}n\omega t}$$

只要确定了频率分量的幅值和相位,周期信号也就被唯一地表示出来。因此,从广义上说信号的某种特征量随信号频率变化的关系称为信号的频谱,所画出的图形称为信号的频谱图。其中频率为横坐标,幅值和相位为纵坐标。以幅值为纵坐标的图称为振幅频谱,以相位为纵坐标的图称为相位频谱。

【例 3-4】 已知方波信号

$$f(t)=\frac{4A}{\pi}\left(\sin\omega_1 t+\frac{1}{3}\sin 3\omega_1 t+\frac{1}{5}\sin 5\omega_1 t+\cdots\right)$$

绘制出该信号的振幅频谱和相位频谱。

解 各次谐波的振幅和相位分别为

$$A_n=\frac{4A}{\pi}\quad(n=1,3,5,\cdots)$$

$$\varphi_n=-90^\circ\quad(n=1,3,5,\cdots)$$

由此可以在各频率点上画出该信号的振幅频谱和相位频谱,如图 3-9 所示。

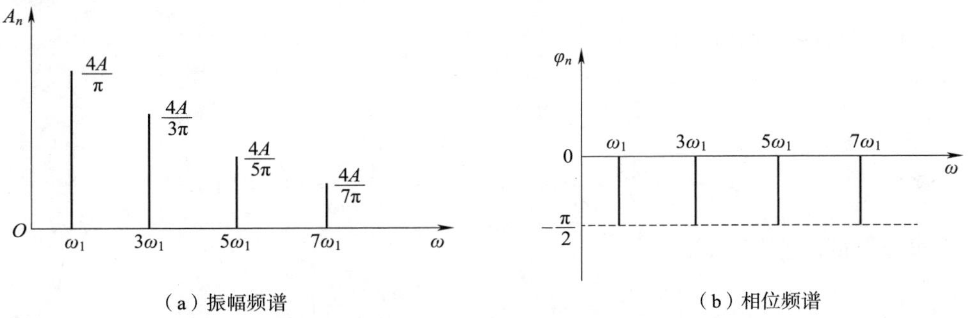

图 3-9　方波信号的频谱图

频谱图中,每根垂直线称为谱线,其所在频率位置 ω 为该次谐波的角频率。每根谱线的高度为该次谐波的振幅(或相位)值。通过观察可知,上述周期信号的振幅谱具有以下特点:

(1)频谱图由频率离散的谱线组成,每根谱线代表一个谐波分量。这样的频谱称为不连续频谱或离散频谱。

(2)频谱中的谱线只能在基波频率 ω 的整数倍频率上出现。

(3)频谱中各谱线的高度随谐波次数的增高而逐渐减小。当谐波次数无限增多时,谐波分量的振幅趋于无穷小。

因此,周期信号具有离散性、谐波性和收敛性三个特点。这些特点虽然从具体信号案例得出,但除了少数特例之外,许多信号的频谱都具有这些特点。

3.4.2 周期矩形脉冲信号的频谱

下面以周期矩形脉冲信号为例,分析周期信号的频谱及其特点。图 3-10 所示为一个脉冲宽度为 τ、脉冲幅度为 A、周期为 T 的周期信号,其中 $\tau<T$。

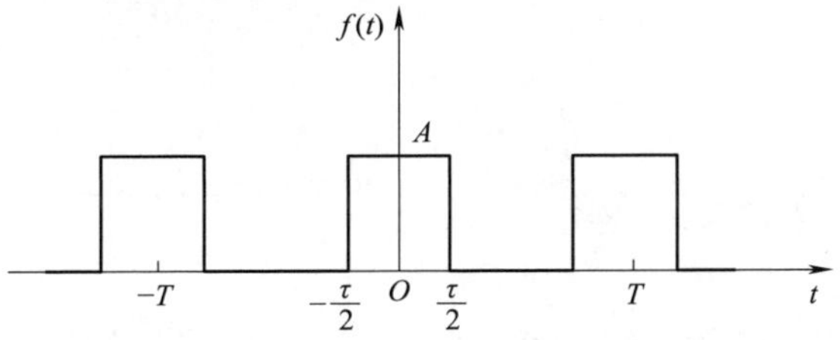

图 3-10　周期矩形脉冲

信号的基波角频率为 $\omega=\frac{2\pi}{T}$，$f(t)$的三角函数形式傅里叶级数展开式为

$$f(t)=a_0+\sum_{n=1}^{\infty}a_n\cos n\omega t+\sum_{n=1}^{\infty}b_n\sin n\omega t$$

其中，直流分量为

$$a_0=\frac{2}{T}\int_{-\frac{T}{2}}^{\frac{T}{2}}f(t)\,\mathrm{d}t=\frac{A\tau}{T}$$

由于该函数为偶函数，故正弦分量为0，即 $b_n=0(n=1,2,\cdots)$，余弦分量的系数为

$$a_n=\frac{2}{T}\int_{-\frac{T}{2}}^{\frac{T}{2}}f(t)\cos n\omega t\mathrm{d}t$$

代入$f(t)$的具体形式后，可得

$$\begin{aligned}a_n&=\frac{2A}{T}\int_{-\frac{\tau}{2}}^{\frac{\tau}{2}}\cos n\omega t\mathrm{d}t\\&=\frac{2A}{T}\frac{1}{n\omega}\sin n\omega t\Big|_{-\frac{\tau}{2}}^{\frac{\tau}{2}}=\frac{2A}{T}\frac{2}{n\omega}\sin\left(\frac{n\omega\tau}{2}\right)\end{aligned}$$

分子和分母同时乘以 τ，得

$$a_n=\frac{2A\tau}{T}\frac{2}{n\omega\tau}\sin\left(\frac{n\omega\tau}{2}\right)=\frac{2A\tau}{T}\cdot\mathrm{Sa}\left(\frac{n\omega\tau}{2}\right)$$

其中，Sa 为抽样函数。

因为$f(t)$的指数形式傅里叶级数为

$$f(t)=\sum_{n=-\infty}^{\infty}F_n\mathrm{e}^{\mathrm{j}n\omega t}$$

其中直流分量为

$$F_0=a_0=\frac{1}{T}\int_{-\frac{\tau}{2}}^{\frac{\tau}{2}}A\mathrm{d}t=\frac{A\tau}{T}$$

则

$$\begin{aligned}F_n&=\frac{1}{T}\int_{-\frac{\tau}{2}}^{\frac{\tau}{2}}f(t)\mathrm{e}^{-\mathrm{j}n\omega t}\mathrm{d}t=\frac{1}{T}\int_{-\frac{\tau}{2}}^{\frac{\tau}{2}}A\mathrm{e}^{-\mathrm{j}n\omega t}\mathrm{d}t\\&=\frac{A}{T}\cdot\frac{1}{-\mathrm{j}n\omega}\left(\mathrm{e}^{-\mathrm{j}\frac{n\omega\tau}{2}}-\mathrm{e}^{\mathrm{j}\frac{n\omega\tau}{2}}\right)=\frac{2A}{Tn\omega}\sin\left(\frac{n\omega\tau}{2}\right)\\&=\frac{A\tau}{T}\cdot\frac{\sin\left(\frac{n\omega\tau}{2}\right)}{\frac{n\omega\tau}{2}}\end{aligned}$$

代入$f(t)$的具体形式后，可得

$$f(t)=\frac{A\tau}{T}\sum_{n=-\infty}^{\infty}\frac{\sin\left(\frac{n\omega\tau}{2}\right)}{\frac{n\omega\tau}{2}}\mathrm{e}^{\mathrm{j}n\omega t}\quad(n=0,\pm1,\pm2,\pm3,\cdots)$$

由第1章介绍的 Sa(x)函数的知识可以看出，$\mathrm{Sa}(x)=\frac{\sin x}{x}$的形式，所以 F_n 的表达式可以

写为降正弦函数的形式，因此可以写为

$$F_n=\frac{A\tau}{T}\cdot\frac{\sin\left(\frac{n\omega\tau}{2}\right)}{\frac{n\omega\tau}{2}}=\frac{A\tau}{T}\mathrm{Sa}\left(\frac{n\omega\tau}{2}\right) \tag{3-8}$$

由于 F_n 具有实函数形式，故可以直接在一张图中画出其对应的双边频谱，如图 3-11 所示。

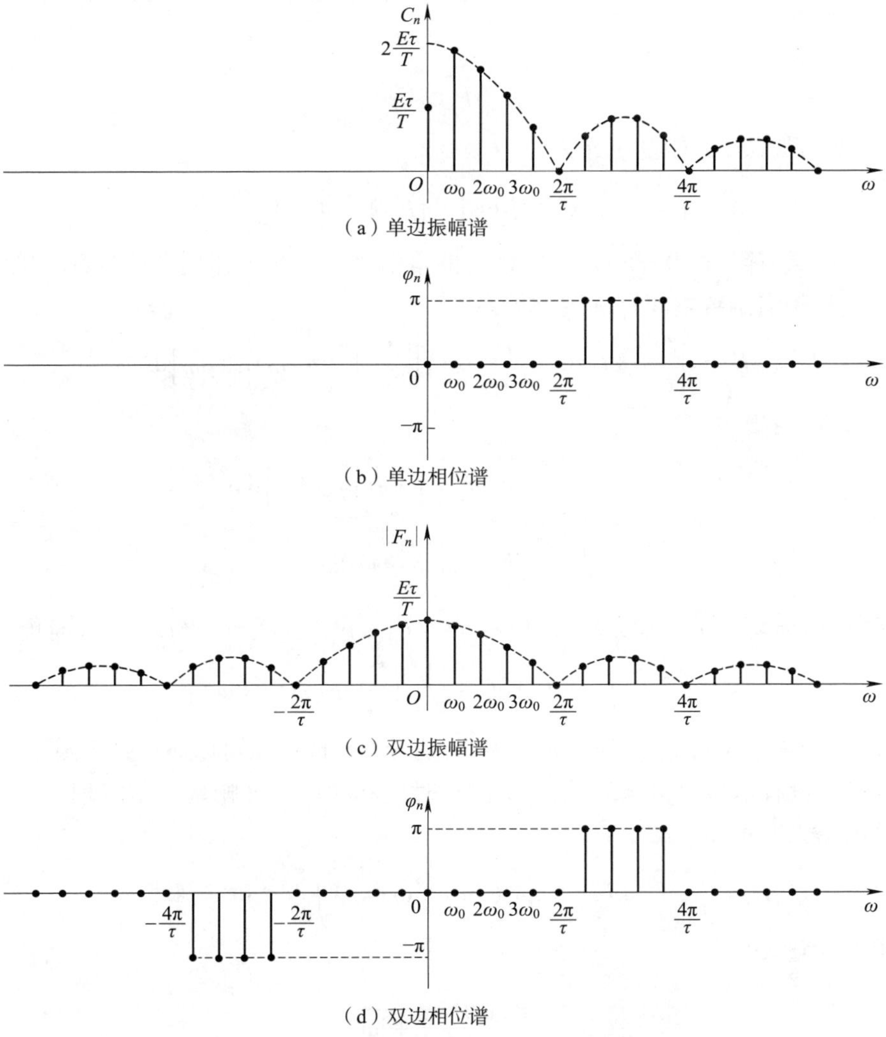

（a）单边振幅谱

（b）单边相位谱

（c）双边振幅谱

（d）双边相位谱

图 3-11　周期矩形脉冲的频谱图

由周期矩形脉冲信号的频谱可以得出以下结论：

（1）周期矩形脉冲信号的频谱分布在离散的频率点 $n\omega$ 上，谱线间隔为 $\omega=\frac{2\pi}{T}$，这称为傅里叶级数的离散性和谐波性。ω 与周期矩形脉冲信号的周期成反比，周期越长，谱线间隔越小。

（2）频谱中各谐波分量的大小与脉冲幅度 A 和脉冲宽度 τ 成正比，与脉冲周期 T 成反比。

（3）频谱中各谱线的幅度按照 $\mathrm{Sa}\left(\frac{n\omega\tau}{2}\right)$ 包络线的规律变化，当 $\omega=m\frac{2\pi}{\tau}(m=\pm1,\pm2,\cdots)$

时，谱线的包络线经过零点。

(4)在整个频率范围内，各个频率分量的幅度虽然有一定的起伏，但是整体随着频率的升高而减少，这称为傅里叶级数的收敛性。

3.4.3 帕塞瓦尔定理

信号 $f(t)$(电压或电流)在 1 Ω 电阻上的瞬时功率为 $|f(t)|^2$，因此，它在区间 $-T<t<T$ 的能量为

$$\int_{-T}^{T}|f(t)|^2\mathrm{d}t$$

当 $T\to\infty$ 时，则信号的能量定义为

$$E=\lim_{T\to\infty}\int_{-T}^{T}|f(t)|^2\mathrm{d}t$$

如果信号能量有限，即 $0<E<\infty$，则称为能量信号。大多数非周期信号都为能量信号。

信号能量与频谱函数之间有确定的关系。

$$E=\int_{-\infty}^{\infty}f^2(t)\mathrm{d}t=\int_{-\infty}^{\infty}f(t)\left[\frac{1}{2\pi}\int_{-\infty}^{\infty}F(\omega)\mathrm{e}^{\mathrm{j}\omega t}\mathrm{d}\omega\right]\mathrm{d}t$$

交换积分次序，得

$$\begin{aligned}E&=\frac{1}{2\pi}\int_{-\infty}^{\infty}F(\omega)\left[\int_{-\infty}^{\infty}f(t)\mathrm{e}^{\mathrm{j}\omega t}\mathrm{d}t\right]\mathrm{d}\omega\\&=\frac{1}{2\pi}\int_{-\infty}^{\infty}F(\omega)F(-\omega)\mathrm{d}\omega\end{aligned}$$

由于 $F(-\omega)=F^*(\omega)$，所以 $F(\omega)F(-\omega)=F(\omega)F^*(\omega)=|F(\omega)|^2$，故有能量公式

$$E=\int_{-\infty}^{\infty}f^2(t)\mathrm{d}t=\frac{1}{2\pi}\int_{-\infty}^{\infty}|F(\omega)|^2\mathrm{d}\omega \tag{3-9}$$

式(3-9)称为帕塞瓦尔定理。式(3-9)表明，信号 $f(t)$ 的能量可以通过频谱函数 $F(\omega)$ 求得。

【例 3-5】 设有信号 $f(t)=3\mathrm{e}^{-t}\varepsilon(t)$，试从时域和频域验证帕塞瓦尔定理。

解 从时域求其能量

$$E=\int_{-\infty}^{\infty}f^2(t)\mathrm{d}t=\int_{0}^{\infty}(3\mathrm{e}^{-t})^2\mathrm{d}t=9\int_{0}^{\infty}\mathrm{e}^{-2t}\mathrm{d}t=4.5\ \mathrm{J}$$

若从频域求其能量，因

$$F(\omega)=\frac{3}{1+\mathrm{j}\omega}$$

故

$$\begin{aligned}E&=\frac{1}{2\pi}\int_{-\infty}^{\infty}|F(\omega)|^2\mathrm{d}\omega=\frac{1}{2\pi}\int_{-\infty}^{\infty}\frac{9}{1+\omega^2}\mathrm{d}\omega\\&=\frac{4.5}{\pi}(\arctan\omega)\Big|_{-\infty}^{\infty}=\frac{4.5}{\pi}\left[\frac{\pi}{2}-\left(-\frac{\pi}{2}\right)\right]\ \mathrm{J}=4.5\ \mathrm{J}\end{aligned}$$

3.4.4 带　宽

实际应用中我们频带宽度(简称带宽)表示信号频谱的集中程度。由图 3-11 所示频谱图

可以看出,虽然矩形脉冲的频谱具有无穷多个频率分量,但从0到频谱 S_a 函数包络的第1个过零点包含了信号的大部分能量。将0和第1个过零点之间的频带宽度定义为该信号的第1过零点带宽,可表示为

$$B = \frac{2\pi}{\tau}$$

图3-12画出了 T 相同而脉冲不同的两种情况下的频谱(这里只画了正频率部分)。由图3-12可见,当保持周期不变,而将脉宽 τ 减小时,频谱的幅度随之减小,相邻谱线的间隔不变,频谱包络线对零点的频率增高,频率分量增多,频谱幅度的收敛速度相应变慢。

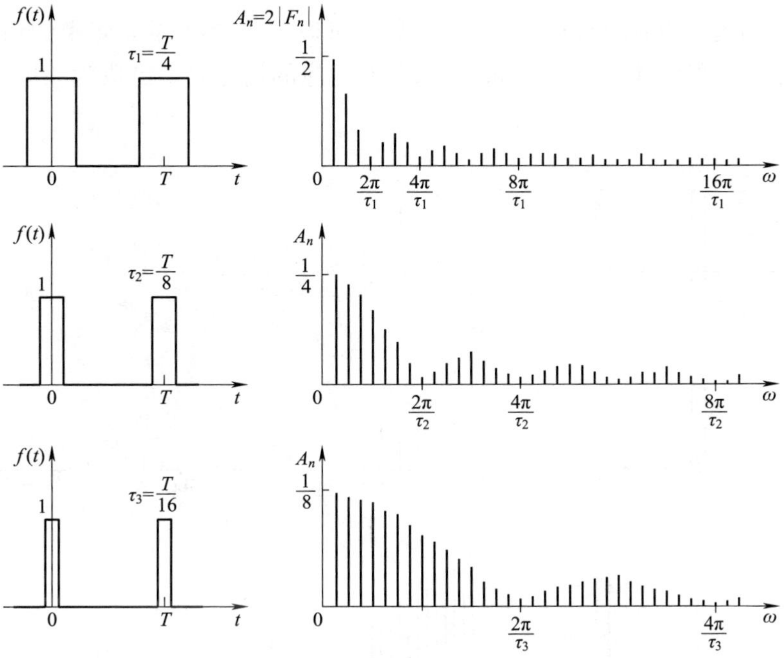

图3-12　T 不变脉宽不断减小时频谱示意图

由周期信号的频谱图3-12可以看出,信号能量主要部分集中在 $\left(0,\frac{2\pi}{\tau}\right)(\tau=\tau_1,\tau_2,\tau_3)$ 的低频分量上,那些次数较高的频率分量实际上可以忽略不计。因此,常常把 $\left(0,\frac{2\pi}{\tau}\right)$ 这段频率范围成为矩形信号的有效宽带,或称为“频带宽度”,简称“带宽”,记为 $\Delta\omega$,即

$$\Delta\omega = \frac{2\pi}{\tau}$$

或者

$$\Delta f = \frac{1}{\tau}$$

可见,信号的频带宽度与信号的持续时间成反比,信号持续时间越长,其频带越窄;反之,信号脉冲越窄,其频带越宽。这个概念很重要。事实上,信号的带宽定义为一段频率范围,对不同的信号可有不同的定义。常见的有三种:一是绝对带宽,即信号的所有频率分量所占的宽

度,若信号只在有限的频率范围内存在,则称之为有限带宽;二是半功率带宽,即频谱分量达到最大值的 0.707 内的频率范围;三是第一零点带宽,如矩形脉冲信号的频谱,当 ω 在 $\left(0,\frac{2\pi}{\tau}\right)$ 内,可以证明,其包含的信号能量已达全部能量的90% 以上,所以对这种信号一般取第一零点带宽。不过,不管用何种方法定义带宽,信号的脉冲宽度越小,其宽带越宽,这是普遍适用的。这一概念也适用于非周期信号。

如图 3-13 所示,画出了脉冲宽度 τ 不变而周期 T 不同情况下的频谱图。随着 T 的增大,频谱幅度 $|F_n|$ 随之减小,谱线间隔 $\omega=\frac{2\pi}{T}$ 变小,谱线密度愈大,谱线愈密。但其频谱包络线的过零点坐标并不改变。从图 3-13 中"主瓣"部分,可以看到谱线逐渐变密的情况。当 $T\to\infty$ 时,图 3-13 所示的连续谱中包络线形状不变,此时对应的信号 $f(t)$ 已成为非周期信号。

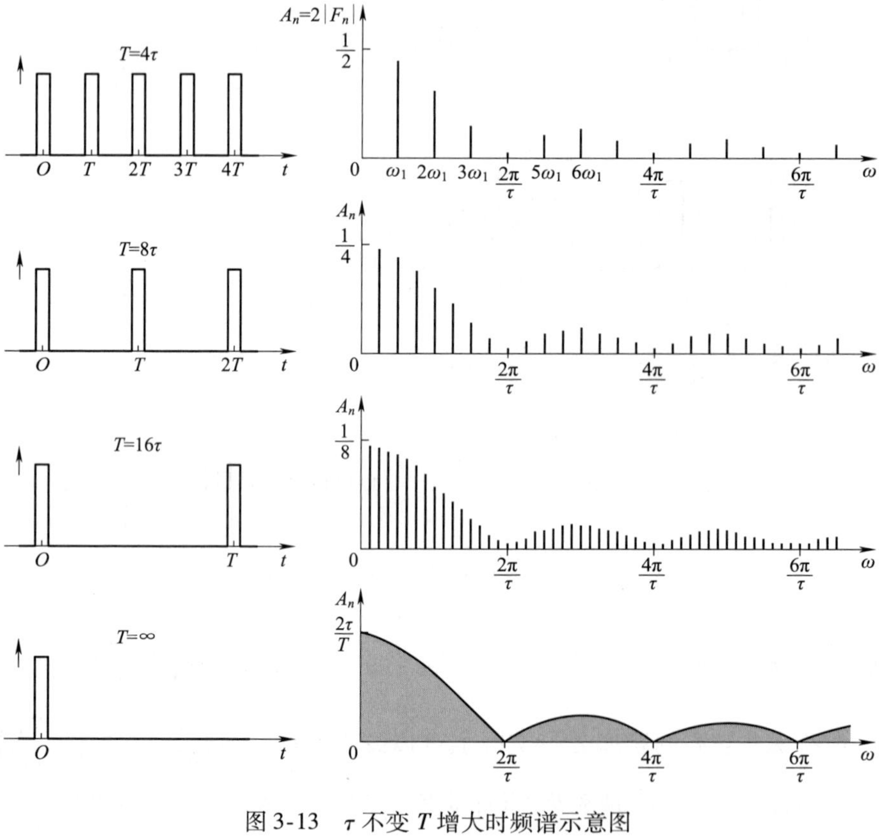

图 3-13　τ 不变 T 增大时频谱示意图

3.5　非周期信号的频谱

3.5.1　傅里叶变换

周期信号可以用傅里叶级数展开的方法找出其所包含的所有频率分量,但实际中大量信号都不是周期信号。当周期 T 趋于无穷大时,周期信号就转化为了非周期的单脉冲信号,此

时谱线间隔 ω 就会趋于无穷小，这样离散频谱则成为连续频谱，如图 3-14 所示。

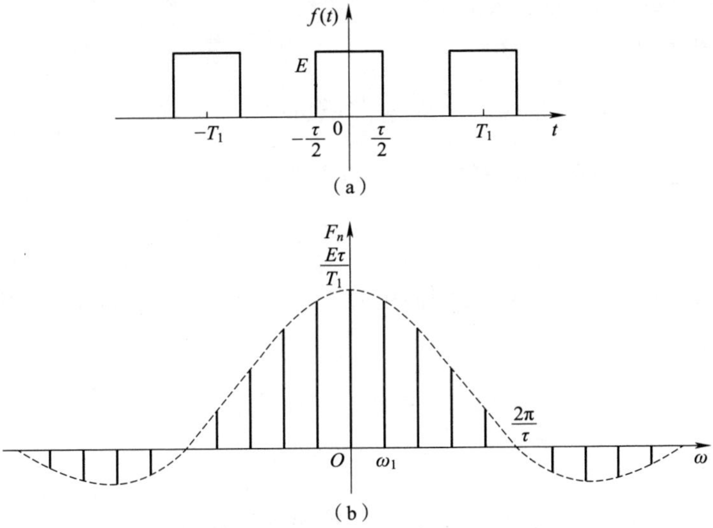

图 3-14　周期信号离散频谱分析

系统对周期信号响应的频域求解方法核心思想是将任意一个周期信号用傅里叶级数展开为无穷项（通常取有限项）正弦型信号（谐波）的代数和，然后求出各次谐波所对应的零状态响应分量，最后将这些响应分量叠加成全零状态响应。

那么，对于形形色色的非周期信号，如何求解系统的零状态响应呢？能否也像周期信号那样寻求出一种通用的分析方法（傅里叶级数），对所有非周期信号进行分析呢？回答是肯定的。我们已经知道，如果一个周期信号的周期 T 为无穷大时，它就演变为一个非周期信号。这个发现为利用周期信号分析法寻求对非周期信号的分析方法提供了一条思路。

设有一个周期信号 $f(t)$ 及其频谱 F_n，将 $f(t)$ 展开成指数形式的傅里叶级数可得

$$f(t)=\sum_{n=-\infty}^{\infty}F_n\mathrm{e}^{\mathrm{j}n\omega t}$$

频谱函数 F_n 为

$$F_n=\frac{1}{T}\int_{-\frac{T}{2}}^{\frac{T}{2}}f(t)\mathrm{e}^{-\mathrm{j}n\omega t}\mathrm{d}t$$

式中，F_n 为离散值 $n\omega$ 的函数，可以写为

$$F(n\omega)=F_nT=\int_{-\frac{T}{2}}^{\frac{T}{2}}f(t)\mathrm{e}^{-\mathrm{j}n\omega t}\mathrm{d}t$$

当 $T\to\infty$ 时，谱线高度 F_n 和谱线间隔 ω 趋于无穷小，故 ω 可用 $\mathrm{d}\omega$ 代替，$n\omega$ 变为连续变量 ω，同时 $T=\frac{2\pi}{\omega}$ 也可用 $\frac{2\pi}{\mathrm{d}\omega}$ 表示，从而上式可以写为

$$F(\omega)=\int_{-\infty}^{\infty}f(t)\mathrm{e}^{-\mathrm{j}\omega t}\mathrm{d}t$$

又由于

$$F(\omega)=\lim_{x\to\infty}F_nT=\frac{2\pi F_n}{\mathrm{d}\omega}$$

可见 $F(\omega)$ 相当于单位频率占有的幅度,具有密度的意义,因此常把 $F(\omega)$ 称为频谱密度函数,简称为频谱函数。$F(\omega)$ 一般为连续谱。

由于 F_n 又可表示为

$$F_n = \frac{d\omega}{2\pi}F(\omega)$$

将其代入 $f(t)$ 的表达式,同时把 $n\omega$ 换为 ω,求和变为积分,得

$$f(t) = \frac{1}{2\pi}\int_{-\infty}^{\infty} F(\omega)e^{j\omega t}d\omega$$

由以上分析可得出一对重要关系,即傅里叶变换(Fourier transform),简称傅氏变换:

傅里叶正变换

$$F(\omega) = \int_{-\infty}^{\infty} f(t)e^{-j\omega t}dt \tag{3-10}$$

傅里叶反变换

$$f(t) = \frac{1}{2\pi}\int_{-\infty}^{\infty} F(\omega)e^{j\omega t}d\omega \tag{3-11}$$

式(3-10)和式(3-11)称为傅里叶变换对,可简记为

$$F(\omega) = F[f(t)]$$
$$f(t) = F^{-1}[F(\omega)]$$

或记为

$$f(t) \leftrightarrow F(\omega)$$

傅里叶变换中,$F(\omega)$ 是 $f(t)$ 的频谱密度函数,它一般是复函数,可以写为

$$F(\omega) = |F(\omega)|e^{j\varphi(\omega)}$$

式中,$|F(\omega)|$ 称为幅度频谱,是 ω 的偶函数,它代表信号中各频率分量的相对大小;$\varphi(\omega)$ 称为相位函数,是 ω 的奇函数,它表示信号中各频率分量之间的相位关系。为了与周期信号的频谱一致,习惯上也把 $|F(\omega)|$-ω 曲线和 $\varphi(\omega)$-ω 曲线分别称为非周期信号的幅度频谱和相位频谱。

从理论上来说,当满足狄利克雷条件时,傅里叶变换才能存在,此时要求信号 $f(t)$ 在全时域满足绝对可积条件

$$\int_{-\infty}^{\infty} |f(t)|dt < +\infty$$

需要强调的是,狄利克雷条件是傅里叶变换存在的充分条件,而不是必要条件。例如,信号 $Sa(\omega t)$ 不满足绝对可积条件,但是满足平方根可积条件,该信号存在傅里叶变换。可以借助奇异函数使许多不满足绝对可积条件的信号存在傅里叶变换,实现傅里叶变换在周期函数和非周期函数的统一表示。

3.5.2 常用非周期信号的频谱

1. 门函数的频谱

幅度为1、宽度为 τ 的单个矩形脉冲常称为门函数,记为 $g_\tau(t)$,它可表示为

$$G_\tau(t)=\begin{cases}1, & |t|<\dfrac{\tau}{2}\\ 0, & |t|>\dfrac{\tau}{2}\end{cases}$$

其波形如图3-15(a)所示。

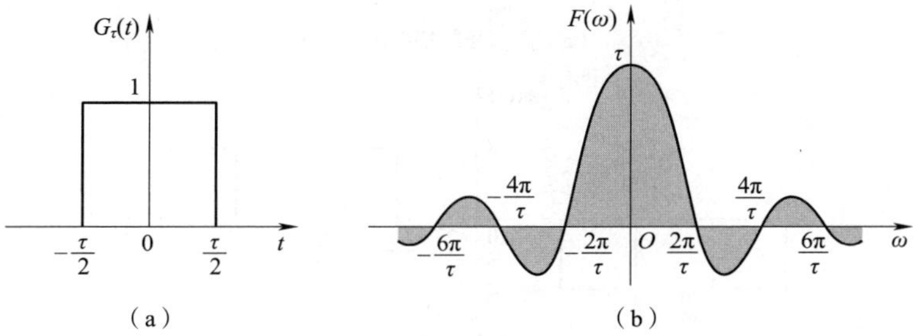

图3-15　门函数及其频谱

由式(3-10)可得,$g_\tau(t)$的傅里叶变换,即频谱函数为

$$\begin{aligned}F(\omega)&=\int_{-\infty}^{\infty}g_\tau(\mathrm{t})\mathrm{e}^{-\mathrm{j}\omega t}\mathrm{d}t=\int_{-\frac{\tau}{2}}^{\frac{\tau}{2}}\mathrm{e}^{-\mathrm{j}\omega t}\mathrm{d}t\\&=\frac{\mathrm{e}^{-\mathrm{j}\frac{\omega\tau}{2}}-\mathrm{e}^{\mathrm{j}\frac{\omega\tau}{2}}}{-\mathrm{j}\omega}=\frac{2\sin\left(\frac{\omega\tau}{2}\right)}{\omega}\\&=\tau\cdot\frac{\sin\left(\frac{\omega\tau}{2}\right)}{\frac{\omega\tau}{2}}\end{aligned}$$

令

$$\mathrm{Sa}\left(\frac{\omega\tau}{2}\right)=\frac{\sin\left(\frac{\omega\tau}{2}\right)}{\frac{\omega\tau}{2}}$$

则门函数的频谱为

$$F(\omega)=\tau\mathrm{Sa}\left(\frac{\omega\tau}{2}\right)\tag{3-12}$$

图3-15(b)为$F(\omega)$的图形,非周期信号的频谱是连续谱。其频谱图中第一个零值对应的角频率为$\frac{2\pi}{\tau}\left(f=\frac{1}{\tau}\right)$,当脉冲宽度减小时,第一个零值处的频率也相应增大。取零频率到$F(\omega)$的第一个零值对应的频率间的频段为信号的带宽,所以$g_\tau(t)$的信号带宽为

$$\Delta f=\frac{1}{\tau}$$

即脉冲宽度与频带宽度成反比。但是更多情况下,$F(\omega)$是复函数,其图形必须分为幅频谱$|F(\omega)|$-ω曲线和相频图$\varphi(\omega)$-ω曲线表示,门信号的幅频图和相频图如图3-16所示。

2. 单边指数信号的频谱

傅里叶变换能够分析的指数信号特指单边指数衰减信号。例如,$f(t)=E\mathrm{e}^{-\alpha t}u(t)$ $(\alpha>0)$,其傅里叶变换为

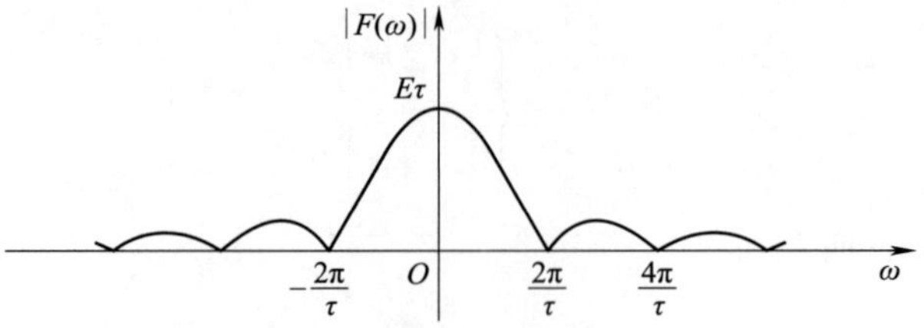

（a）门信号的幅频图

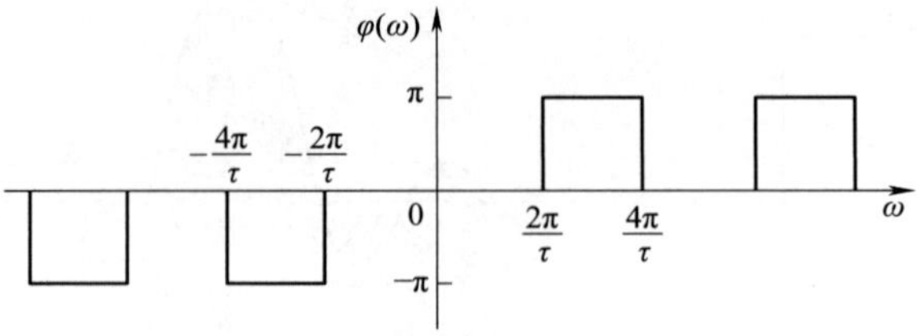

（b）门信号的相频图

图 3-16　门函数的幅度和相位频谱

$$
\begin{aligned}
F(\omega) &= \int_{-\infty}^{\infty} f(t)\,\mathrm{e}^{-\mathrm{j}\omega t}\mathrm{d}t \\
&= \int_{-\infty}^{\infty} E\mathrm{e}^{-\alpha t}u(t)\,\mathrm{e}^{-\mathrm{j}\omega t}\mathrm{d}t \\
&= \int_{0}^{\infty} E\mathrm{e}^{-(\alpha+\mathrm{j}\omega)t}\mathrm{d}t \\
&= \frac{E}{\alpha + \mathrm{j}\omega}
\end{aligned}
$$

即有变换对

$$\mathrm{e}^{-\alpha t}\varepsilon(t) \leftrightarrow \frac{1}{\alpha + \mathrm{j}\omega}$$

其幅度频谱

$$|F(\omega)| = \frac{1}{\sqrt{\alpha^2 + \omega^2}}$$

相位频谱

$$\varphi(\omega) = -\arctan\left(\frac{\omega}{\alpha}\right)$$

其图形如图 3-17 所示。

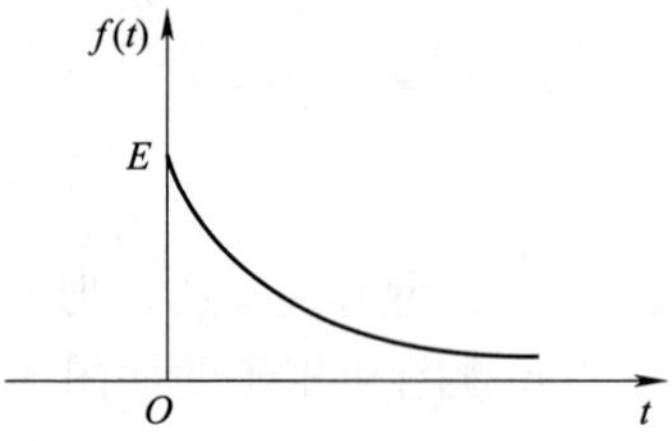

（a）单边指数衰减信号

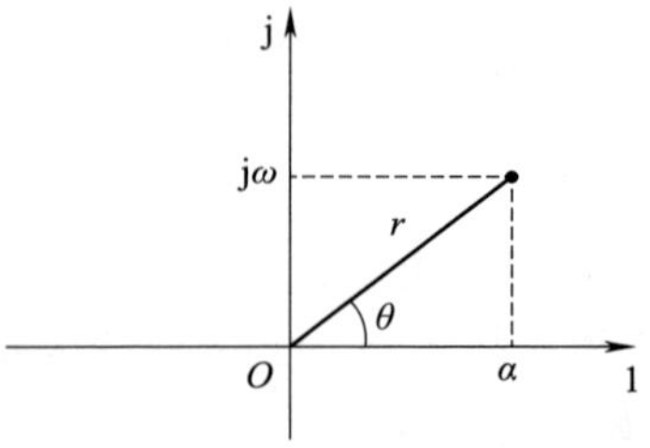

（b）信号初相角

图 3-17　指数信号的频谱

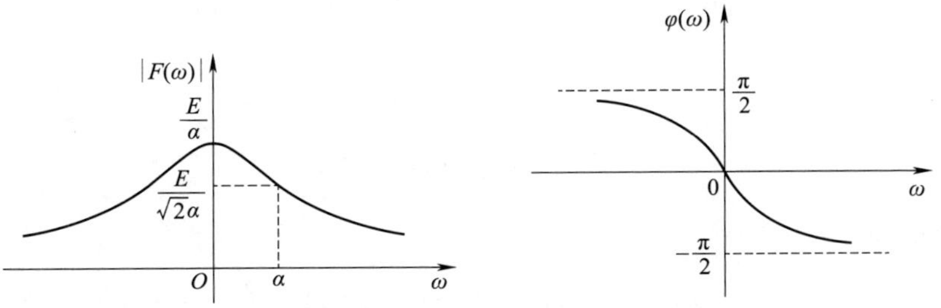

（c）幅频谱　　（d）相频谱

图 3-17　指数信号的频谱(续)

3. 直流信号的频谱

直流信号 $f(t)=1$ 不是绝对可积信号,不能通过傅里叶变换的定义直接求解,可以使用矩形脉冲信号来逼近求解。设矩形脉冲信号为

$$f_1(t)=u\left(t+\frac{\tau}{2}\right)-u\left(t-\frac{\tau}{2}\right)$$

其傅里叶变换为

$$F(\omega)=2\tau\mathrm{Sa}(\tau\omega)$$

直流信号可以表示为

$$f(t)=\lim_{\tau\to\infty}f_1(t)$$

所以其傅里叶变换为

$$F(\omega)=\lim_{\tau\to\infty}2\tau\mathrm{Sa}(\tau\omega)$$

这个极限是冲激函数的一种逼近形式:

$$F(\omega)=\lim_{\tau\to\infty}2\tau\mathrm{Sa}(\tau\omega)=2\pi\cdot\lim_{\tau\to\infty}\frac{\tau}{\pi}\mathrm{Sa}(\tau\omega)=2\pi\cdot\delta(\omega)$$

其图形如图 3-18 所示。图 3-18 表明直流信号的频谱仅由 $\omega=0$ 的分量组成。

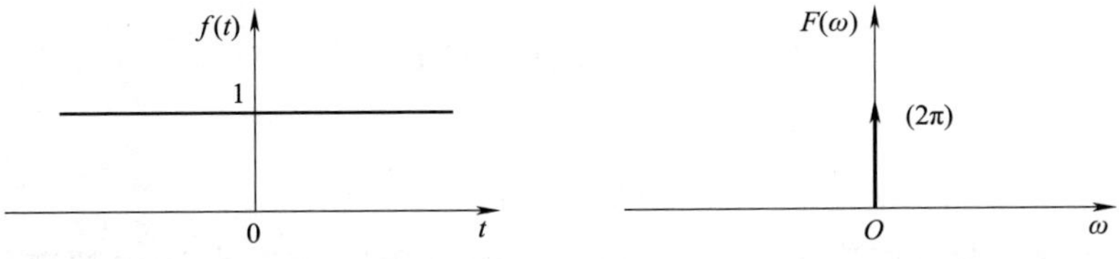

（a）　　（b）

图 3-18　直流信号的频谱

4. 符号函数的频谱

符号函数(signum function)定义为

$$\mathrm{sgn}(t)=\begin{cases}1, & t>0\\ -1, & t<0\end{cases}$$

其图形如图 3-19(a)所示。由于符号函数不满足绝对可积条件,可把它视为双边指数函数当 $\alpha\to 0$ 时的极限,即

$$\operatorname{sgn}(t)=\lim_{\alpha\to 0}e^{-\alpha t}\varepsilon(t)+\lim_{\alpha\to 0}(-e^{\alpha t})\varepsilon(-t)$$

由于

$$e^{-\alpha t}\varepsilon(t)\leftrightarrow\frac{1}{\alpha+j\omega}$$

$$-e^{-\alpha t}\varepsilon(-t)\leftrightarrow\frac{-1}{\alpha-j\omega}$$

故 sgn(t)的频谱为

$$F(\omega)=\lim_{\tau\to\infty}\left(\frac{1}{\alpha+j\omega}-\frac{1}{\alpha-j\omega}\right)=\frac{2}{j\omega}$$

进而

$$|F(\omega)|=\frac{2}{|\omega|}\quad(n=\pm1,\pm3,\pm5,\cdots)$$

$$\varphi(\omega)=\begin{cases}\dfrac{\pi}{2}, & \omega<0\\ -\dfrac{\pi}{2}, & \omega>0\end{cases}$$

其幅度谱和相位谱如图 3-19(b)和图 3-19(c)所示。

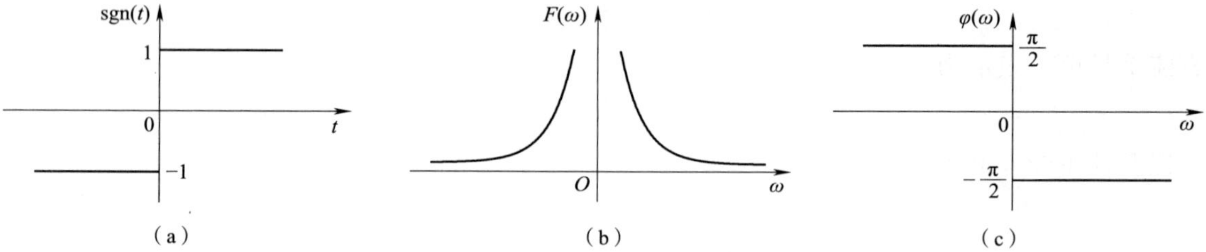

图 3-19　符号函数及其频谱图

5. 冲激函数 $\delta(t)$ 的频谱

由式(3-10),并应用 $\delta(t)$ 的取样性质,得

$$F(\omega)=\int_{-\infty}^{\infty}\delta(t)e^{-j\omega t}dt=1$$

即有变换对

$$\delta(t)\leftrightarrow 1$$

可见,单位冲激信号的频谱等于常数,也就是说,在整个频率范围内频谱是均匀分布的。显然,在时域中变化异常剧烈的冲激函数包含幅度相等的所有频率分量。因此,这种频谱常称为“均匀谱”或“白色谱”,如图 3-20 所示。

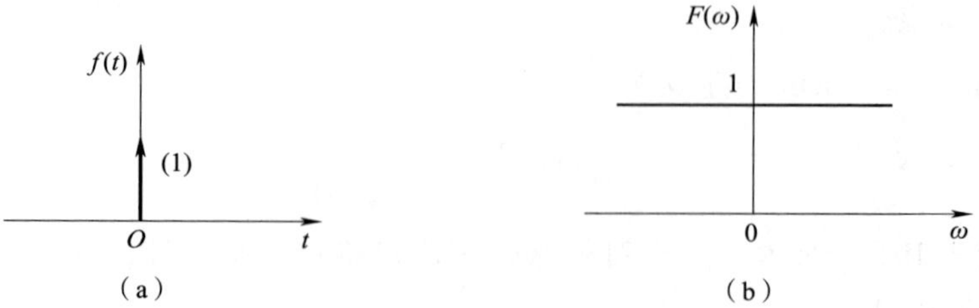

图 3-20　$\delta(t)$ 的频谱

6. 单位阶跃信号的频谱

单位阶跃函数可以用直流信号和符号函数表示为

$$\varepsilon(t)=\frac{1}{2}+\frac{1}{2}\mathrm{sgn}(t)$$

由于

$$\frac{1}{2}\leftrightarrow\pi\delta(\omega)$$

$$\frac{1}{2}\mathrm{sgn}(t)\leftrightarrow\frac{1}{\mathrm{j}\omega}$$

从而有

$$\varepsilon(t)\leftrightarrow\pi\delta(\omega)+\frac{1}{\mathrm{j}\omega}$$

其幅度频谱和相位频谱如图 3-21 所示。

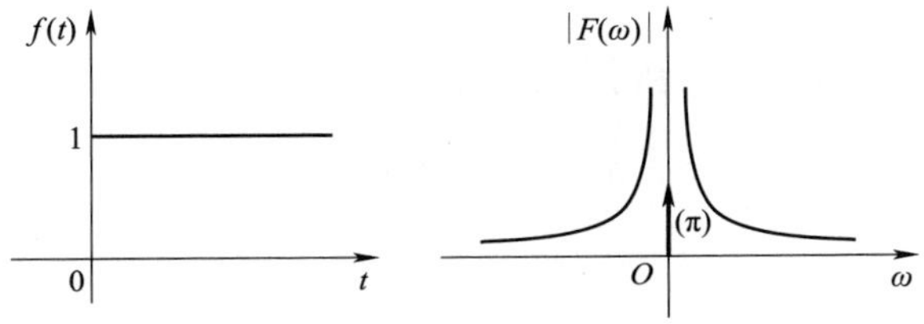

图 3-21　阶跃信号的频谱

归纳以上分析,可得到如下重要结论:

(1)非周期信号的频谱是连续频谱。

(2)若信号在时域中持续时间有限,则其频谱在频域将延伸到无限,这可简单地称为时间有限,频域无限。

(3)信号的脉冲宽度越窄,则信号的带宽越宽。

(4)绝大多数信号的主要能量一般集中在低频分量。

3.6　傅里叶变换的基本性质

3.6.1　线性性质

傅里叶变换是线性积分变换,故满足线性关系。若

$$f_1(t)\rightarrow F_1(\omega),\ f_2(t)\rightarrow F_2(\omega)$$

则

$$a_1f_1(t)+a_2f_2(t)\leftrightarrow a_1F_1(\omega)+a_2F_2(\omega)$$

【例 3-6】　根据阶跃函数和符号函数的傅里叶变换求 $f(t)=(1-\mathrm{e}^{-2t})\varepsilon(t)$。

解　因为

$$\varepsilon(t)\leftrightarrow\pi\delta(\omega)+\frac{1}{\mathrm{j}\omega}$$

$$\mathrm{e}^{-2t}\varepsilon(t)\leftrightarrow\frac{1}{2+\mathrm{j}\omega}$$

根据线性关系,可得

$$F(\omega)=\pi\delta(\omega)+\frac{1}{\mathrm{j}\omega}-\frac{1}{2+\mathrm{j}\omega}$$

3.6.2 对称性质

若存在傅里叶变换 $f(t)\leftrightarrow F(\omega)$,则 $F(t)\leftrightarrow 2\pi f(-\omega)$。

证明 由傅里叶变换定义式 $F(\omega)=\int_{-\infty}^{\infty}f(t)\mathrm{e}^{-\mathrm{j}\omega t}\mathrm{d}t$ 可知

$$\begin{aligned}F(t)&=\int_{-\infty}^{\infty}f(\omega)\mathrm{e}^{-\mathrm{j}\omega t}\mathrm{d}\omega\\&=\int_{-\infty}^{\infty}f(-\omega)\mathrm{e}^{\mathrm{j}\omega t}\mathrm{d}\omega\\&=\frac{1}{2\pi}\int_{-\infty}^{\infty}2\pi f(-\omega)\mathrm{e}^{\mathrm{j}\omega t}\mathrm{d}\omega\end{aligned}$$

所以,$F^{-1}[2\pi f(-\omega)]=F(t)$,即 $F[F(t)]=2\pi f(-\omega)$。

【例 3-7】 已知 $\mathrm{sgn}(t)\leftrightarrow\frac{2}{\mathrm{j}\omega}$,求$\frac{1}{t}$的傅里叶变换。

解 根据对称性有

$$\frac{2}{\mathrm{j}t}\leftrightarrow -2\pi\mathrm{sgn}(\omega)$$

两侧乘以系数$\frac{\mathrm{j}}{2}$,得

$$\frac{1}{t}\leftrightarrow -\mathrm{j}\pi\mathrm{sgn}(\omega)$$

【例 3-8】 求信号 $\mathrm{Sa}(\omega t)$的傅里叶变换。

解 因为利用傅里叶变换的定义直接积分难以计算 $\mathrm{Sa}(\omega t)$的频谱,所以考虑使用傅里叶变换的对称性质,构造一个合适的矩形脉冲信号辅助计算。

已知脉宽为 τ 的矩形脉冲 $f(t)$ 的傅里叶变换为

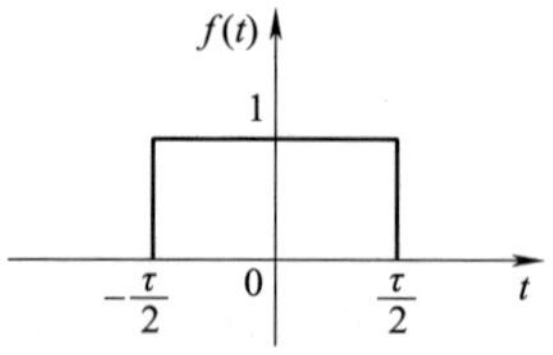

$$\leftrightarrow\quad F(\omega)=\tau\mathrm{Sa}\left(\frac{\tau}{2}\omega\right)$$

利用对称性可得到新变换对为

$$F(t)=\tau\mathrm{Sa}\left(\frac{\tau}{2}t\right)\quad\leftrightarrow$$

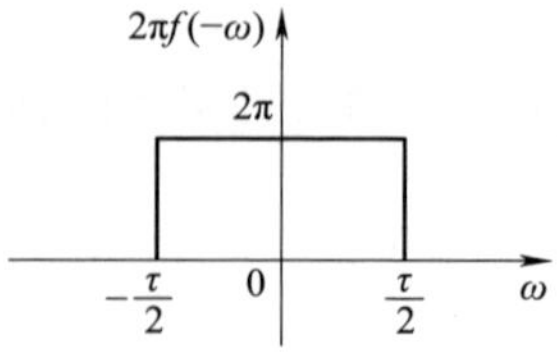

令$\frac{\tau}{2}=\omega$,两边除以 2ω,得

$\mathrm{Sa}(\omega_c t)\quad\leftrightarrow$

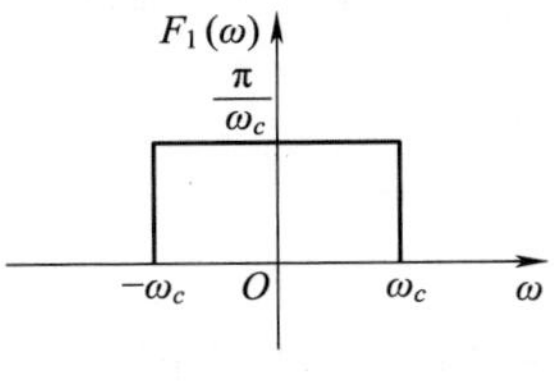

故 $\mathrm{Sa}(\omega_c t)\leftrightarrow\frac{\pi}{\omega}[f(\omega+\omega_c)-f(\omega-\omega_c)]$，其中 ω_c 表示基带频谱偏移量，可见信号 $\mathrm{Sa}(\omega_c t)$ 具有一个低通型的矩形频谱，其带宽为 ω_c。

傅里叶变换的共轭性，是指若存在傅里叶变换对 $f(t)\leftrightarrow F(\omega)$，则 $f^*(t)\leftrightarrow F^*(-\omega)$。

证明　$f^*(t)$ 的傅里叶变换为

$$\int_{-\infty}^{\infty} f^*(t)\mathrm{e}^{-\mathrm{j}\omega t}\mathrm{d}t$$

对上式两侧取两次共轭，得

$$\left[\int_{-\infty}^{\infty} f(t)\mathrm{e}^{-\mathrm{j}\omega t}\mathrm{d}t\right]^* = F^*(-\omega)$$

一般情况下，$F(\omega)$ 是复函数，可以表示为极坐标形式，也可以表示为直角坐标形式：

$$F(\omega)=|F(\omega)|\mathrm{e}^{\mathrm{j}\varphi(\omega)}=R(\omega)+\mathrm{j}X(\omega)$$

若 $f(t)$ 为实信号，则有 $f^*(t)=f(t)$，所以 $F^*(-\omega)=F(\omega)$，或者

$$F^*(\omega)=F(-\omega)$$

此性质称为共轭对称性质，满足如下对称关系：

$$\begin{cases}R(\omega)=R(-\omega)\\X(\omega)=-X(-\omega)\\|F(\omega)|=|F(-\omega)|\\\varphi(\omega)=-\varphi(-\omega)\end{cases}$$

证明　实信号可分解为奇分量和偶分量，即 $f(t)=f_{\mathrm{e}}(t)+f_{\mathrm{o}}(t)$，则

$$\begin{aligned}F(\omega)&=\int_{-\infty}^{\infty} f(t)\mathrm{e}^{-\mathrm{j}\omega t}\mathrm{d}t\\&=\int_{-\infty}^{\infty}[f_{\mathrm{e}}(t)+f_{\mathrm{o}}(t)]\cdot[\cos(\omega t)-\mathrm{j}\sin(\omega t)]\mathrm{d}t\\&=2\int_0^{\infty} f_{\mathrm{e}}(t)\cos(\omega t)\mathrm{d}t-\mathrm{j}2\int_0^{\infty} f_{\mathrm{o}}(t)\sin(\omega t)\mathrm{d}t\\&=R(\omega)+\mathrm{j}X(\omega)\end{aligned}$$

其中，$R(\omega)=2\int_0^{\infty} f_{\mathrm{e}}(t)\cos(\omega t)\mathrm{d}t$，$X(\omega)=-2\int_0^{\infty} f_{\mathrm{o}}(t)\sin(\omega t)\mathrm{d}t$。

说明 $R(\omega)$ 为关于 ω 的偶函数，$X(\omega)$ 为奇函数。

所以 $|F(\omega)|=\sqrt{[R(\omega)]^2+[X(\omega)]^2}$ 为偶函数，$\varphi(\omega)=\mathrm{atan2}[X(\omega),R(\omega)]$ 为奇函数。

实信号的傅里叶变换具有如下规律，称为傅里叶变换的奇偶虚实性：

(1) 如果 $f(t)$ 是偶函数，其奇分量为0，则其傅里叶变换的虚部 $X(\omega)=0$，其变换式就是一个实偶函数 $R(\omega)$。

(2)如果$f(t)$是奇函数,其偶分量为0,则其傅里叶变换的实部$R(\omega)=0$,其变换式就是一个虚奇函数$\mathrm{j}X(\omega)$。

3.6.3 尺度变换性质

若存在傅里叶变换$f(t)\leftrightarrow F(\omega)$,则$f(at)\leftrightarrow \frac{1}{|a|}F\left(\frac{\omega}{a}\right)$。

一个实例是,当一个录音机以正常速度的2倍播放声音时,因信号时域波形被压缩,高频分量得到增强,故会出现尖叫声;反之,若播放速度比正常速度低一半,则声音就会变得低沉。该特性说明,若在时间上压缩信号,以求提高信息传输速度,则需通信系统为其提供更宽的通频带,如图3-22所示。

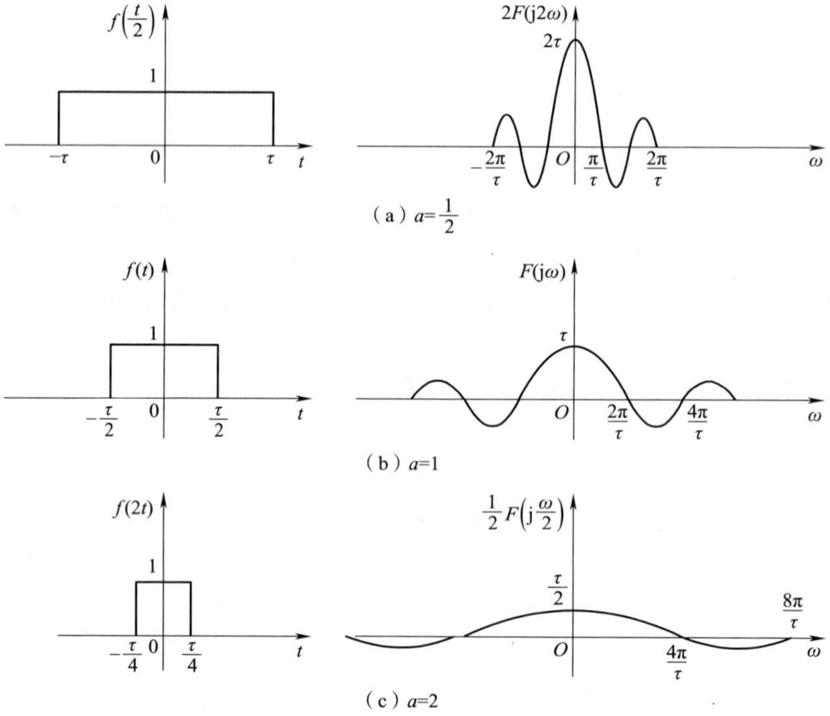

图3-22 矩形脉冲信号的尺度变换特性

当$a>1$时,信号在时域上压缩,等效于在频域上扩展。在数字通信中,为了提高通信速率,需要采用更窄的脉冲进行传输,代价是增加了信号的带宽,需要系统提供相应的带宽以适应信号的传输。

当$a=-1$时,可以看到信号在时域倒置,其频谱也会倒置,$f(-t)\leftrightarrow F(-\omega)$,说明信号倒置后幅度谱不变,但相位谱是原信号相位谱的倒置。

在电子信息、通信技术中,为了压缩通信的时间,以提高通信速度,就要提高每秒内传送的脉冲数,为此必须压缩信号脉冲的宽度。这样就会使信号频带加宽,通信设备的通频带也要相应加宽,以便满足信号传输的质量要求。所以,在实际工程中应合理地选择信号的脉冲宽度与占有的频带。

3.6.4　时移性质

若存在傅里叶变换$f(t)\leftrightarrow F(\omega)$,则$f(t\pm t_0)\leftrightarrow F(\omega)\mathrm{e}^{\pm \mathrm{j}\omega t_0}$。该性质表明信号发生时移,其幅度谱是不变的,但是相位谱产生附加变化(相移),该相移是一个关于ω的线性函数。可见,$f(t)$延时t_0后,其对应的幅度频谱保持不变,但相位频谱中所有频率分量的相位均滞后ωt_0,滞后角与频率成正比。

证明　根据傅里叶变换的定义有

$$\begin{aligned}\int_{-\infty}^{\infty} f(t-t_0)\mathrm{e}^{-\mathrm{j}\omega t}\mathrm{d}t &= \int_{-\infty}^{\infty} f(\lambda)\mathrm{e}^{-\mathrm{j}\omega(\lambda+t_0)}\mathrm{d}\lambda \\ &= \mathrm{e}^{-\mathrm{j}\omega t_0}\int_{-\infty}^{\infty} f(\lambda)\mathrm{e}^{-\mathrm{j}\omega\lambda}\mathrm{d}\lambda \\ &= F(\omega)\mathrm{e}^{-\mathrm{j}\omega t_0}\end{aligned}$$

【例 3-9】　求图 3-23 所示三脉冲信号的频谱。

解　该三脉冲信号可以用门函数表示为

$$f(t)=f_0(t)+f_0(t+T)+f_0(t-T)$$

已知门函数的傅里叶变换为

$$F_0(\omega)=E\tau\cdot \mathrm{Sa}\left(\frac{\omega\tau}{2}\right)$$

根据时移性质可得

$$\begin{aligned}F(\omega)&=F_0(\omega)(1+\mathrm{e}^{\mathrm{j}\omega T}+\mathrm{e}^{-\mathrm{j}\omega T}) \\ &=E\tau\cdot \mathrm{Sa}\left(\frac{\omega\tau}{2}\right)[1+2\cos(\omega T)]\end{aligned}$$

三脉冲信号频谱如图 3-24 所示。频谱的包络是由单脉冲的形状决定的,有限个脉冲信号的频谱具有梳齿形状。为了选择这些频率分量,在信息检测和通信电路的设计中遇到该情况时,应当优先考虑这种梳齿状频谱结构。

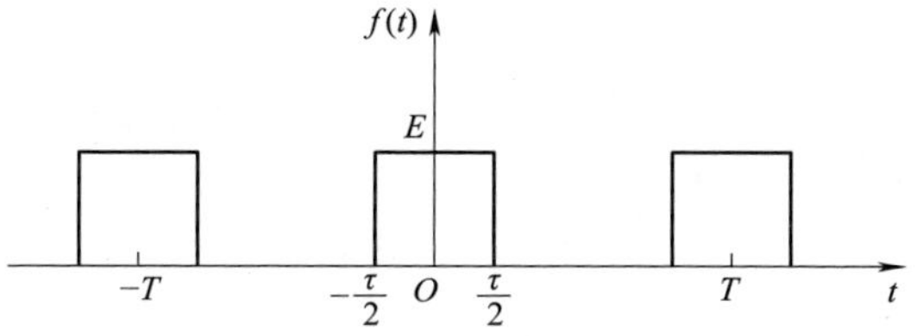

图 3-23　三脉冲信号图

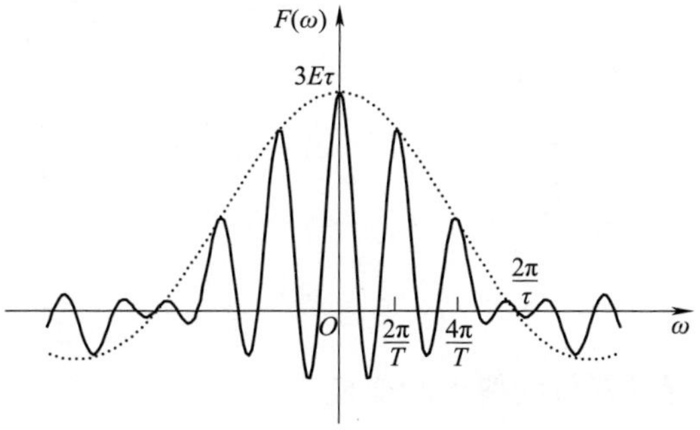

图 3-24　三脉冲信号频谱

3.6.5　频移性质

若存在傅里叶变换$f(t)\leftrightarrow F(\omega)$,则$f(t)\mathrm{e}^{\mathrm{j}\omega_0 t}\leftrightarrow F(\omega-\omega_0)$。这表明将信号$f(t)$与$\mathrm{e}^{\mathrm{j}\omega_0 t}$相

乘,对应于将$f(t)$的整个频谱$F(\omega)$沿ω轴搬移了ω_0,这常称为频移特性,如图3-25所示。在无线电技术中,经常需要把信号频谱搬移至高频ω_0附近,此过程称为调制。反之,若$f(t)$的频谱原来在$\omega=\omega_0$附近(高频信号),则将$f(t)$乘以$e^{-j\omega_0 t}$就可使其频谱搬移至$\omega=0$附近(低频信号),这样的过程称为解调。

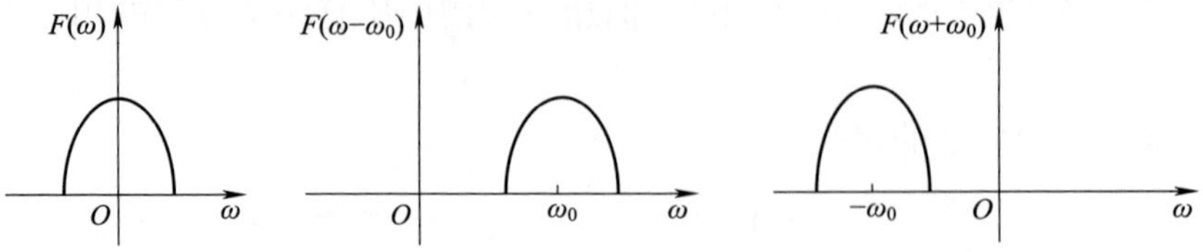

图3-25 频移性质示意图

证明
$$\begin{aligned}F[f(t)e^{j\omega_0 t}] &= \int_{-\infty}^{\infty}[f(t)e^{j\omega_0 t}]e^{-j\omega t}dt \\ &= \int_{-\infty}^{\infty}f(t)e^{-j(\omega-\omega_0)t}dt \\ &= F(\omega-\omega_0)\end{aligned}$$

【例3-10】 已知$f_0(t)\leftrightarrow F_0(\omega)$,试求信号$f(t)=f_0(t)\cos\omega_0 t$的频谱。

解 根据欧拉公式,三角函数可以展开为复指数形式

$$f(t)=\frac{1}{2}f_0(t)(e^{j\omega_0 t}+e^{-j\omega_0 t})$$

根据频移性质,$f(t)$频谱$F(\omega)$为

$$F(\omega)=\frac{1}{2}F_0(\omega-\omega_0)+\frac{1}{2}F_0(\omega+\omega_0)$$

所以,信号与三角函数信号相乘,其频谱会被搬移至三角函数信号的角频率附近,频移性质是通信系统实现调制和解调的理论基础。

【例3-11】 升余弦脉冲信号的表达式为

$$f(t)=\frac{E}{2}\left[1+\cos\left(\frac{\pi t}{\tau}\right)\right],\quad 0\leqslant|t|\leqslant\tau$$

解 因为

$$f(t)=\frac{E}{2}\left[1+\cos\left(\frac{\pi t}{\tau}\right)\right]\cdot[u(t+\tau)-u(t-\tau)]$$

设

$$f_0(t)=\frac{E}{2}[u(t+\tau)-u(t-\tau)]$$

所以$f(t)$的傅里叶变换为

$$F(\omega)=F_0(\omega)+\frac{1}{2}F_0\left(\omega-\frac{\pi}{\tau}\right)+\frac{1}{2}F_0\left(\omega+\frac{\pi}{\tau}\right)$$

式中,$F_0(\omega)=\tau E\mathrm{Sa}(\omega\tau)$。

可以看出,$F(\omega)$是由三项构成的,它们是矩形脉冲的频谱$F_0(\omega)$及其沿频率轴分别向右和向左平移$\frac{\pi}{\tau}$的形式$\frac{1}{2}F_0\left(\omega-\frac{\pi}{\tau}\right)$和$\frac{1}{2}F_0\left(\omega+\frac{\pi}{\tau}\right)$。

由此可见,升余弦脉冲信号 $f(t)$ 的频谱比矩形脉冲信号的频谱更加集中,主瓣宽度为$\frac{2\pi}{\tau}$,是矩形脉冲 $f_0(t)$ 频谱宽度的 2 倍。升余弦脉冲在通信和信号处理领域有广泛的应用,在通信领域一般用于基本码元信号波形,在信号处理领域一般用作升余弦窗,对信号进行截断处理。

【例 3-12】　高频脉冲信号 $f_a(t) = g_\tau(t)\cos\omega_0 t$ 是工程上常用的调制信号,试求其频谱 $F_a(\omega)$。

解　已知图 3-26(a)中门函数的频谱为

$$g_\tau(t) \leftrightarrow \tau \mathrm{Sa}\left(\frac{\omega\tau}{2}\right)$$

则高频脉冲为

$$f_a(t) = g_\tau(t)\cos\omega_0 t = g_\tau(t) \cdot \frac{1}{2}(\mathrm{e}^{\mathrm{j}\omega_0 t} + \mathrm{e}^{-\mathrm{j}\omega_0 t})$$

由调制定理,得

$$F_a(\omega) = \frac{\tau}{2}\left[\mathrm{Sa}\frac{(\omega-\omega_0)\tau}{2} + \mathrm{Sa}\frac{(\omega+\omega_0)\tau}{2}\right]$$

其频谱如图 3-26(b)所示,可见,门函数与高频振荡相乘,其结果就把门函数的频谱对称地搬移到以 $\pm\omega_0$ 为对称点的地方,这正是调幅无线电通信的基本依据。

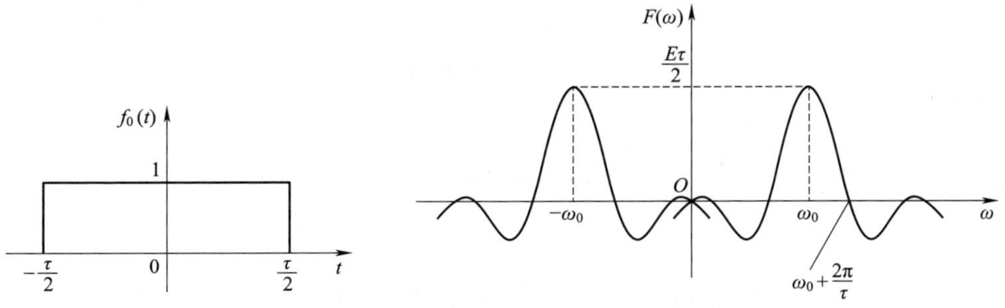

(a) 门函数的频谱　　(b) 函数 $f_a(t)$ 的频谱

图 3-26　例 3-12 图

利用调制原理,可分别将需要传输的若干低频信号的频谱搬到不同的载波频率附近,并使它们的频谱互不重叠。这样,就可以在同一信道内传送许多路信号,实现所谓的"频分复用多路通信"。它的带宽变为

$$\Delta\omega = \omega_0 + \frac{2\pi}{\tau} - \left(\omega_0 - \frac{2\pi}{\tau}\right) = \frac{4\pi}{\tau}$$

可见已调信号的带宽是原信号带宽的 2 倍。在广播、通信工程中,不同调制下的信号带宽也不同。调制广播的语言信号带宽为 6.8 kHz,调频通信的带宽为 30 ~ 180 kHz,GSM 移动通信的带宽为 200 kHz。

3.6.6　时域微分性质

若

$$f(t) \leftrightarrow F(\omega)$$

则有微分特性

$$\frac{df(t)}{dt}\leftrightarrow j\omega F(\omega)$$

证明

$$f(t)=\frac{1}{2\pi}\int_{-\infty}^{\infty}F(\omega)e^{j\omega t}d\omega$$

对上式两边对 t 求导,得

$$\frac{df(t)}{dt}=\frac{1}{2\pi}\int_{-\infty}^{\infty}F(\omega)j\omega e^{j\omega t}d\omega$$

即

$$\frac{df(t)}{dt}\leftrightarrow j\omega F(\omega)$$

这说明函数在时域中的微分对应为频域中乘以 $j\omega$,进一步推广得到

$$\frac{d^nf(t)}{dt^n}\leftrightarrow (j\omega)^nF(\omega)$$

例如,因为

$$\delta(t)\leftrightarrow 1$$

从而有

$$\delta'(t)\leftrightarrow j\omega$$

$$\delta^{(n)}(t)\leftrightarrow (j\omega)^n$$

又因为

$$\varepsilon(t)\leftrightarrow \pi\delta(\omega)+\frac{1}{j\omega}$$

从而得到

$$\varepsilon'(t)=\delta(t)\leftrightarrow j\omega\left[\pi\delta(\omega)+\frac{1}{j\omega}\right]=1$$

【例 3-13】 求$\frac{1}{t^2}$的傅里叶变换。

解 已知

$$\frac{1}{t}\leftrightarrow -j\pi\mathrm{sgn}(\omega)$$

根据傅里叶变换时域微分性质,可得

$$\frac{1}{t^2}\leftrightarrow -\frac{d}{dt}\left(\frac{1}{t}\right)=-j\omega\cdot[-j\pi\mathrm{sgn}(\omega)]$$

$$=-\pi\omega\mathrm{sgn}(\omega)$$

若

$$f(t)\leftrightarrow F(\omega)$$

则有积分特性

$$\int_{-\infty}^{t}f(\tau)d\tau\leftrightarrow \pi F(0)\delta(\omega)+\frac{F(\omega)}{j\omega}$$

证明　因为$f(t)$的积分$f_1(t)$可表示为

$$f_1(t) = \int_{-\infty}^{t} f(\tau)\mathrm{d}\tau = f(t) * \varepsilon(t)$$

由卷积定理,当$\int_{-\infty}^{t} f(\tau)\mathrm{d}\tau \leftrightarrow \frac{F(\omega)}{\mathrm{j}\omega}$时,$f_1(t)$的频谱为

$$F_1(\omega) = F(\omega)\left[\pi\delta(\omega) + \frac{1}{\mathrm{j}\omega}\right] = \pi F(0)\delta(\omega) + \frac{F(\omega)}{\mathrm{j}\omega}$$

【例3-14】　求图3-27所示信号$f(t)$的傅里叶变换$F(\omega)$。

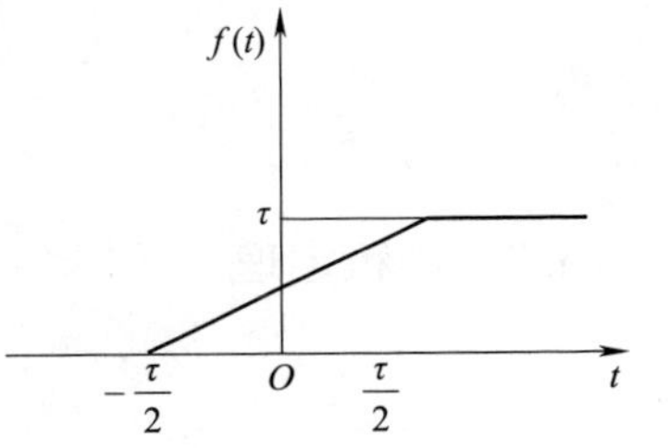

图3-27　信号$f(t)$

解　已知

$$f(t) = \int_{-\infty}^{t} G_\tau(\tau)\mathrm{d}\tau$$

且

$$G_\tau(t) \leftrightarrow \tau \mathrm{Sa}\left(\frac{\omega\tau}{2}\right)$$

根据傅里叶变换的时域积分性质有

$$F(\omega) = \tau \mathrm{Sa}\left(\frac{\omega\tau}{2}\right)\left[\pi\delta(\omega) + \frac{1}{\mathrm{j}\omega}\right]$$

$$= \tau\pi\delta(\omega) + \frac{\tau}{\mathrm{j}\omega}\mathrm{Sa}\left(\frac{\omega\tau}{2}\right)$$

【例3-15】　已知图3-28所示梯形脉冲信号,试求其频谱函数$F(\omega)$。

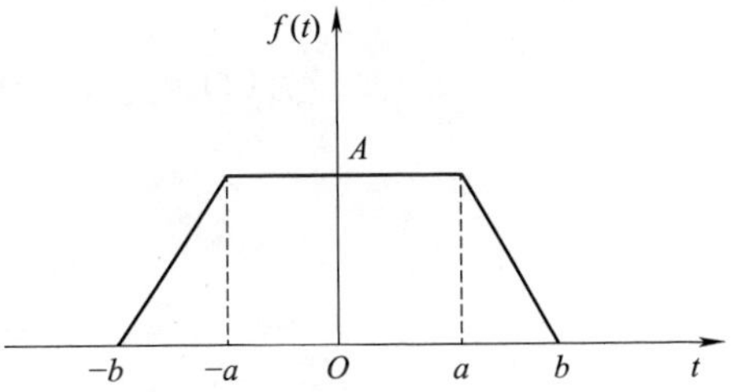

图3-28　$f(t)$信号

解　先将$f(t)$求导两次,如图3-29所示,由微分特性应有

$$f''(t) \leftrightarrow (\mathrm{j}\omega)^2 F(\omega)$$

由于

$$f''(t) = \frac{A}{b-a}[\delta(t+b) + \delta(t-b) - \delta(t+a) - \delta(t-a)]$$

由时移性质得

$$f''(t) \leftrightarrow \frac{A}{b-a}[(\mathrm{e}^{\mathrm{j}b\omega} + \mathrm{e}^{-\mathrm{j}b\omega}) - (\mathrm{e}^{\mathrm{j}a\omega} + \mathrm{e}^{-\mathrm{j}a\omega})]$$

$$= \frac{A}{b-a}(2\cos b\omega - 2\cos a\omega)$$

$$= \frac{2A}{b-a}(\cos b\omega - \cos a\omega)$$

即

$$(\mathrm{j}\omega)^2 F(\omega) = \frac{2A}{b-a}(\cos b\omega - \cos a\omega)$$

从而得到

$$F(\omega) = \frac{2A}{(a-b)\omega^2}(\cos b\omega - \cos a\omega)$$

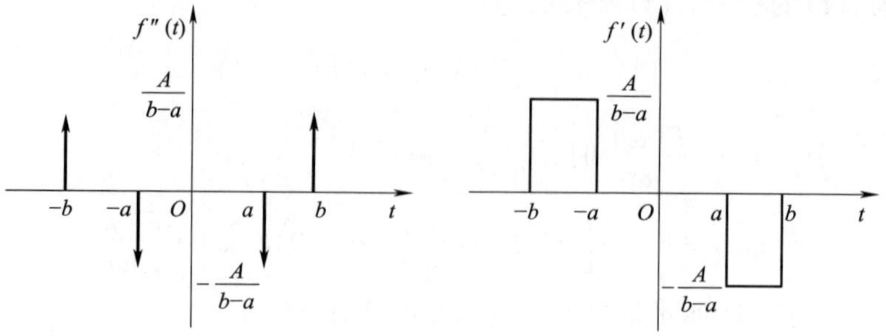

图 3-29　$f(t)$信号的导数

3.6.7　卷积定理

若

$$f_1(t) \leftrightarrow F_1(\omega)$$
$$f_2(t) \leftrightarrow F_2(\omega)$$

则时域卷积定理为

$$f_1(t) * f_2(t) \leftrightarrow F_1(\omega) F_2(\omega)$$

两时域函数的卷积对应频域函数的相乘。

证明　由定义有

$$\begin{aligned} f_1(t) * f_2(t) &\leftrightarrow \int_{-\infty}^{\infty} \left[\int_{-\infty}^{\infty} f_1(\tau) f_2(t-\tau) \mathrm{d}\tau \right] \mathrm{e}^{-\mathrm{j}\omega t} \mathrm{d}t \\ &= \int_{-\infty}^{\infty} f_1(\tau) \left[\int_{-\infty}^{\infty} f_2(t-\tau) \mathrm{e}^{-\mathrm{j}\omega t} \mathrm{d}t \right] \mathrm{d}\tau \\ &= \int_{-\infty}^{\infty} f_1(\tau) F_2(\omega) \mathrm{e}^{-\mathrm{j}\omega\tau} \mathrm{d}\tau \\ &= F_2(\omega) \int_{-\infty}^{\infty} f_1(\tau) \mathrm{e}^{-\mathrm{j}\omega\tau} \mathrm{d}\tau \\ &= F_1(\omega) F_2(\omega) \end{aligned}$$

同时可以得到频域卷积定理：

$$f_1(t) \leftrightarrow F_1(\omega)$$
$$f_2(t) \leftrightarrow F_2(\omega)$$

则时域相乘对应频域卷积，即

$$f_1(t) f_2(t) \leftrightarrow \frac{1}{2\pi} F_1(\omega) * F_2(\omega)$$

卷积定理在信号与系统的分析中非常有用。例如，系统的零状态响应为

$$y(t) = h(t) * f(t)$$

根据卷积定理，设 $h(t) \leftrightarrow H(\omega)$，$f(t) \leftrightarrow F(\omega)$，则

$$Y(\omega) = H(\omega) F(\omega)$$

这表明，时域内的卷积对应为频谱的乘积，所以信号的时移特性也可以由卷积定理得出，即

$$f(t-t_0) = f(t) * \delta(t-t_0) \leftrightarrow F(\omega) \mathrm{e}^{-\mathrm{j}\omega t_0}$$

频移特性可由频域卷积定理推出，即

$$f(t)\cdot e^{j\omega_0 t}\leftrightarrow\frac{1}{2\pi}[F(\omega)*2\pi\delta(\omega-\omega_0)]=F(\omega-\omega_0)$$

傅里叶变换的主要性质见表 3-1。

表 3-1　傅里叶变换的主要性质

名称	时域 $f(t)$	频域 $F(\omega)$
定义	$f(t)=\frac{1}{2\pi}\int_{-\infty}^{\infty}F(\omega)e^{j\omega t}d\omega$	$F(\omega)=\int_{-\infty}^{\infty}f(t)e^{-j\omega t}dt$
线性性质	$a_1f_1(t)+a_2f_2(t)$	$a_1F_1(\omega)+a_2F_2(\omega)$
频移性质	$f(t)e^{\pm j\omega_0 t}$	$F[(\omega\neq\omega_0)]$
时移性质	$f(t\pm t_0)$	$F(\omega)e^{\pm j\omega t_0}$
尺度变换	$f(\alpha t)(\alpha\neq 0)$	$\frac{1}{\lvert a\rvert}F\left(\frac{\omega}{a}\right)$
时域微分	$\frac{d^n}{dt^n}f(t)$	$(j\omega)^nF(\omega)$
时域积分	$\int_{-\infty}^{t}f_1(\tau)d\tau$	$\pi F_1(0)\delta(\omega)+\frac{1}{j\omega}F_1(\omega)$
时域卷积	$f_1(t)*f_2(t)$	$F_1(\omega)F_2(\omega)$
频域卷积	$f_1(t)f_2(t)$	$\frac{1}{2\pi}[F_1(\omega)F_2(\omega)]$

3.7　周期信号的傅里叶变换

对周期信号可以利用傅里叶级数展开的方法进行频域分析，而对非周期信号则可以通过傅里叶变换求频谱密度函数进行频域分析。引入以冲激信号为代表的广义函数后，绝对可积已经不再是傅里叶变换存在的必要条件，周期信号也可以进行傅里叶变换了，所以傅里叶变换就成为一种既能分析周期信号频谱，又能分析非周期信号频谱的通用方法。

3.7.1　典型周期信号的傅里叶变换

1. 三角函数

最简单的周期信号是单频三角函数信号，如 $\cos\omega_0 t$，可以由欧拉公式（3-13）将其展开为复指数形式。

$$\begin{cases}\cos\omega t=\frac{1}{2}(e^{j\omega t}+e^{-j\omega t})\\ \sin\omega t=\frac{1}{2j}(e^{j\omega t}+e^{-j\omega t})\end{cases}\tag{3-13}$$

即

$$\cos\omega_0 t=\frac{1}{2}(e^{j\omega_0 t}+e^{-j\omega_0 t})$$

又因为 $1\leftrightarrow 2\pi\delta(\omega)$ 以及频移性质，可得

$$\cos\omega_0 t \leftrightarrow \pi[\delta(\omega+\omega_0)+\delta(\omega-\omega_0)]$$

同理可得

$$\sin\omega_0 t \leftrightarrow \pi[\delta(\omega+\omega_0)-\delta(\omega-\omega_0)]$$

余弦信号和正弦信号的频谱分别如图 3-30 和图 3-31 所示。

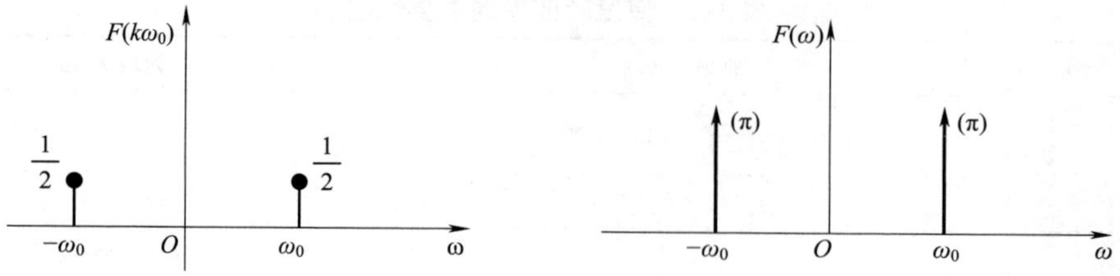

图 3-30　余弦信号频谱

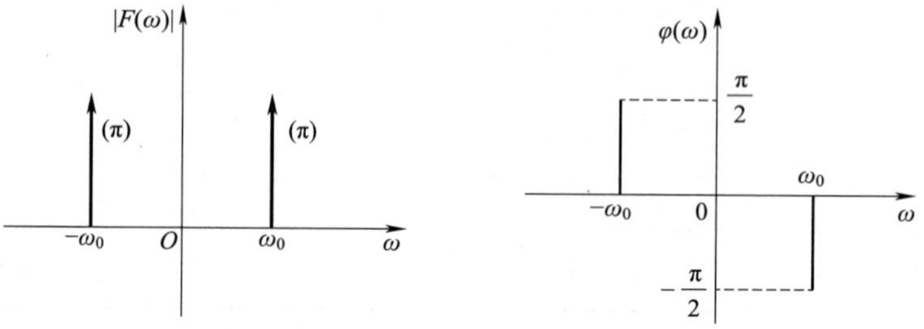

图 3-31　正弦信号频谱

2. 周期冲激脉冲序列

定义周期为 T 的冲激脉冲序列为

$$\delta_T(t)=\sum_{n=-\infty}^{\infty}\delta(t-nT_0),\quad n\ 为整数$$

求其傅里叶变换,可以先把周期信号做傅里叶级数展开,展开式为

$$\delta_{\mathrm{T}}(t)=\frac{1}{T_0}\sum_{k=-\infty}^{\infty}\mathrm{e}^{\mathrm{j}k\omega_0 t}$$

其中 $\omega_1=\frac{2\pi}{T}$,复系数为

$$F_k=\frac{1}{T_0}\int_{-\frac{T_0}{2}}^{\frac{T_0}{2}}\delta(t)\mathrm{e}^{-\mathrm{j}k\omega_0 t}\mathrm{d}t=\frac{1}{T_0}$$

所以

$$\delta_T(t)=\frac{1}{T_0}\sum_{k=-\infty}^{\infty}\mathrm{e}^{\mathrm{j}k\omega_0 t}$$

结合直流信号的傅里叶变换 $1\leftrightarrow 2\pi\delta(\omega)$ 及频移特性,可得

$$\mathrm{e}^{\mathrm{j}k\omega_0 t}\leftrightarrow 2\pi\delta(\omega-k\omega_0)$$

所以 $\delta_T(t)$ 的傅里叶变换为

$$F(\omega)=\frac{1}{T_0}\sum_{k=-\infty}^{\infty}2\pi\delta(\omega-k\omega_0)$$

$$= \omega_0 \sum_{k=-\infty}^{\infty} \delta(\omega - k\omega_0)$$

可见,时域周期冲激脉充序列的频谱同样是周期冲激脉冲序列,如图3-32所示。时域上的周期越长,频域上的谱线间隔越小,冲激强度也越小。

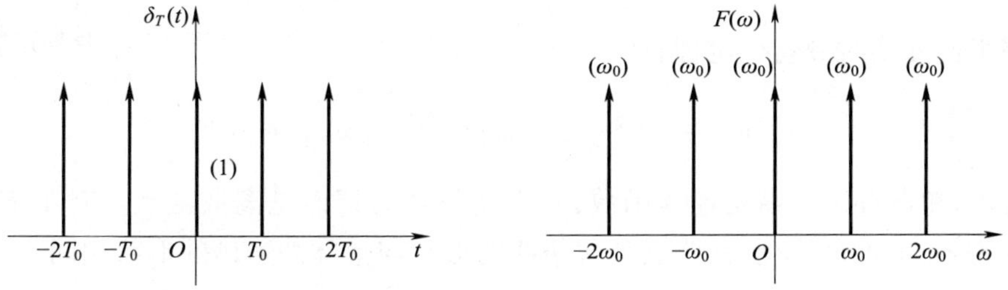

图3-32　时域周期冲激脉冲序列及频谱图

3.7.2　一般周期信号的傅里叶变换

对于一般周期信号 $f(t)$,其周期为 T,那么傅里叶变换的求解有两种思路。一种思路是首先把周期信号做傅里叶级数展开

$$f_T(t) = \sum_{k=-\infty}^{\infty} F_k e^{jk\omega_0 t}$$

从而可得

$$F_T(\omega) = \sum_{k-\infty}^{\infty} F_k \cdot 2\pi\delta(\omega - k\omega_0)$$

$$= 2\pi \sum_{k-\infty}^{\infty} F_k \cdot \delta(\omega - k\omega_0)$$

另一种思路是把周期信号用1个周期 $f_0(t)$ 的形式表示,则原周期信号可表示为 $f_T(t) = f_0(t) * \delta_T(t)$,则根据卷积定理有

$$F(\omega) = F_0(\omega) \cdot \omega_0 \sum_{k=-\infty}^{\infty} \delta(\omega - k\omega_0)$$

一般周期信号的傅里叶变换过程如图3-33所示。

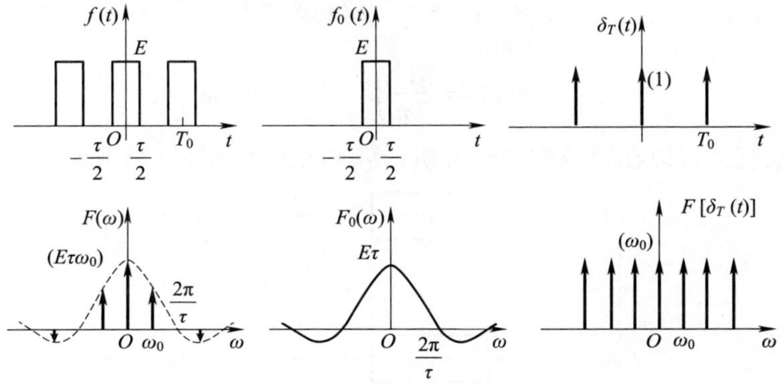

图3-33　一般信号的傅里叶变换

【例 3-16】 求图 3-34 所示周期矩形脉冲信号的傅里叶变换。

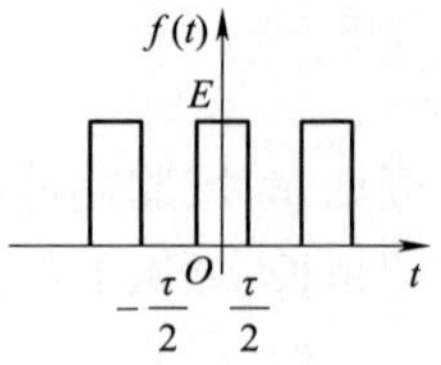

图 3-34 周期矩形脉冲信号

解 选择周期矩形脉冲信号中的 1 个周期内信号，设为 $f_0(t)$，则 $f(t)=f_0(t)*\delta_T(t)$，求其傅里叶变换可得

$$F_0(\omega)\leftrightarrow E\tau\mathrm{Sa}\left(\frac{\tau}{2}\cdot\omega\right)$$

根据傅里叶变换时域卷积定理有

$$F(\omega)=E\tau\mathrm{Sa}\left(\frac{\tau}{2}\cdot\omega\right)\cdot\sum_{k=-\infty}^{\infty}\delta(\omega-k\omega_1)$$

由此看出，单脉冲的频谱是连续函数，而周期信号的频谱是离散函数。对于 $F(\omega)$ 来说，它包含间隔为 ω_1 的冲激序列，其强度的包络线的形状与单脉冲频谱的形状相同。

3.8 系统的频域分析

3.8.1 系统函数

对于 LTI 系统，当引入傅里叶变换后，在时域分析和频域分析之间建立了重要关系。由于零状态响应由输入信号 $f(t)$ 和冲激响应 $h(t)$ 的卷积决定，即

$$y(t)=f(t)*h(t)$$

因为

$$f(t)\leftrightarrow F(\omega)$$
$$h(t)\leftrightarrow H(\omega)$$

由时域卷积定理，则响应 $y(t)$ 的傅里叶变换为

$$Y(\omega)=F(\omega)H(\omega)$$

则有频域系统函数

$$H(\omega)=\frac{Y(\omega)}{F(\omega)}=\frac{\text{响应的频谱函数}}{\text{输入的频谱函数}}=|H(\omega)|\mathrm{e}^{\mathrm{j}\varphi(\omega)}$$

$H(\omega)$ 也称频率特性；$|H(\omega)|$ 称为幅频特性；$\varphi(\omega)$ 称为相频特性。$H(\omega)$ 有时记为 $H(\mathrm{j}\omega)$，$H(\omega)$ 与 $h(t)$ 的对应关系具体表示为

$$H(\omega)=\int_{-\infty}^{\infty}h(t)\mathrm{e}^{-\mathrm{j}\omega t}\mathrm{d}t$$

$$h(t)=\frac{1}{2\pi}\int_{-\infty}^{\infty}H(\omega)\mathrm{e}^{\mathrm{j}\omega t}\mathrm{d}\omega$$

所以，一个 LTI 系统又可以在频域中进行分析，其响应表示如图 3-35 所示。

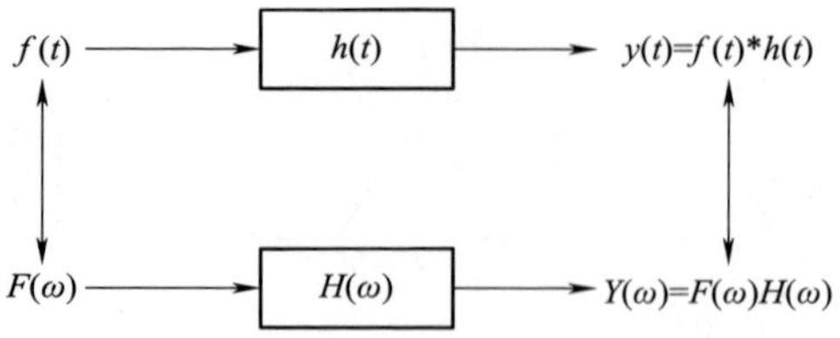

图 3-35 时域分析与频域分析的对应关系

【例 3-17】 已知图 3-36 所示系统，在下列输入信号作用下，试用傅里叶变换法求零状态响应 $y(t)=i_2(t)$。(1) $i_s(t)=50\cos 3t$，求稳态响应；(2) $i_s(t)=e^{-2t}\varepsilon(t)$。

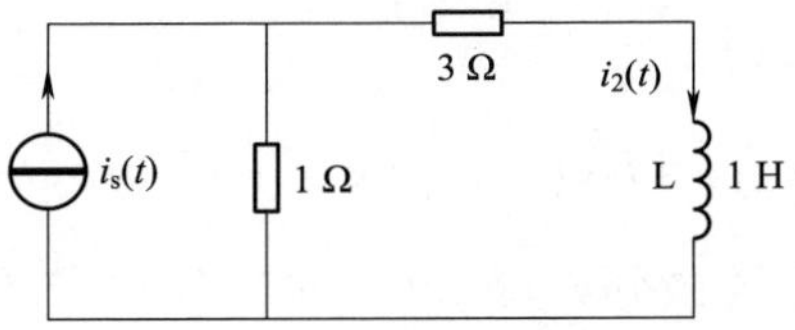

图 3-36　系统电路图

解　(1) 当 $i_s(t)=50\cos 3t$ 时，对其进行傅里叶变换为 $F(\omega)$，即

$$F(\omega)=50\pi[\delta(\omega+3)+\delta(\omega-3)]$$

所以，响应 $i_2(t)$ 的变换为

$$I_2(\omega)=F(\omega)H(\omega)$$

又由分流公式可得

$$I_2(\omega)=\frac{1}{1+3+j\omega L}I_s(\omega)=\frac{1}{4+j\omega}I_s(\omega)$$

所以

$$H(\omega)=\frac{I_2(\omega)}{I_s(\omega)}=\frac{1}{4+j\omega}$$

当 $\omega=3$ 时，有

$$I_2(\omega)=F(\omega)H(\omega)\big|_{\omega=3}=\frac{1}{4+j3}\times 50\pi[\delta(\omega+3)+\delta(\omega-3)]$$

$$=10\pi e^{-j36.9^\circ}[\delta(\omega+3)+\delta(\omega-3)]$$

取反变换得零状态响应为

$$y_s(t)=i_2(t)=10\cos(3t-36.9^\circ)$$

(2) 对于 $i_s(t)=e^{-2t}\varepsilon(t)$，其傅里叶变换为

$$F(\omega)=\frac{1}{j\omega+2}$$

则 $i_2(t)$ 的傅里叶变换 $I_2(\omega)$ 为

$$I_2(\omega)=F(\omega)H(\omega)=\frac{1}{(j\omega+2)(j\omega+4)}$$

将 $j\omega$ 看作一个代数变量，则有

$$I_2(\omega)=\frac{1}{(j\omega+2)(j\omega+4)}=\frac{K_1}{j\omega+2}+\frac{K_2}{j\omega+4}$$

其中系数

$$K_1=(j\omega+2)I_2(\omega)\big|_{j\omega=-2}=\frac{1}{2}$$

$$K_2=(j\omega+4)I_2(\omega)\big|_{j\omega=-4}=-\frac{1}{2}$$

从而

$$I_2(\omega)=\frac{\frac{1}{2}}{(\mathrm{j}\omega+2)}-\frac{\frac{1}{2}}{(\mathrm{j}\omega+4)}$$

对 $I_2(\omega)$ 取傅里叶反变换，得

$$y(t)=i_2(t)=\frac{1}{2}(\mathrm{e}^{-2t}-\mathrm{e}^{-4t})\varepsilon(t)$$

【例 3-18】 已知某一阶系统微分方程 $y'(t)+2y(t)=2f(t)$，试用频域方法求其阶跃响应 $s(t)$。

解 在零状态下取方程的傅里叶变换，得

$$\mathrm{j}\omega Y(\omega)+2Y(\omega)=2F(\omega)$$

则有系统函数

$$H(\omega)=\frac{Y(\omega)}{F(\omega)}=\frac{2}{\mathrm{j}\omega+2}$$

阶跃信号的频谱函数为

$$F(\omega)=\pi\delta(\omega)+\frac{1}{\mathrm{j}\omega}$$

故相应的变换为

$$\begin{aligned}Y(\omega)&=H(\omega)F(\omega)=\left[\pi\delta(\omega)+\frac{1}{j\omega}\right]\left(\frac{2}{\mathrm{j}\omega+2}\right)\\&=\pi\delta(\omega)+\left(\frac{1}{\mathrm{j}\omega}-\frac{1}{\mathrm{j}\omega+2}\right)\end{aligned}$$

取上式的傅里叶反变换，得阶跃响应

$$y(t)=s(t)=\varepsilon(t)-\mathrm{e}^{-2t}\varepsilon(t)=(1-\mathrm{e}^{-2t})\varepsilon(t)$$

由以上可知，求系统的零状态响应可以通过频域分析法实现。思路如下：

(1) 首先对输入信号 $f(t)$ 进行傅里叶变换，求出 $F(\omega)$；

(2) 求出系统的系统函数（频率特性）$H(\omega)$；

(3) 由卷积定理求系统的零状态响应的傅里叶变换 $Y(\omega)=F(\omega)H(\omega)$；

(4) 取 $Y(\omega)$ 的傅里叶反变换求得响应 $y(t)$；

(5) 分析的纽带是系统函数 $H(\omega)$，若系统的冲激响应 $h(t)$ 已知，可从 $h(t)\leftrightarrow H(\omega)$ 得到 $H(\omega)$；若给定具体的电路，可从电路在正弦稳态下的相量模型求得系统函数 $H(\omega)$；若给定系统的微分方程，则可对方程两端取傅里叶变换，然后由下式得系统函数，即

$$H(\omega)=\frac{Y(\omega)}{F(\omega)}$$

3.8.2 理想滤波器

若系统能让某些频率的信号通过，而使其他频率的信号受到抑制，则这样的系统称为滤波器，如图 3-37 所示。若系统的振幅特性在某一频带内保持为常数而在该频带外为零，相频特性始终为过原点的一条直线，则这样的系统称为理想滤波器。

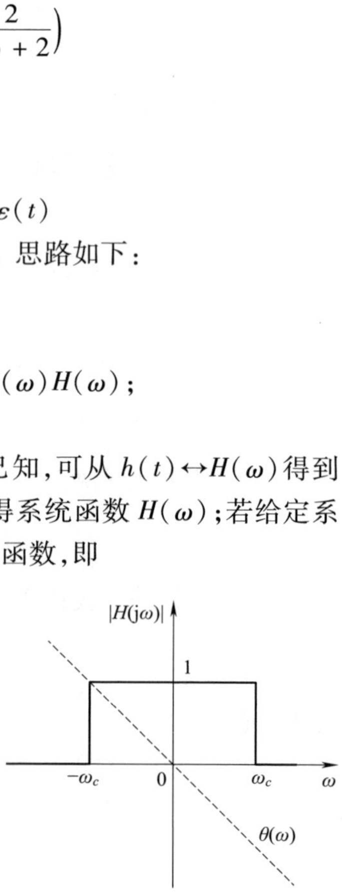

图 3-37 理想低通滤波器

对理想低通滤波器，在 $0\sim\omega_c$ 的频率范围内，信号能无衰减

地通过，而对大于 ω_c 的所有频率分量则完全抑制。ω_c 称为理想低通滤波器的截止频率。其频率特性可写为

$$H(\omega)=|H(\omega)|e^{j\varphi(\omega)}=\begin{cases}e^{-j\omega t_0} & (|\omega|<\omega_c)\\ 0 & (|\omega|>\omega_c)\end{cases}$$

即

$$\begin{cases}|H(\omega)|=1\\ \varphi(\omega)=-\omega t_0\end{cases}\quad(|\omega|<\omega_c)$$

与 $H(\omega)$ 对应的冲激响应为

$$\begin{aligned}h(t)&=\frac{1}{2\pi}\int_{-\infty}^{\infty}H(\omega)e^{j\omega t}d\omega\\&=\frac{1}{2\pi}\int_{-\omega_c}^{\omega_c}e^{j\omega(t-t_0)}d\omega=\frac{1}{j2\pi(t-t_0)}e^{j\omega(t-t_0)}\Big|_{-\omega_c}^{\omega_c}\\&=\frac{1}{\pi(t-t_0)}\sin[\omega_c(t-t_0)]=\frac{\omega_c}{\pi}\cdot\frac{\sin[\omega_c(t-t_0)]}{\omega_c(t-t_0)}\end{aligned}$$

即

$$h(t)=\frac{\omega_c}{\pi}Sa[\omega_c(t-t_0)]$$

如图3-38所示。

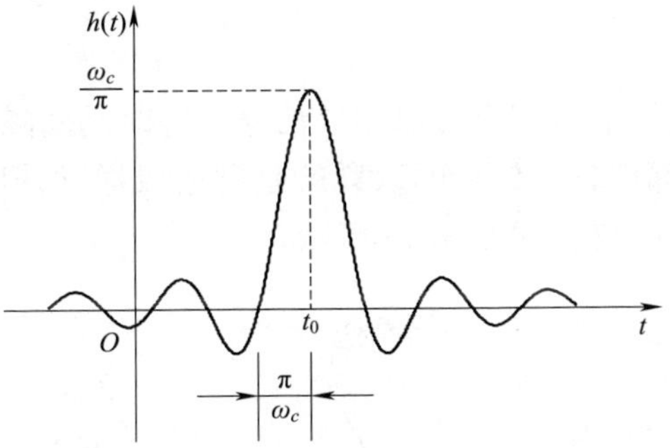

图3-38　理想低通滤波器的响应

由 $h(t)$ 的波形可以看出如下特点：

（1）在 $t=0$ 时 $\delta(t)$ 作用于低通系统，而在 $t=t_0$ 时刻系统响应达最大值，即 $h(t_0)=\frac{\omega_c}{\pi}$，这表明系统对信号有延时作用，延时量为 t_0。

（2）响应 $h(t)$ 比激励 $\delta(t)$ 展宽了许多，这表明冲激信号中的高频分量被滤波器衰减了。

（3）当 $t<0$ 时，$h(t)\neq0$，这表明理想低通滤波器是一个非因果系统，它在物理上是无法实现的。

【例3-19】　图3-39是一实际的低通滤波器，设 $L=3H$，$C=\frac{1}{3}F$，$R=3\ \Omega$。试求其系统函数和冲激响应 $h(t)$。

解　由频域的阻抗关系，可得系统函数

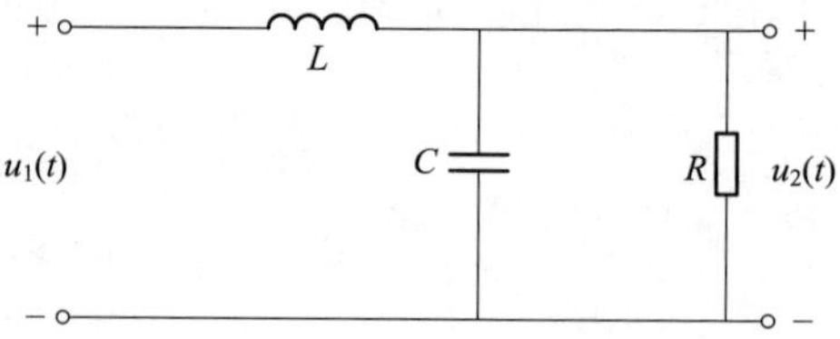

图 3-39　低通滤波器

$$H(\omega)=\frac{U_2(\omega)}{U_1(\omega)}=\frac{1}{(\mathrm{j}\omega)^2+\mathrm{j}\omega+1}$$

$$|H(\omega)|=\frac{1}{\sqrt{1-\omega^2+\omega^4}}$$

$$\varphi(\omega)=-\arctan\left(\frac{\omega}{1-\omega^2}\right)$$

若输入信号 $u_1(t)=\delta(t)$，则冲激响应直接取 $H(\omega)$ 的傅里叶反变换，得

$$h(t)=\frac{2}{\sqrt{3}}\mathrm{e}^{-\frac{t}{2}}\sin\left(\frac{\sqrt{3}}{2}t\right)\quad(t\geqslant 0)$$

3.9　取样定理及其应用

3.9.1　取样信号

在一定条件下，一个连续信号完全可以用该信号在等时间间隔上的瞬时值表示，这些样本包含了连续时间信号的全部信息。信号的取样就是利用取样脉冲序列 $s(t)$，从连续时间信号中抽取一系列离散样本值的过程，如图 3-40 所示。

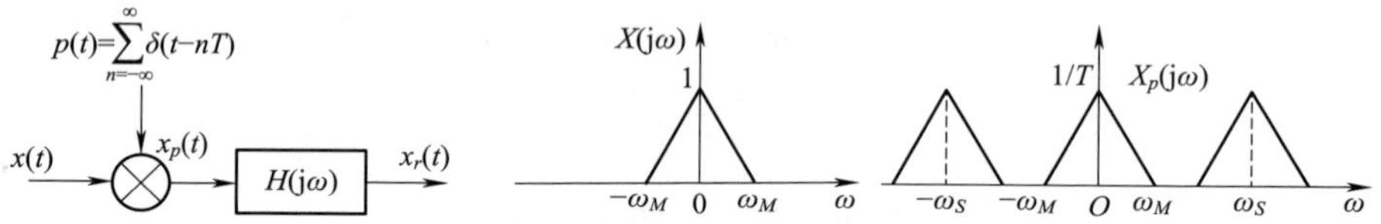

图 3-40　取样原理示意图

从本质上讲，信号的取样过程是完成输入信号 $f(t)$ 与取样脉冲相乘的运算。当取样脉冲为矩形窄带脉冲 $p(t)$ 时，则取样信号可表示为

$$f_s(t)=f(t)p(t)$$

取样脉冲为理想的冲激序列 $\delta_T(t)$ 时，则

$$f_s(t)=f(t)\delta_T(t)$$

前者称为实际取样的数学表示，后者称为理想取样的数学表示。在对信号取样时，取样周期 T_s 的大小非常关键。以正弦波的取样为例，设取样脉冲极窄，若取样间隔不合适，有时会出现离散的等值信号或零值信号，因而失掉了正弦信号取样的实际意义。当 T_s 足够小时，就可以得到正弦波的很多信息值。

3.9.2 取样定理

如果$f(t)$为带宽有限的连续信号，其频谱$F(\omega)$的最高频率为f_m，则以取样间隔$T_s\leqslant\frac{1}{2f_m}$对信号$f(t)$进行等间隔取样所得的取样信号$f_s(t)$将包含原信号$f(t)$的全部信息，因而可利用$f_s(t)$完全恢复出原信号。

该定理表明，若要求信号$f(t)$取样后不丢失信息，必须满足两个条件：一是$f(t)$的带宽应有限，即其频谱在$\omega>\omega_m$时为零；二是取样间隔不能过大，必须满足$T_s\leqslant\frac{1}{2f_m}$。最大取样间隔$T_s=\frac{1}{2f_m}$称为奈奎斯特间隔，最小取样频率$f_s=2f_m$称为奈奎斯特取样频率。

例如，要传送频带为10 kHz的音乐信号，其最低的取样频率应为$2f_m=20$ kHz，即至少每秒要取样20 000次，如果低于此取样频率，原信号$f(t)$就会丢失。

【例3-20】 若电视信号占有的频带为0～6 MHz，电视台每秒发送25幅图像，每幅图像又分为625条水平扫描线，问每条水平线至少要有多少个取样点？

解 设取样点数为x，则最小取样频率为

$$f_s=25\times625\times x$$

又因为

$$f_s=2f_m=2\times6\ \text{MHz}=12\ \text{MHz}$$

所以

$$x=\frac{12\times10^6}{25\times625}=768$$

若输入信号为$f(t)$，则取样信号为

$$\begin{aligned}f_s(t)&=f(t)\delta_T(t)=\sum_{n=-\infty}^{\infty}f(t)\delta(t-nT_s)\\&=\sum_{n=-\infty}^{\infty}f(nT_s)\delta(t-nT_s)\end{aligned}$$

在频域满足

$$F(\omega)=F_s(\omega)H(\omega)$$

从而通过低通滤波器把$F(\omega)$的所有信息恢复出来，从时域看，由于低通滤波器的冲激响应为

$$h(t)\leftrightarrow T_s\cdot\frac{\omega_c}{\pi}\text{Sa}(\omega_c t)$$

若选$\omega_c=\frac{\omega_s}{2}$，则$T_s=\frac{2\pi}{\omega_s}=\frac{\pi}{\omega_c}$，代入上式，得

$$f(t)=\sum_{n=-\infty}^{\infty}f(nT_s)\text{Sa}[\omega_c(t-nT_s)]$$

它表明：原信号是无数个延时的Sa函数的叠加。

对于周期信号$p(t)$，它是高度为1、脉宽为τ的门函数串，故频谱函数

$$P(\omega)=2\pi\sum_{n=-\infty}^{\infty}F_n\delta(\omega-n\omega_s)$$

式中，离散谱函数

$$F_n = \frac{\tau}{T_s}\mathrm{Sa}\left(\frac{n\omega_s\tau}{2}\right)$$

上式表明：以周期矩形窄脉冲对信号取样时，所得取样信号 $f_s(t)$ 的频谱是由原信号频谱 $F(\omega)$ 沿 ω 轴不断频移 $n\omega_s$ 所得的一串频谱组成，只要取样周期 $T_s \leqslant \frac{1}{2f_m}$（或 $\omega_c \geqslant 2\omega_m$），这一串频谱互相不会重叠，如图 3-41 和图 3-42 所示。

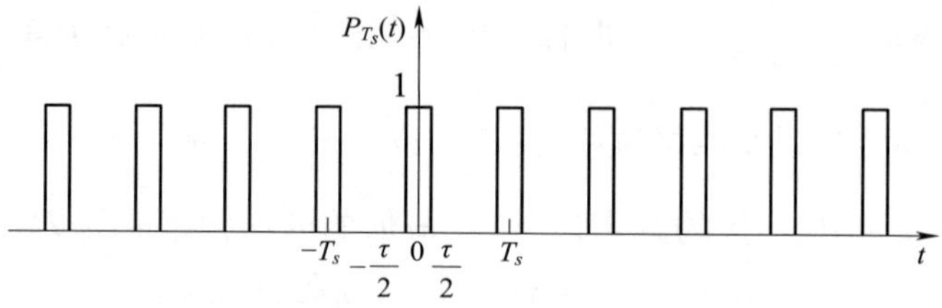

图 3-41　抽样脉冲序列

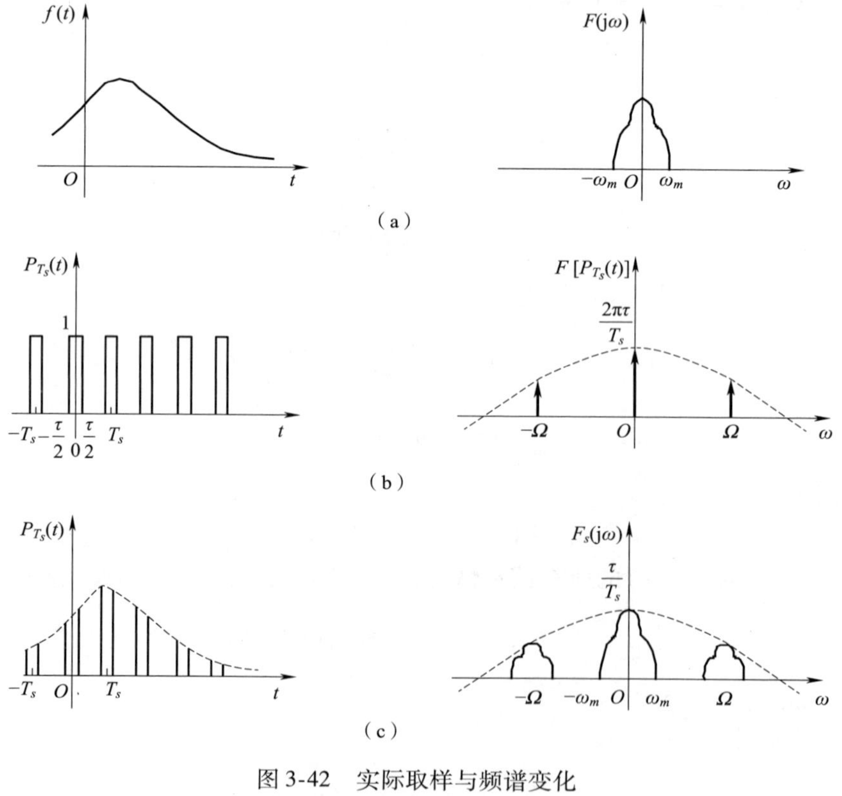

图 3-42　实际取样与频谱变化

取样定理在工程中应用广泛，其中抗混滤波器是一个低通滤波器，其截止频率取为音频信号的最高频率 f_m，它同时滤波除高频干扰。这就使输入的语音信号成为带限信号。当取样频率满足 $f_s \geqslant 2f_m$ 时，取样信号的频谱不会发生混叠现象，因而才可以有效地恢复原信号。

3.10　频域分析用于通信系统

3.10.1　信号的调制与解调

调制就是用一个信号(称为调制信号)去控制另一个作为载体的信号(称为载波信号),让后者的某一特征参数按前者变化。在将测量信号调制,并将它和噪声分离,放大等处理后,还要从已经调制的信号中提取反映被测量值的测量信号,这一过程称为解调。在测控系统中,进入测控电路的除了传感器输出的测量信号外,还往往有各种噪声。而传感器的输出信号一般很微弱,将测量信号从含有噪声的信号中分离出来是测控电路的一项重要任务。为了便于区别信号与噪声,往往给测量信号赋予一定特征,这就是调制的主要功用。

在信号调制中常以一个高频正弦信号作为载波信号。一个正弦信号有幅值、频率、相位三个参数,可以对这三个参数进行调制,分别称为调幅、调频和调相。也可以用脉冲信号作为载波信号。可以对脉冲信号的不同特征参数作调制,最常用的是对脉冲的宽度进行调制,称为脉冲调宽。调幅就是用调制信号 x 去控制高频载波信号的幅值。常用的是线性调幅,即让调幅信号的幅值按调制信号 x 的线性函数变化。

调幅信号的一般表达式可写为

$$u_s = (U_m + mx)\cos\omega_c t$$

调幅原理如图 3-43 所示。

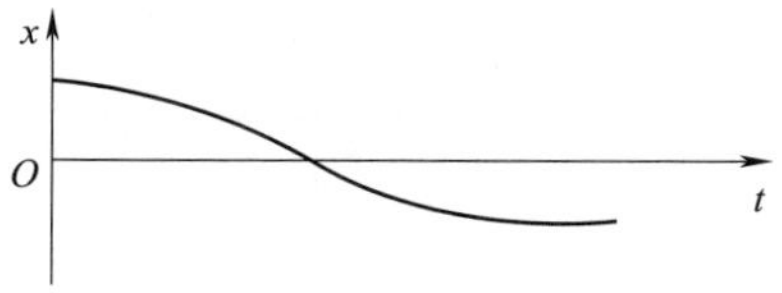

(a) 调制信号

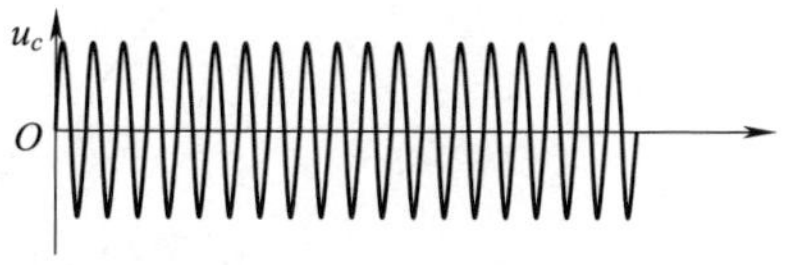

(b) 载波信号

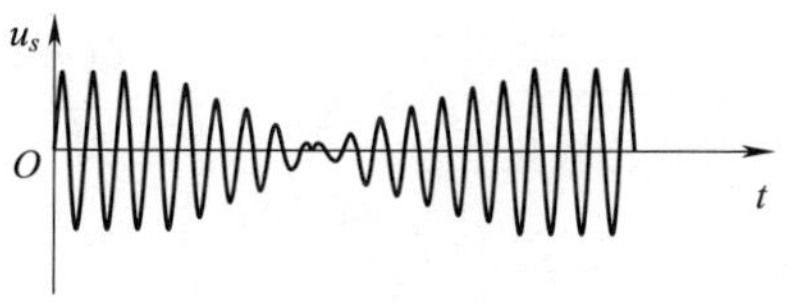

(c) 双边带调幅信号

图 3-43　调幅原理示意图

假设调制信号 x 是角频率为 Ω 的余弦信号 $x = x_m\cos\omega t$,调幅信号可写为

$$u_s = U_m\cos\omega_c t + [mX_m\cos(\omega_c + \omega)t + mX_m\cos(\omega_c - \omega)t]/2$$

它包含三个不同频率的信号:角频率为 ω_c 的载波信号和角频率分别为 $\omega_c \pm \omega$ 的上下边频信号。载波信号中不含调制信号 x 的信息,因此可以取 $U_m = 0$,只保留两个边频信号。这种

调制称为双边带调制。其数学表达式为

$$u_s = U_{xm}\cos\omega t\cos\omega_c t$$

3.10.2 正弦调幅与频分复用

在通信系统中，信号从发射端传输到接收端，为实现信号的传输，往往要进行调制和解调，高频信号容易以电磁波形式辐射出去，多路信号的传输——频分复用，调制是实现多路复用的关键技术。调制是将信号频谱搬移到任何所需的较高频率范围的过程，如图 3-44 所示。其中 $g(t)$ 称为调制信号；$\cos\omega_0 t$ 称为载波；$f(t)=g(t)\cos\omega_0 t$ 称为已调波。

振幅随调制信号而变，这种调制称为调幅，应用傅里叶变换的性质说明频谱搬迁的原理。例如，$g(t)\leftrightarrow G(j\omega)$，由复指数函数的傅里叶变换 $\cos\omega_0 t\leftrightarrow\pi[\delta(\omega+\omega_0)+\delta(\omega-\omega_0)]$，如图 3-45 和图 3-46 所示。

$$\begin{aligned}F[f(t)] &= F[g(t)\cos\omega_0 t]\\ &= \frac{1}{2\pi}G(\omega) * \pi[\delta(\omega+\omega_0)+\pi\delta(\omega-\omega_0)]\\ &= \frac{1}{2}[G(\omega+\omega_0)+G(\omega-\omega_0)]\end{aligned}$$

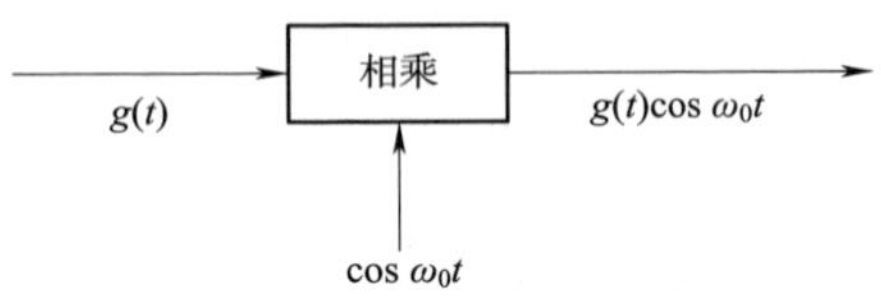

图 3-44 信号调制原理图

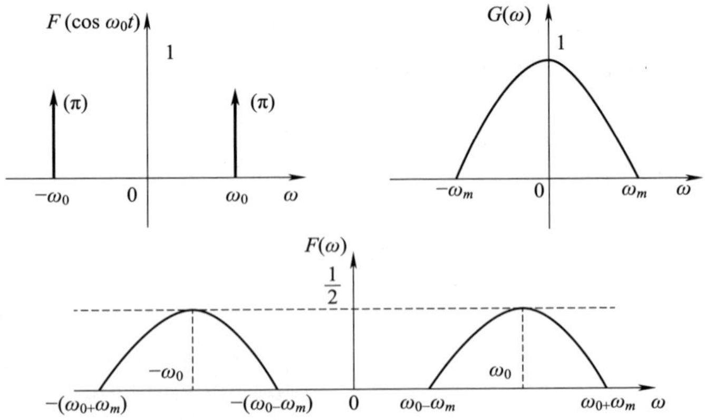

图 3-45 正弦幅度调制示意图

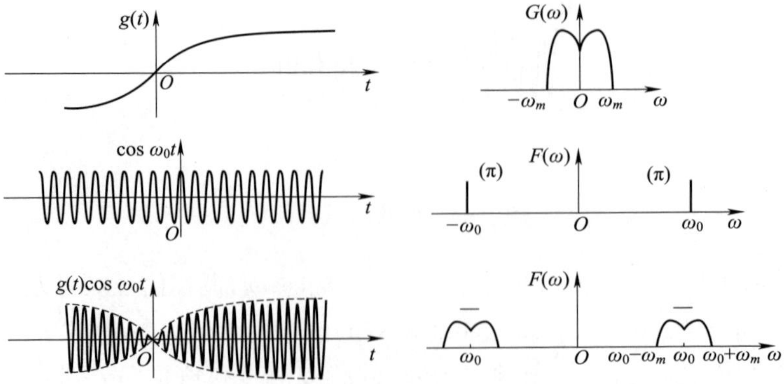

图 3-46 正弦信号同步解调

由已调信号 $f(t)$ 恢复原始信号 $g(t)$ 的过程称为解调，如图 3-47 和图 3-48 所示。

$$g_0(t) = [g(t)\cos\omega_c t]\cos\omega_c t = \frac{1}{2}g(t) + \frac{1}{2}g(t)\cos 2\omega_c t$$

$$G_0(\omega) = F[g_0(t)] = \frac{1}{2}G(\omega) + \frac{1}{4}[G(\omega + 2\omega_c) + G(\omega - 2\omega_c)]$$

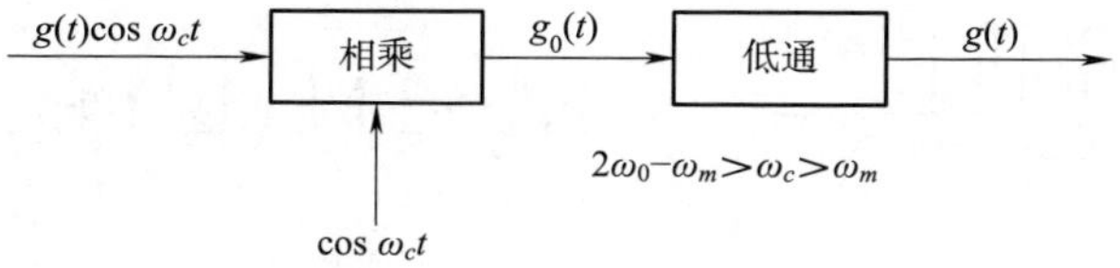

图 3-47　解调原理图

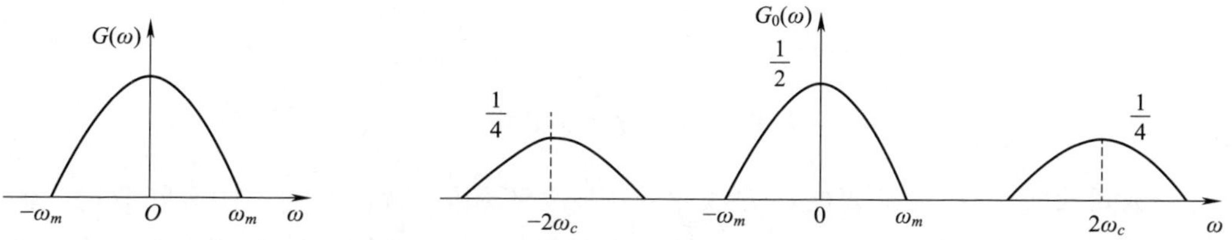

图 3-48　正弦幅度调制与解调

再利用一个理想低通滤波器，滤除在频率 $2\omega_c$ 附近的分量，即可取出 $g(t)$，这种解调器称为同步解调，如图 3-49 所示。

$$|H(j\omega)| = \begin{cases} 1, & |\omega| < \omega_c \\ 0, & |\omega| > \omega_c \end{cases}$$

$$\varphi(\omega) = t_0\omega$$

$$H(j\omega) = |H(j\omega)|e^{-j\omega t_0}$$

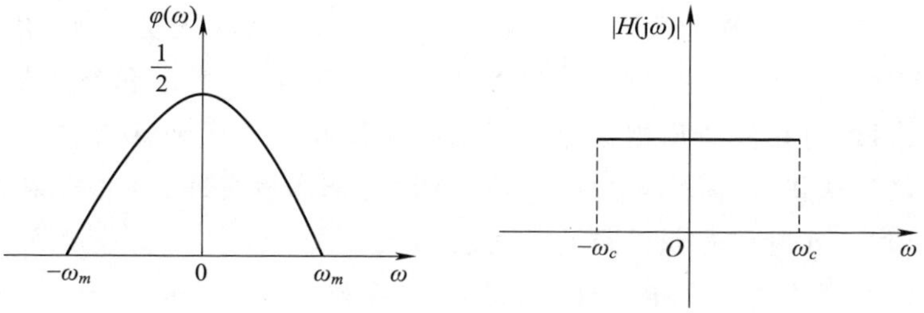

图 3-49　同步解调原理

3.10.3　脉冲调幅与时分复用

在工程实际中，取样脉冲的宽度 τ 一般远小于取样周期 T_s，因此在一个周期 T_s 内可以同时容纳许多个其他信号的取样脉冲而且互不重叠，这就使得在同一信道中可以同时传送多路信号，从而大大提高了信道的利用率，即“时分复用多路通信”，这里简称为 TDMA，如图 3-50 所示。

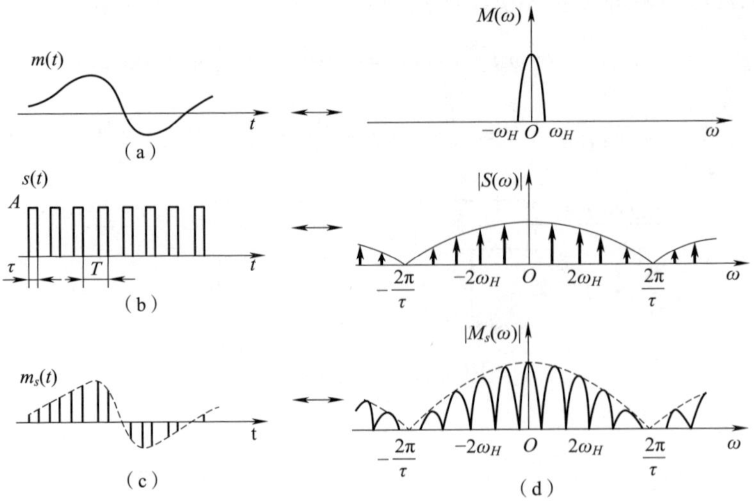

图 3-50　脉冲幅度调制

对于不同的信号 $f(t)$，只要使载波脉冲的频率各不相同，就可以在不同区间取得各信号的调幅。当然，应保证它们在时间上互不重叠。由此可知，时分复用多路通信系统的特点是独占时间，共享频率。因此，频分复用是在传输信道中为各信号分配不同的频段，而时分复用则是为各信号分配不同的时段。

小　　结

本章主要介绍连续信号的频域分析，首先从信号的正交函数分解角度讲述周期信号的傅里叶级数展开，包括三角函数（同频率合并后为简谐形式）和指数函数两种形式，对应信号正交分解的两个常用完备正交函数集。不同频率的三角函数和复指数函数就是 1 个周期函数中蕴含的基本频率分量。信号周期决定了谱线间隔，而信号周期为无穷大时，频谱间隔趋向无穷小，便产生了基于积分的连续谱分析——傅里叶变换。同时，绝对可积条件是信号存在傅里叶变换的充分条件，通过对典型非周期信号的傅里叶变换及傅里叶变换性质的学习，可以进一步加深对傅里叶变换的认识。其中非常重要的一个性质是卷积定理，即信号在时域相乘对应其频谱在频域卷积，信号在时域卷积对应其频谱在频域相乘。

周期信号可以分解为三种表示形式。分解为三角级数时，表示信号由无穷多个谐波分量组成，分解为复指数级数形式时，意味着信号可由无穷多个指数分量叠加组成，分解为频谱函数表示时可由离散的频域冲激序列组成。

非周期信号的傅里叶变换是一种线性积分变换，非周期信号的频谱函数是将信号分解为无穷多个指数分量的连续和（积分），其结果为连续频谱图。

周期信号的频谱是离散的，离散谱函数为

$$F_n = \frac{1}{T}\int_0^T f(t)\,\mathrm{e}^{-\mathrm{j}n\omega_1 t}\,\mathrm{d}t$$

或频谱密度函数

$$F(\omega)=2\pi\sum_{n=-\infty}^{\infty}F_n\delta(\omega-n\omega_1)$$

若信号$f(t)$为实偶函数，则其频谱$F(\omega)$也为实偶函数；若$f(t)$为实奇函数，则其频谱为虚奇函数；若$f(t)$为非奇非偶函数，则其频谱既有实部也有虚部；若$f(t)$在有限时段内存在，则其频谱在频域无限伸展；若$F(\omega)$在频域宽度有限，则对应的时间函数在时域内无限伸展。

习　题

3-1　求图3-51所示周期信号的三角形式的傅里叶级数表示式。

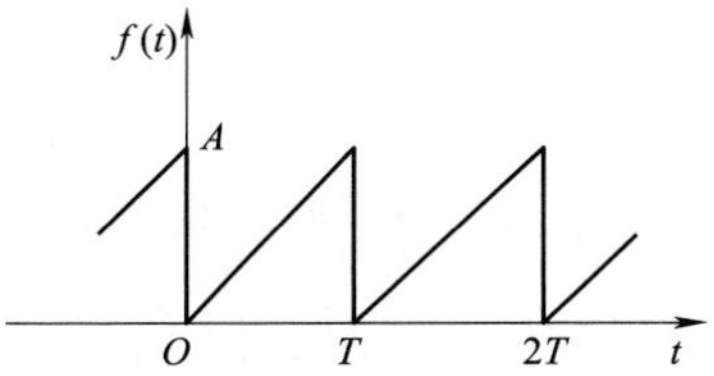

图3-51　题3-1图

3-2　已知图3-52所示周期方波信号，试求其复指数形式的傅里叶级数。图中$T=2$。

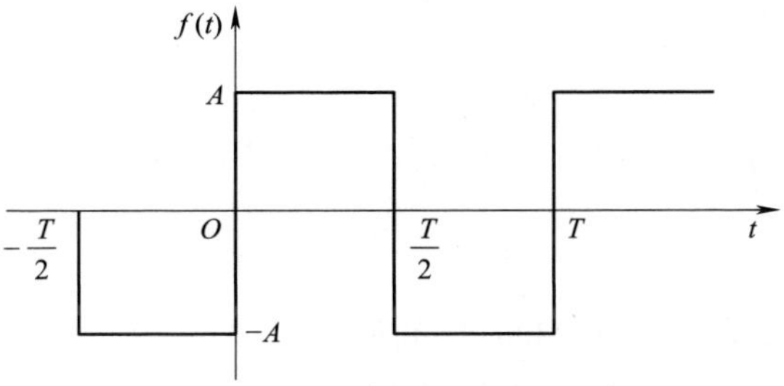

图3-52　题3-2图

3-3　由定义直接计算下列信号的傅里叶变换（频谱函数）。

(1)$f(t)=e^{-2|t|}$;

(2)$f(t)=e^{-\alpha t}\sin\omega_0 t\cdot\varepsilon(t)\quad(\alpha>0)$。

3-4　求图3-53所示信号的傅里叶变换。

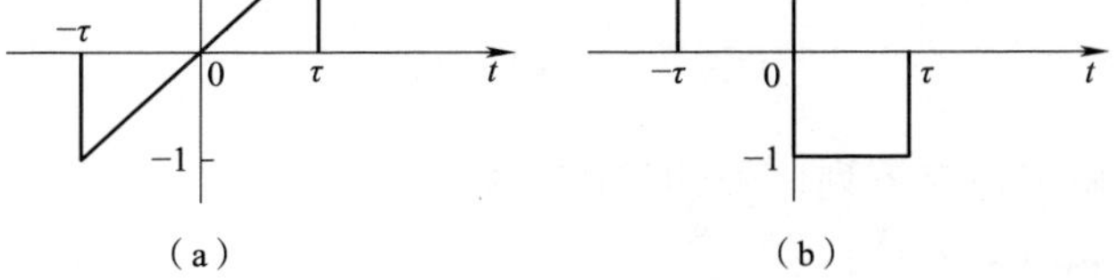

图3-53　题3-4图

3-5 试求下列信号的频谱函数

(1)$f(t)=e^{-2|t|}$;

(2)$f(t)=e^{-at}\sin\omega_0 t\cdot\varepsilon(t)$;

(3)$f(t)=\dfrac{1}{t}$;

(4)$f(t)=\mathrm{Sa}(t)$。

3-6 已知信号$f(t)$的频谱为$F(\omega)$,试利用傅里叶变换的性质求下列信号的傅里叶变换。

(1)$tf(2t)$;

(2)$(t-2)f(-t)$;

(3)$t\dfrac{\mathrm{d}f(t)}{\mathrm{d}t}$;

(4)$f(1-3t)$。

3-7 对于图 3-54 所示的三角波信号,试证明其频谱函数为

$$F(\omega)=A\tau\mathrm{Sa}^2\left(\frac{\omega\tau}{2}\right)$$

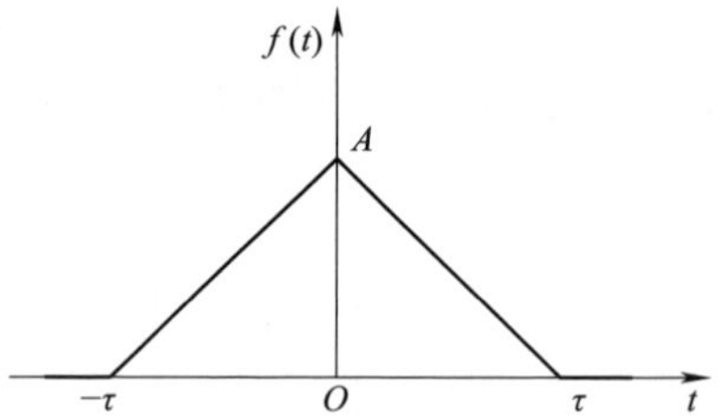

图 3-54 题 3-7 图

3-8 试求信号$f(t)=1+2\cos t+3\cos 3t$的傅里叶变换。

3-9 试利用傅里叶变换的性质,求图 3-55 所示信号$f_2(t)$的频谱函数。

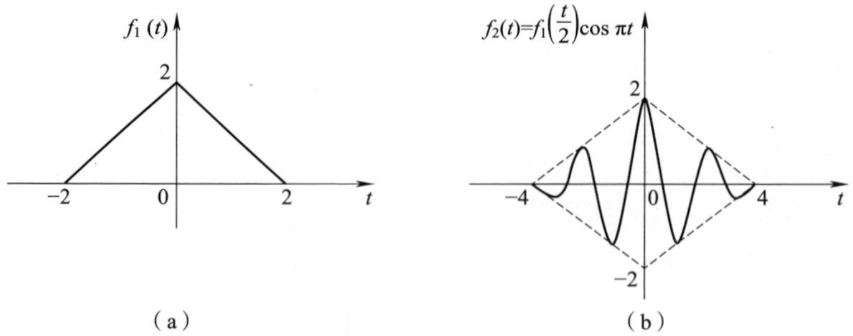

图 3-55 题 3-9 图

3-10 试利用卷积定理求下列信号的频谱函数。

(1)$f(t)=A\cos(\omega_0 t)*\varepsilon(t)$;

(2)$f(t)=A\sin(\omega_0 t)\varepsilon(t)$。

3-11　设有信号

$$f_2(t)=\cos 4\pi t$$

$$f_1(t)=\begin{cases}1, & |t|<\tau\\0, & |t|>\tau\end{cases}$$

试求$f_1(t)f_2(t)$的频谱函数。

3-12　设有如下信号$f(t)$,分别求其频谱函数。

(1)$f(t)=\mathrm{e}^{-(3+\mathrm{j}4)t}\cdot\varepsilon(t)$;

(2)$f(t)=\varepsilon(t)-\varepsilon(t-2)$。

3-13　设信号

$$f_1(t)=\begin{cases}2, & 0\leqslant t\leqslant 4\\0, & 其他\end{cases}$$

试求$f_2(t)=f_1(t)\cos 50t$的频谱函数,并大致画出其幅度频谱。

3-14　试求$\dfrac{\sin 2\pi t}{2\pi t}*\dfrac{\sin 8\pi t}{8\pi t}$的傅里叶变换。

3-15　已知图3-56所示RC系统,输入为方波$u_1(t)$,试用卷积定理求响应$u_2(t)$。

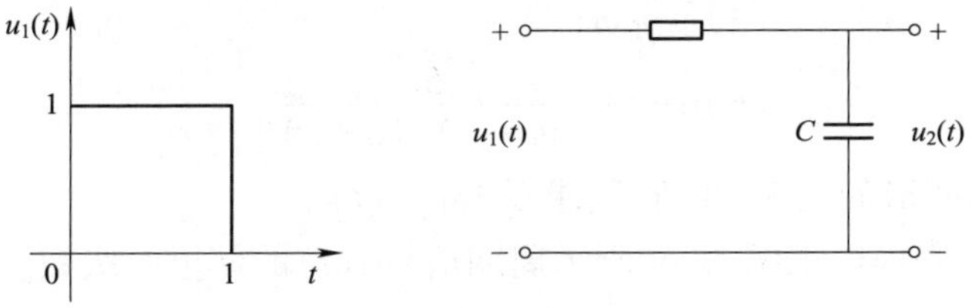

图3-56　题3-15图

3-16　设系统的频率特性为

$$H(\omega)=\frac{4}{\mathrm{j}\omega+2}\mathrm{e}^{-\mathrm{j}3\omega}$$

试用频域法求系统的冲激响应和阶跃响应。

3-17　已知二阶系统微分方程

$$y''(t)+2y'(t)+y(t)=10f(t)$$

输入信号$f(t)=5\cos(2t+45^\circ)$,试求系统的稳态响应$y_s(t)$。

3-18　设某LTI因果系统的微分方程为

$$y''(t)+5y'(t)+6y(t)=f'(t)+f(t)$$

(1)使用频域法求冲激响应$h(t)$;

(2)若$f(t)=t\mathrm{e}^{-t}\varepsilon(t)$,用频域法求零状态响应$y(t)$。

3-19　设有系统的频率特性为

$$H(\omega)=\begin{cases}\mathrm{e}^{-\mathrm{j}2\omega}, & |\omega|<6\\0, & |\omega|>6\end{cases}$$

若系统输入$f(t)=\dfrac{\sin 4t}{t}\cdot\cos 6t$,求系统输出$y(t)$。

3-20　设系统的频率特性为

$$H(\omega)=\begin{cases}e^{-j\frac{\pi}{4}\omega}, & |\omega|<2\\ 0, & |\omega|>6\end{cases}$$

输入信号 $f(t)=1+2\cos t+2\cos 2t$，试求输出 $y(t)$。

3-21　已知图 3-57 所示信号 $f(t)$ 的频谱函数 $F(j\omega)=a(\omega)-jb(\omega)$，$a(\varpi)$ 和 $b(\varpi)$ 均为 ω 的实函数。试求 $x(t)=[f_0(t+1)+f_0(t-1)]\cos\omega_0 t$ 的频谱函数 $X(j\omega)$。

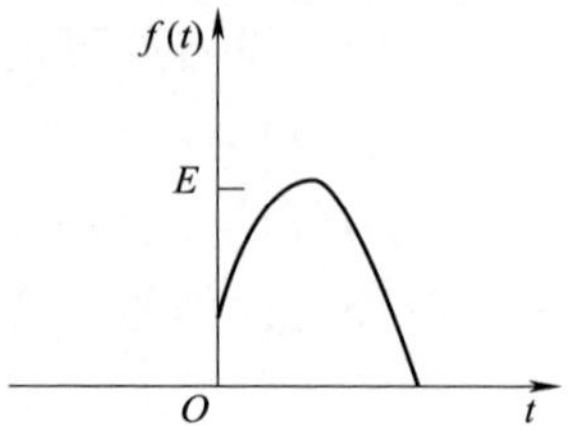

图 3-57　题 3-21 图

3-22　已知 $F(j\omega)$ 的模频谱与相频谱分别为

$$|F(j\omega)|=2[U(\omega+3)-U(\omega-3)]$$

$$\varphi(\omega)=-\frac{3}{2}\omega+\pi$$

求 $F(j\omega)$ 的原函数 $f(t)$，即 $f(t)=0$ 时的 t 值。

3-23　求下列各频谱函数所对应的时间函数 $f(t)$。

(1) ω^2；　(2) $\frac{1}{\omega^2}$；

(3) $\delta(\omega-2)$；　(4) $2\cos\omega$；

(5) $e^{a\omega}U(-\omega)$；　(6) $6\pi\delta+\frac{5}{(j\omega-2)(j\omega+3)}$。

3-24　$F(j\omega)$ 的图形如图 3-58 所示，求反变换 $f(t)$。

3-25　用傅里叶变换法求图 3-59 所示周期信号 $f(t)$ 的傅里叶级数。

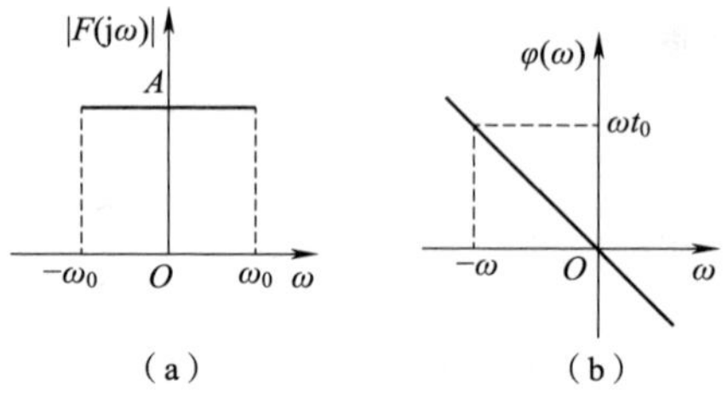

图 3-58　题 3-34 图

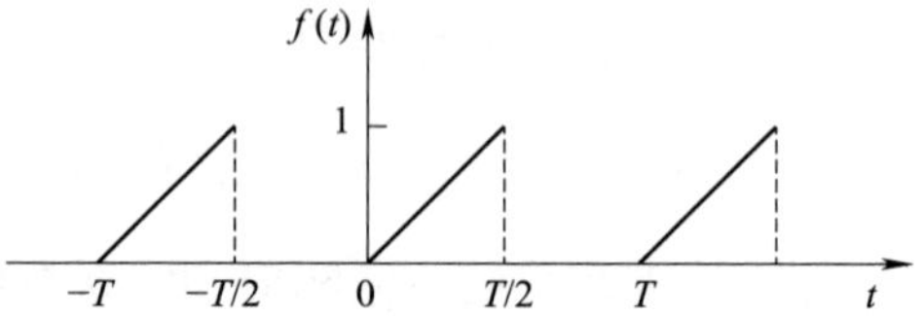

图 3-59　题 3-35 图

3-26　已知滤波器的频率特性如图 3-60(a) 所示，当输入为图 3-60(b) 所示的 $f(t)$ 信号时，求相应的输出 $y(t)$。

图 3-60　题 3-36 图

3-27　图 3-61 所示是一个实际的信号加工系统，试写出系统的频率特性 $H(\omega)$。

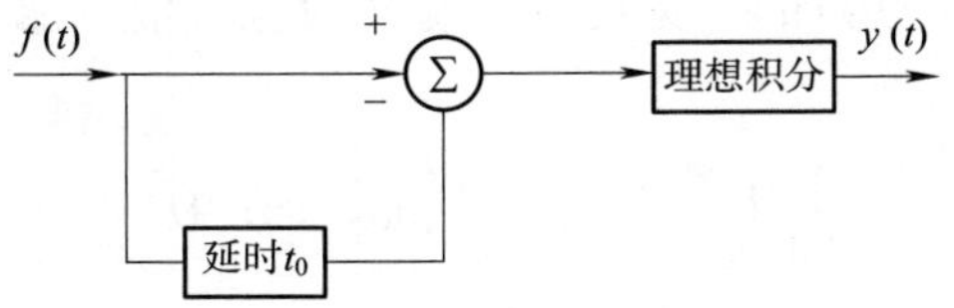

图 3-61　题 3-37 图

3-28　应用信号的能量公式

$$W = \int_{-\infty}^{\infty} f^2(t)\,\mathrm{d}t = \frac{1}{2\pi}\int_{-\infty}^{\infty} |F(\mathrm{j}\omega)|^2 \mathrm{d}\omega$$

求下列各积分。

(1) $f(t) = \int_{-\infty}^{\infty} \mathrm{Sa}^2(at)\,\mathrm{d}t$;

(2) $f(t) = \int_{-\infty}^{\infty} \mathrm{Sa}^4(at)\,\mathrm{d}t$;

(3) $f(t) = \int_{-\infty}^{\infty} \frac{1}{(a^2 + t^2)^2}\mathrm{d}t$。

3-29　设信号 $f(t) = \frac{\sin 100\pi t}{100\pi t}$,其带宽为多少？若对其取样,为使频谱不混叠,最低取样频率 f_s 为多少？奈奎斯特间隔 T_s 为多少？

3-30　设信号 $f_1(t)$ 的最高频率为 3 kHz,信号 $f_2(t)$ 的最高频率为 6 kHz,试求下列信号的最小取样频率。

(1) $f_1(2t)$;

(2) $f_1(t)f_2(t)$。

3-31　[考研真题]已知信号 $x(t)$ 的波形如图 3-62 所示。

(1)计算并画出能量谱密度 $E(\omega)$,请标明关键点坐标;

(2)计算 $x(t)$ 的能力 E_x。

3-32　[考研真题]已知波形如图 3-63 所示,试用 $\sin t$ 在区间 $(0,2\pi)$ 内近似表示此信号,求能得到的最小方均误差。

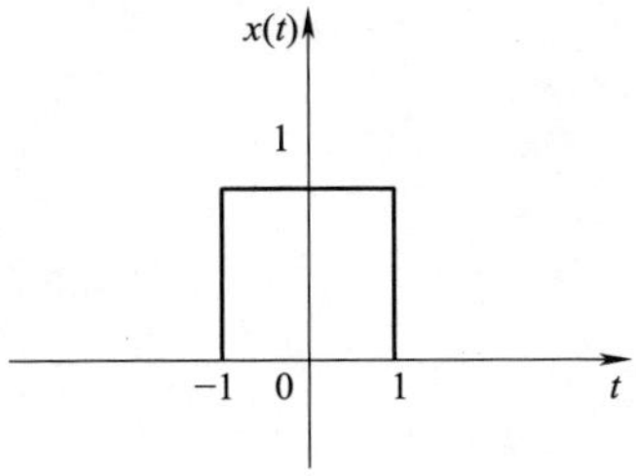

图 3-62　题 3-31 图

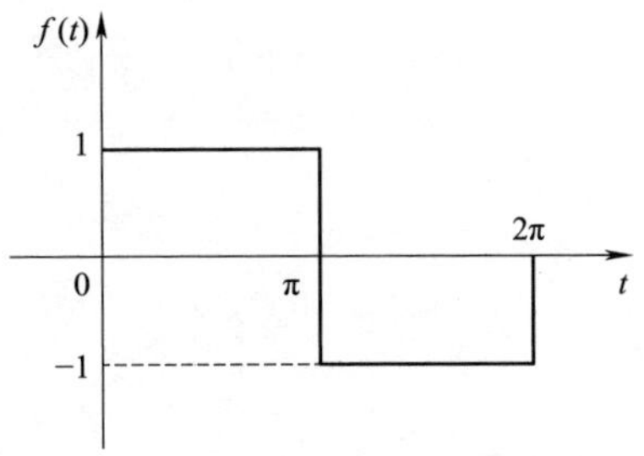

图 3-63　题 3-32 图

3-33　[考研真题]已知信号 $x(t) = A_1\cos\omega_1 t$,$y(t) = A_2\cos\omega_2 t$,求信号 $z(t) = x(t) + y(t)$ 的平均功率。

3-34 [考研真题]信号 $x(t)$ 的带宽还可以定义为包含信号能力 90% 的频带宽度,用符号 W_{90} 表示,即

$$\frac{1}{2\pi}\int_{-W_{90}}^{W_{90}} |X(\omega)^2| \mathrm{d}\omega = 0.9E_x$$

式中,E_x 为信号 $x(t)$ 的能量。求信号 $x(t) = \mathrm{e}^{-\alpha t}u(t)(\alpha > 0)$ 的 W_{90}。

第4章　连续时间信号与系统的复频域分析

学习目标

(1)掌握拉普拉斯变换的定义和拉普拉斯变换收敛域的概念。

(2)掌握典型信号的拉普拉斯变换和性质。

(3)掌握拉普拉斯逆变换的求解方法,主要是部分分式展法。

(4)掌握系统函数的定义及系统模型之间的转换方法。

(5)掌握系统函数零、极点分布与系统因果性、稳定性、时域特性及频率响应特性的关系。

(6)熟悉连续系统的模拟形式。

学习导言

曲则直,退则进;缺则圆,失则得。变换得其法,终为善其事。巧引复频域,微积分变代数。

星缀天河,你我相依成宇宙;阴晴圆缺,万物变换皆有因。绿肥红瘦,系统函数各有异;动静抑扬,零、极分布造化功。

4.1 概　　述

第3章论述了连续时间系统的频域分析。在那里,求解系统的响应时,将时域中的微分方程变换为频域中的代数方程,通过简单的运算求出响应的频域表达式,再由傅里叶反变程变换最终求得系统响应的时域解。频域分析法避开了直接求解系统微分方程的困难,使系统的求解得到了简化。但这种方法存在以下局限性。

(1)在无线电技术中常用的指数增长函数 e^{at} 不在傅里叶变换之列,这给工程应用带来了不便。

(2)不便于求解具有初始状态的LTI因果连续时间系统的响应。

拉普拉斯变换能够克服傅里叶变换以上两点不足。拉普拉斯变换是法国数学家和天文学家拉普拉斯为解微分方程提出的一种复数变换方法。拉普拉斯在1782年发表的论文《关于概率的哲学探讨》里首次提出该变换方法,在1812年出版的《概率分析理论》中对变换方法作了系统化定义。

拉普拉斯变换法是一种解线性微分方程的简便方法。运用拉普拉斯变换可以将许多普通函数转变为复变量 $s=\sigma+j\omega$ 的函数,这里 σ,ω 均为实数。而微分和积分运算可转换为复频域的代数运算,线性微分方程转换为含复变量 s 的代数函数,从而得到系统响应的复频域表达式。对该表达式取拉普拉斯反变换,最终得到系统的时域解。

拉普拉斯变换法因其运算简捷,特别是,直接对系统微分方程进行变换时,初始状态被自动计入,可一举求出系统的全响应,因此在线性时不变系统分析中占有重要的地位。同时,拉普拉斯变换法是转移函数系统分析与综合的重要基础。虽然计算技术与计算机的发展使建立在数值积分运算基础上的一些方法有了较大进展,但拉普拉斯分析法仍不失为分析线性时不变系统的一个重要而有效的方法。

本章首先导出拉普拉斯变换;其次,讨论拉普拉斯变换收敛域问题、常见函数的拉普拉斯变换、拉普拉斯变换的基本性质、拉普拉斯反变换;再次,应用拉普拉斯变换法求系统的响应;最后,介绍系统框图及信号流图的概念。

4.2 单边拉普拉斯变换

4.2.1 单边拉普拉斯变换的定义

一、从傅里叶变换到单边拉普拉斯变换的演变引出单边拉普拉斯变换的条件

(1)在实际应用中,激励、系统、响应都具有因果性,故设 $f(t)$ 是因果函数,用 $f(t)\varepsilon(t)$ 表示。

(2)$f(t)\varepsilon(t)$ 绝对不可积,但 $\lim\limits_{t\to\infty} e^{-\sigma t}f(t)\varepsilon(t)=0$,则函数 $e^{-\sigma t}f(t)\varepsilon(t)$ 绝对可积,能够直接用定义求其傅里叶变换。

令 $f_1(t)=e^{-\sigma t}f(t)u(t)$,其傅里叶正变换为

$$F_1(j\omega) = \int_{-\infty}^{\infty} f_1(t)e^{-j\omega t}dt = \int_0^{\infty} e^{-\sigma t}f(t)e^{-j\omega t}dt = \int_0^{\infty} f(t)e^{-(\sigma+j\omega)t}dt \tag{4-1}$$

令 $s=\sigma+j\omega$,代入式(4-1)得

$$F_1(j\omega) = \int_{-\infty}^{\infty} f_1(t)e^{-j\omega t}dt = \int_0^{\infty} f(t)e^{-st}dt = F(s) \tag{4-2}$$

由以上分析可得出:求 $e^{-\sigma t}f(t)u(t)$ 的谱函数等于求 $f(t)u(t)$ 的复变函数。$F(s)$ 称为信号 $f_1(t)$ 的单边拉普拉斯变换。

$F_1(j\omega)$ 的傅里叶反变换为

$$f_1(t) = e^{-\sigma t}f(t)u(t) = \frac{1}{2\pi}\int_{-\infty}^{\infty} F_1(j\omega)e^{j\omega t}d\omega \tag{4-3}$$

等式两边同乘 $e^{\sigma t}$,把 $F_1(j\omega)=F(s)$,$s=\sigma+j\omega$,$ds=jd\omega$ 代入式(4-3)中,得

$$e^{\sigma t}f_1(t) = f(t)u(t) = \frac{1}{2\pi}\int_{-\infty}^{\infty} F_1(j\omega)e^{(\sigma+j\omega)t}d\omega = \frac{1}{2\pi j}\int_{\sigma-j\infty}^{\sigma+j\infty} F(s)e^{st}ds$$

上式称为 $F(s)$ 的拉普拉斯反(逆)变换。

二、单边拉普拉斯变换的定义

拉普拉斯正变换为

$$F(s) = \int_{0_-}^{\infty} f(t)e^{-st}dt \tag{4-4}$$

拉普拉斯反变换为

$$f(t)u(t)=\frac{1}{2\pi \mathrm{j}}\int_{\sigma-\mathrm{j}\omega}^{\sigma+\mathrm{j}\omega}F(s)\mathrm{e}^{st}\mathrm{d}s \tag{4-5}$$

称时间函数$f(t)$或$f(t)u(t)$为“原函数”，复变函数$F(s)$为“像函数”。

拉普拉斯变换是t域函数$f(t)$与s域函数$F(s)$之间的变换。$f(t)$与$F(s)$的拉普拉斯变换关系常用以下符号表示：$f(s)\leftrightarrow F(s)$。

三、定义说明

1. 为什么正、反变换的原函数相差一个$u(t)$

在单边拉普拉斯正变换中，原函数可以是非因果信号，所以在拉普拉斯正变换中用$f(t)$表示。由于正变换是对原函数从$t=0^-$开始的积分，丢掉了原函数中$t<0$的信息，反变换只能还原$t>0$的函数值，所以在拉氏反变换式中原函数用因果函数$f(t)u(t)$表示。

推论：两个$t\geqslant 0$的波形相同，$t<0$波形不同的原函数，它们单边拉普拉斯变换的像函数完全相同。

2. 拉普拉斯正变换存在两种积分下限定义

(1)当积分下限取$-\infty$时，把$f(t)$在整个时间轴上的积分称为双边拉普拉斯变换。

(2)当积分下限取0时，把只在正时间轴上的积分称为单边拉普拉斯变换。

在单边拉普拉斯变换中，若下限取0^-，为“0^-系统”模式；若下限取0^+，则称为“0^+系统”模式。由于0^+模式不如0^-模式的实用性强，因此早在20世纪60年代初便被电气工程师们搁置了起来。所以本书只介绍与讨论“0^-系统”模式的单边拉普拉斯变换。

4.2.2 单边拉普拉斯变换的收敛域

一、单边拉普拉斯变换的存在条件

对于任意函数$f(t)$，如果能找到一个实数σ_0，当$\sigma>\sigma_0$时，使得

$$\lim_{t\to\infty}\mathrm{e}^{-\sigma t}f(t)=0 \tag{4-6}$$

则函数$f(t)$存在单边拉普拉斯变换，否则不存在。

诠释存在条件：

像函数$F(s)$的自变量$s=\sigma+\mathrm{j}\omega$是复数，$s$在复平面上取值；每一个确定的复数$s_0=\sigma_0+\mathrm{j}\omega_0$对应平面上的一个点，如图4-1所示。

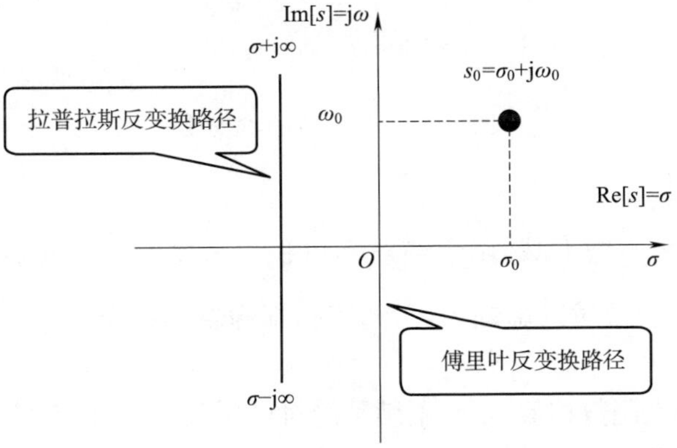

图4-1 拉普拉斯变换路径

当某函数存在拉普拉斯变换时，在横轴上一定能找到一点 σ_0，通过 σ_0 的垂线把 s 平面分割为两个区域。$\mathrm{Re}[s]=\sigma>\sigma_0$ 是垂线的右边区域，为单边拉普拉斯变换的收敛域，其收敛域如图 4-2 所示。当 s 在 $\sigma>\sigma_0$ 的区域内取值时，$F(s)$ 存在。换句话说，倘若某个 $f(t)$ 能在 s 平面上找到其对应 $F(s)$ 的收敛域，该函数 $f(t)$ 的拉普拉斯变换存在；否则，其拉普拉斯变换不存在。

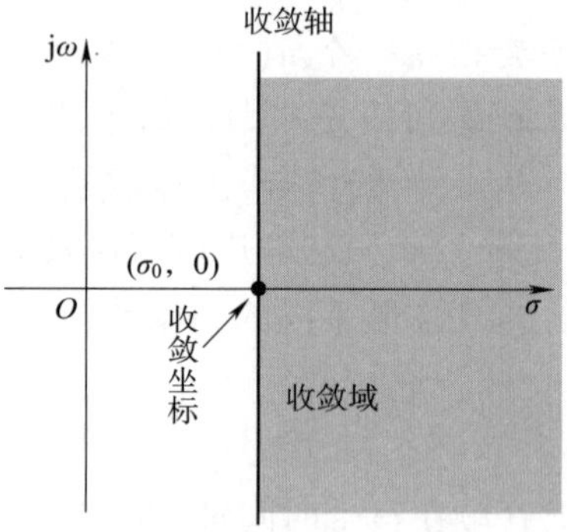

图 4-2　$\sigma>\sigma_0$ 的收敛域

二、几类函数的拉普拉斯变换收敛域

1. 绝对可积函数

绝对可积函数都存在傅里叶变换。所以这函数都有拉普拉斯变换，拉普拉斯变换的收敛域包含虚轴。

比如，$e^{-\alpha t}u(t)(\alpha>0)$ 绝对可积，$e^{-\sigma t}f(t)=e^{-(\sigma+\alpha)t}u(t)$，当 $\sigma+a>0$ 时，$\lim\limits_{t\to\infty}e^{-(\sigma+\alpha)t}u(t)=0$，所以 $e^{-\alpha t}u(t)$ 的拉普拉斯变换收敛区域为 $\sigma>-\alpha$。收敛域如图 4-3 所示。

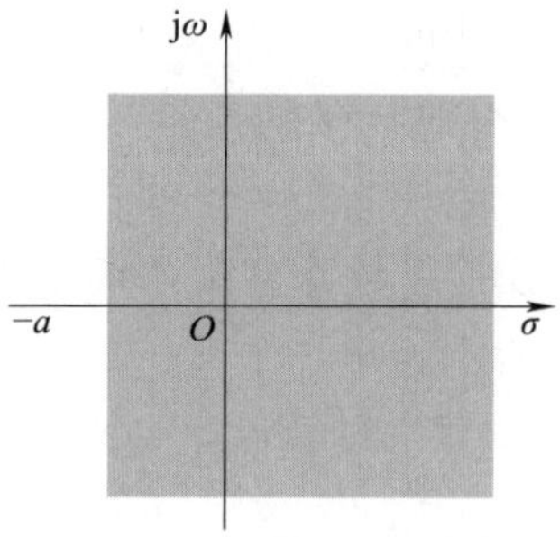

图 4-3　$e^{-at}u(t)$ 的收敛域

2. 周期信号和阶跃函数

这类函数值随 $t\to\infty$ 不增不减，函数绝对不可积。只要 $\sigma>0$，就能使 $\lim\limits_{t\to\infty}e^{-\sigma t}f(t)=0$。这类函数的拉普拉斯变换收敛域以虚轴为界，是不包括虚轴的整个右半 s 平面。

3. 幂函数 $t^n u(t)$

幂函数与以上第 2 类函数相似，虽然不满足绝对可积条件，但都有傅里叶变换。只要 $\sigma>0$，便可使得像函数收敛。幂函数拉普拉斯变换的收敛区域为不包括虚轴的整个右半 s 平面。

4. 指数增长函数 $e^{\alpha t}u(t)$，$\alpha > 0$

指数增长函数的收敛区域为 $\sigma > \alpha$。

总之，只要 $f(t)$ 随时间的增长速度不超过指数函数，就能在 s 平面上找到拉普拉斯变换的收敛区域。在以下学习中遇到的信号增长速度都不会超过指数函数，在 s 平面都能找到拉普拉斯变换的收敛域，所以不再特别说明与标注像函数的收敛域。

4.2.3 常用函数的拉普拉斯变换

常用函数是一些简单且实用的函数，掌握这些函数的拉普拉斯变换，对复杂函数拉普拉斯变换的计算与分析提供方便。系统分析与工程应用中常见的函数通常属于下列两类函数之一：(1) t 的指数函数；(2) t 的正整幂函数。而许多常用的函数如阶跃函数、正弦函数及衰减正弦函数等，都可由这两类函数导出。

1. 单位冲激信号 $\delta(t)$

由定义式(4-4)，则

$$F(s) = \int_{0_-}^{\infty} \delta(t) e^{-st} dt = 1$$

即拉普拉斯变换对

$$\delta(t) \leftrightarrow 1 \tag{4-7}$$

2. 单位阶跃信号 $\varepsilon(t)$

阶跃信号 $\varepsilon(t)$ 的拉普拉斯变换为

$$\begin{aligned} F(s) &= \int_{0}^{\infty} \varepsilon(t) e^{-st} dt = 0 \int^{\infty} e^{-st} dt \\ &= -\frac{1}{s} e^{-st} \Big|_{0}^{\infty} = \frac{1}{s} \end{aligned}$$

即拉普拉斯变换对为

$$\varepsilon(t) \leftrightarrow \frac{1}{s} \tag{4-8}$$

3. 正弦信号

由于正弦信号可表示为

$$\sin \omega t = \frac{1}{2j}(e^{j\omega t} - e^{-j\omega t})$$

故其单边变换

$$F(s) = L\left[\frac{1}{2j}(e^{j\omega t} - e^{-j\omega t})\right]$$

应用 $F(s) = \frac{1}{s+\alpha}$ 和 $F(s) = \frac{1}{s-\alpha}$ 得

$$F(s) = \frac{1}{2j}\left(\frac{1}{s-j\omega} - \frac{1}{s+j\omega}\right) = \frac{\omega}{s^2+\omega^2}$$

即有变换对

$$\sin \omega t \leftrightarrow \frac{\omega}{s^2+\omega^2} \tag{4-9}$$

同理可得余弦函数得像函数为

$$\cos\omega t \leftrightarrow \frac{s}{s^2+\omega^2} \tag{4-10}$$

4. 衰减正弦函数 $e^{-\alpha t}\sin\omega t$

由于

$$\begin{aligned} e^{-\alpha t}\sin\omega t &= \frac{1}{2j}e^{-\alpha t}(e^{j\omega t}-e^{-j\omega t}) \\ &= \frac{1}{2j}[e^{-(\alpha-j\omega)t}-e^{-(\alpha+j\omega)t}] \end{aligned}$$

取上式的单边拉普拉斯变换,得

$$\begin{aligned} F(s) &= \frac{1}{2j}L[e^{-(\alpha-j\omega)t}-e^{-(\alpha+j\omega)t}] \\ &= \frac{1}{2j}\left[\frac{1}{s+(\alpha-j\omega)}-\frac{1}{s+(\alpha+j\omega)}\right] \\ &= \frac{\omega}{(s+\alpha)^2+\omega^2} \end{aligned}$$

同理可得单边衰减余弦信号得拉普拉斯变换为

$$e^{-\alpha t}\cos\omega t \leftrightarrow \frac{s+\alpha}{(s+\alpha)^2+\omega^2}$$

5. 斜坡函数 $t\varepsilon(t)$

$$F(s) = L[t\varepsilon(t)] = \int_0^\infty te^{-st}dt$$

由分部积分公式

$$\int_0^\infty u dv = uv\Big|_0^\infty - \int_0^\infty v du$$

令 $u=t, dv=e^{-st}dt$,则 $du=dt, v=-\frac{e^{-st}}{s}$,可得

$$t\varepsilon(t) \leftrightarrow \frac{1}{s^2} \tag{4-11}$$

推广上述结果,可得

$$t^2\varepsilon(t) \leftrightarrow \frac{2}{s^3}$$

$$t^n\varepsilon(t) \leftrightarrow \frac{n!}{s^{n+1}}$$

常用函数的拉普拉斯变换见表 4-1。

表 4-1 常用函数的拉普拉斯变换

序号	原函数 $f(t)$	像函数 $F(s)$
1	$\delta(t)$	1
2	$\delta'(t)$	s

续表

序号	原函数 $f(t)$	像函数 $F(s)$
3	$\varepsilon(t)$	$\frac{1}{s}$
4	t	$\frac{1}{s^2}$
5	t^2	$\frac{2}{s^3}$
6	t^n	$\frac{n!}{s^{n+1}}$
7	$e^{-\alpha t}$	$\frac{1}{s+\alpha}$
8	$te^{-\alpha t}$	$\frac{1}{(s+\alpha)^2}$
9	$1-e^{-\alpha t}$	$\frac{\alpha}{s(s+\alpha)}$
10	$\sin\omega t$	$\frac{\omega}{s^2+\omega^2}$
11	$\cos\omega t$	$\frac{s}{s^2+\omega^2}$
12	$e^{-\alpha t}\sin\omega t$	$\frac{\omega}{(s+\alpha)^2+\omega^2}$
13	$e^{-\alpha t}\cos\omega t$	$\frac{s+\alpha}{(s+\alpha)^2+\omega^2}$
14	$2Ae^{-\alpha t}\cos(\omega t+\varphi)$	$\frac{Ae^{j\varphi}}{(s+\alpha)+j\omega}+\frac{Ae^{-j\varphi}}{(s+\alpha)-j\omega}$
15	$\frac{1}{a-b}(e^{at}-e^{bt})$	$\frac{1}{(s-a)(s-b)}$
16	$\frac{K}{(m-1)!}t^{m-1}e^{-\alpha t}$	$\frac{K}{(s+\alpha)^m}$

科学人物

皮埃尔·西蒙·拉普拉斯(Pierre Simon Laplace,1749—1827),法国天文学家、数学家。他于 1779 年首先提出拉普拉斯变换,并将该变换用于微分方程的求解。

拉普拉斯在位势理论、概率论、天文学以及天体力学等方面做出了许多重要贡献。他的专著 *Traite de Mecaniq ue Celeste*(天体力学)是对牛顿天文学研究的有益补充,并使他闻名于世。拉普拉斯变换就是以他的名字命名的。

4.3　拉普拉斯变换的常用性质与定理

拉普拉斯变换建立了信号在时域和复频域之间的对应关系。进一步研究发现,这种线性变换还有许多重要性质,这些性质对信号与系统的复频域分析十分重要,性质与定理揭示出 $f(t)$ 的时域运算与 $F(s)$ 复频域运算之间存在的规律。通常,信号的像函数不直接用定义求取,而是通过拉普拉斯变换的性质、定理和已知的基本函数的拉普拉斯变换对去间接获得。由于拉普拉斯变换是对傅里叶变换的扩展，所以，某些拉普拉斯变换的性质和定理与傅氏变换相似。又拉普拉斯正变换具有不同于傅里叶正变换的单边性，故部分拉普拉斯变换的性质和定理与傅里叶变换不同，这将是以下学习需要重点关注的内容。

4.3.1 线性性质

由于拉普拉斯变换是一种线性积分性质，它必须满足线性性质，即若有

$$f_1(t) \leftrightarrow F_1(s)$$

$$f_2(t) \leftrightarrow F_2(s)$$

则满足可加性与齐次性

$$k_1 f_1(t) + k_2 f_2(t) \leftrightarrow k_1 F_1(s) + k_2 F_2(s) \tag{4-12}$$

式中，k_1 和 k_2 为任意常数。拉普拉斯变换也属于线性变换，因而具有比例性和叠加性。

【例 4-1】 求 $\cos \omega t u(t)$ 和 $\sin \omega t u(t)$ 的拉普拉斯变换。

解 根据欧拉公式

$$\cos \omega t u(t) = \frac{1}{2}(\mathrm{e}^{\mathrm{j}\omega t} + \mathrm{e}^{-\mathrm{j}\omega t})u(t), \sin \omega t u(t) = \frac{1}{\mathrm{j}2}(\mathrm{e}^{\mathrm{j}\omega t} - \mathrm{e}^{-\mathrm{j}\omega t})u(t)$$

已知

$$\mathrm{e}^{\mathrm{j}\omega t}u(t) \leftrightarrow \frac{1}{s-\mathrm{j}\omega}$$

则有

$$L[\cos \omega t u(t)] = \frac{1}{2}\left(\frac{1}{s-\mathrm{j}\omega} + \frac{1}{s+\mathrm{j}\omega}\right) = \frac{s}{s^2+\omega^2}$$

$$L[\sin \omega t u(t)] = \frac{1}{\mathrm{j}2}\left(\frac{1}{s-\mathrm{j}\omega} - \frac{1}{s+\mathrm{j}\omega}\right) = \frac{\omega}{s^2+\omega^2}$$

4.3.2 延时性质（时移性）

若有

$$f(t)u(t) \leftrightarrow F(s)$$

则有延时性质

$$f(t-t_0)u(t-t_0) \leftrightarrow F(s)\mathrm{e}^{-st_0} \quad (t_0>0) \tag{4-13}$$

说明：原函数在时域延时 t_0，像函数在复频域乘以 e^{-st0}。

证明 $L[f(t-t_0)u(t-t_0)] = \int_{0_-}^{\infty} f(t-t_0)u(t-t_0)\mathrm{e}^{-st}\mathrm{d}t$

当 $t<t_0$ 时，$u(t-t_0)=0$，上式积分下限为 t_{0_-}；令 $t-t_0=x$，则 $\mathrm{d}t=\mathrm{d}x$；当 $t=t_{0_-}$ 时，$x=0$；当 $t=\infty$ 时，$x=\infty$；

代入上式得

$$\int_{t_{0_-}}^{\infty} f(t-t_0)\mathrm{e}^{-st}\mathrm{d}t = \int_{0_-}^{\infty} f(x)\mathrm{e}^{-s(x+t_0)}\mathrm{d}x = \mathrm{e}^{-st_0}\int_{0_-}^{\infty} f(x)\mathrm{e}^{-sx}\mathrm{d}x = \mathrm{e}^{-st_0}F(s)$$

注意区别 $f(t-t_0)u(t-t_0)$、$f(t-t_0)u(t)$、$f(t)u(t-t_0)$。$f(t)$ 与单边拉普拉斯变换的像函数 $F(s)$ 是一对一关系，不同原函数，将对应不同的像函数。

【例 4-2】　求图 4-4 所示波形的像函数。

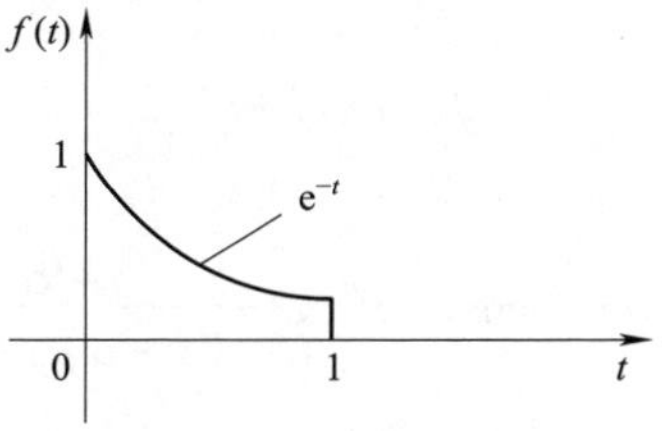

图 4-4　例 4-2 图

解　$f(t)=e^{-t}[u(t)-u(t-1)]=e^{-t}u(t)-e^{-1}e^{-(t-1)}u(t-1)$

则

$$F(s)=\frac{1}{s+1}[1-e^{-(x+1)}]$$

【例 4-3】　已知 $f(t)$ 如图 4-5 所示，用它组成单边重复信号 $f_T(t)$，试求 $f_T(t)$ 的像函数。

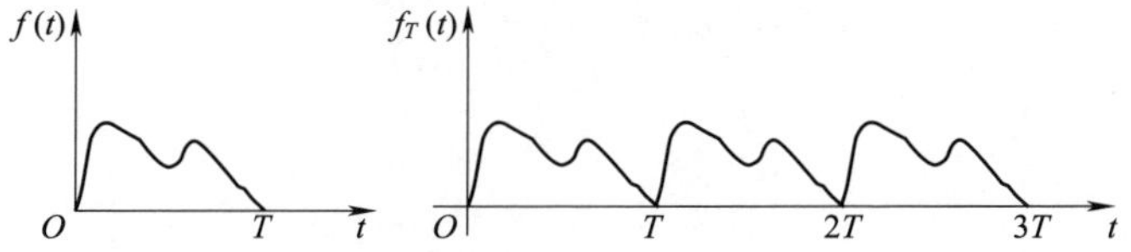

图 4-5　例 4-3 图

解　$f_T(t)=f(t)+f(t-T)+f(t-2T)+\cdots=\sum_{n=0}^{\infty}f(t-nT)$

若有　$f(t)\leftrightarrow F(s)$

则有 $F_T(s)=\sum_{n=0}^{\infty}F(s)e^{-nTs}=F(s)\sum_{N=0}^{\infty}e^{-nTs}=F(s)\frac{1}{1-e^{-Ts}}$

【例 4-4】　求图 4-6 所示波形的像函数。

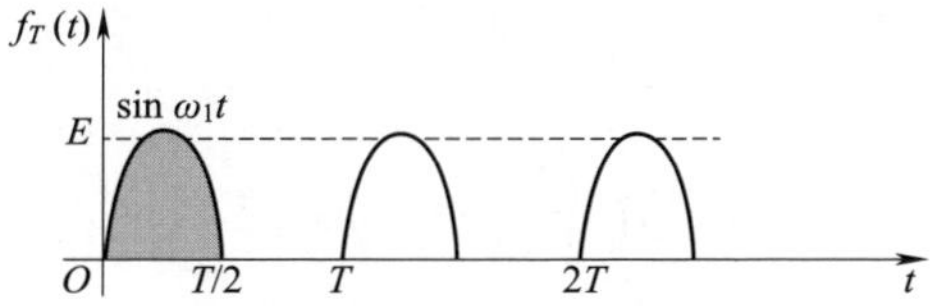

图 4-6　例 4-4 图

解　第一个周期波形的数学表达式为

$$f(t)=E\sin\omega_1 tu(t)+E\sin\omega_1\left(t-\frac{T}{2}\right)u\left(t-\frac{T}{2}\right)$$

则

$$F(s)=\frac{E\omega_1}{s^2+\omega^2}(1+e^{-\frac{T}{2}s})$$

$$F_T(s)=\frac{F(s)}{1-e^{-Ts}}=\frac{E\omega_1}{s^2+\omega^2}\frac{1+e^{-\frac{T}{2}s}}{1-e^{-Ts}}=\frac{E\omega_1}{s^2+\omega^2}\frac{1}{1-e^{\frac{-Ts}{2}}}$$

4.3.3 复频域频移特性

若有
$$f(t)\leftrightarrow F(s)$$
则有
$$e^{-\alpha t}\cos\omega t u(t)\leftrightarrow\frac{s+\alpha}{(s+\alpha)^2+\omega^2} \tag{4-14}$$
$$e^{s_0t}f(t)\leftrightarrow F(s-s_0)$$

比如,求 $e^{j\omega t}tu(t)$ 的像函数:利用 s 域的频移性,得 $e^{j\omega t}u(t)\leftrightarrow\frac{1}{s-j\omega}$。

【例 4-5】 求 $e^{-\alpha t}\cos\omega t u(t)$、$e^{-\alpha t}\sin\omega t u(t)$ 的像函数。

解 已知 $\cos\omega t u(t)\leftrightarrow\frac{s}{s^2+\omega^2}$,$\sin\omega t u(t)\leftrightarrow\frac{\omega}{s^2+\omega^2}$,
利用 s 域平移性,得
$$e^{-\alpha t}\sin\omega t u(t)\leftrightarrow\frac{\omega}{(s+\alpha)^2+\omega^2}$$

4.3.4 尺度变换

若有
$$f(t)u(t)\leftrightarrow F(s)$$
则有
$$f(at)u(at)\leftrightarrow\frac{1}{a}F\left(\frac{s}{a}\right),\quad a>0 \tag{4-15}$$

【例 4-6】 若有 $f(t)u(t)\leftrightarrow F(s)$,求 $e^{-\frac{1}{2}}f\left(\frac{t}{2}\right)$ 的像函数。

解 方法一,先频移后尺度变换。

由频移性知 $e^{-t}f(t)\leftrightarrow F(s+1)$
再运用尺度变换,有
$$e^{-\frac{t}{2}}f\left(\frac{t}{2}\right)\leftrightarrow 2F(2s+1)$$

方法二,先尺度变换后频移。

由尺度变换得
$$f\left(\frac{t}{2}\right)\leftrightarrow 2F(2s)$$

再运用频移性,有
$$e^{-\frac{1}{2}t}f\left(\frac{t}{2}\right)\leftrightarrow 2F\left[2\left(s+\frac{1}{2}\right)\right]=2F(2s+1)$$

4.3.5 时域微分特性

若有
$$f(t)\leftrightarrow F(s)$$

则有

$$\frac{\mathrm{d}f(t)}{\mathrm{d}t}\leftrightarrow sF(s)-f(0^-) \tag{4-16}$$

$$\frac{\mathrm{d}^2f(t)}{\mathrm{d}t^2}\leftrightarrow s^2F(s)-sf(0^-)-f^{(1)}(0^-) \tag{4-17}$$

$$\begin{aligned}\frac{\mathrm{d}^nf(t)}{\mathrm{d}t^n}&\leftrightarrow s^nF(s)-s^{n-1}f(0^-)-s^{n-2}f^{(1)}(0^-)-\cdots-f^{(n-1)}(0^-)\\&=s^nF(s)-\sum_{k=0}^{n-1}s^{n-k-1}f^{(k)}(0^-)\end{aligned} \tag{4-18}$$

式中，$f^{(r)}(0^-)=\left.\frac{\mathrm{d}^rf(t)}{\mathrm{d}t^r}\right|_{t=0^-}$。

当$f(0^-)=f'(0^-)=\cdots=f^{(n-1)}(0^-)$时，式(4-16)和式(4-18)可化简为

$$\begin{aligned}\frac{\mathrm{d}f(t)}{\mathrm{d}t}&\leftrightarrow sF(s)\\\frac{\mathrm{d}^nf(t)}{\mathrm{d}t^n}&\leftrightarrow s^nF(s)\end{aligned} \tag{4-19}$$

应用拉普拉斯变换的时域微分特性可将微分方程转化为 s 域内的代数方程，并且使系统的起始状态$f(0^-)f'(0^-)f''(0^-)\cdots$很方便地归并到变换式中去，再对 s 域的代数方程求解后，就可以通过反变换直接求出系统的响应。故微分特性在系统分析中是十分有用的。

【例 4-7】 求图 4-7 所示函数f_1t、f_2t、f'_1t 和f'_2t 的单边拉普拉斯变换。

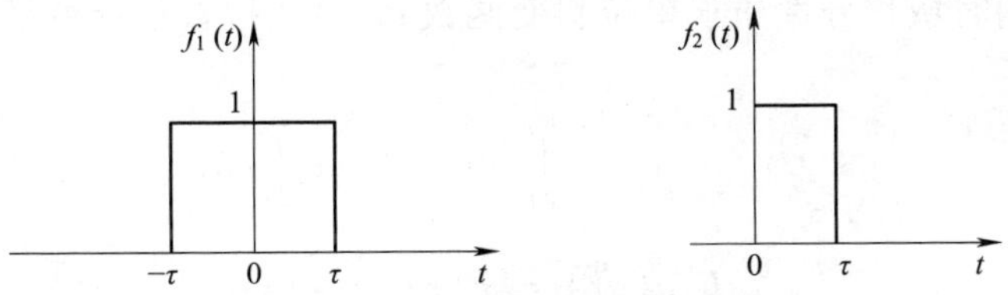

图 4-7 例 4-7 图

解

$$L[f_1(t)]=L[f_2(t)]=L[u(t)-u(t-\tau)]=\frac{1}{s}(1-\mathrm{e}^{-s\tau})$$

利用微分性质，且$f_1(0^-)=1$，$f_2(0^-)=0$，有

$$L[f_t'(t)]=sF_1(s)-f_1(0^-)=s\cdot\frac{1}{s}\cdot(1-\mathrm{e}^{-s\tau})-1=-\mathrm{e}^{-s\tau}$$

$$L[f_2'(t)]=sF_2(s)=s\cdot\frac{1}{s}\cdot(1-\mathrm{e}^{-s\tau})=(1-\mathrm{e}^{-s\tau})$$

【例 4-8】 已知电感电流 $i_L(t)$的像函数为 $I_L(s)$，电感电流与电压参考方向关联，求电感电压 $v_L(t)$的像函数 $V_L(s)$。

解 在关联参考方向下，电感微分形式的电压与电流关系为

$$v_L(t)=L\frac{\mathrm{d}i_L(t)}{\mathrm{d}t}$$

对上式两边取拉普拉斯变换，得

$$V_L(s) = LsT_L(s) - Li_L(0^-)$$

式中，$i_L(0^-)$是电感的起始电流，与电感在 $t=0^-$ 时刻的储能成正比。当 $i_L(0^-)=0$ 时，电感元件的 s 域伏安关系为

$$V_L(s) = LsI_L(s)$$

4.3.6 时域积分特性

若有

$$f(t) \leftrightarrow F(s)$$

则有

$$\int_{0^-}^{t} f(\tau)\mathrm{d}\tau \leftrightarrow \frac{1}{s}F(s) \tag{4-20}$$

证明 根据拉普拉斯变换定义，积分函数的像函数为

$$L\left[\int_{0^-}^{t} f(\tau)\mathrm{d}\tau\right] = \int_{0^-}^{\infty}\left[\int_{0^-}^{t} f(\tau)\mathrm{d}\tau\right]\mathrm{e}^{-st}\mathrm{d}t$$

运用分部积分计算，

$$\begin{aligned} L\left[\int_{0^-}^{t} f(\tau)\mathrm{d}\tau\right] &= -\frac{1}{s}\mathrm{e}^{-st}\mathrm{d}t\int_{0^-}^{t} f(\tau)\mathrm{d}\tau\Big|_{0^-}^{\infty} + \frac{1}{s}\int_{0^-}^{\infty} f(t)\mathrm{e}^{-st}\mathrm{d}t \\ &= \frac{1}{s}\int_{0^-}^{\infty} f(t)\mathrm{e}^{-st}\mathrm{d}t = \frac{1}{s}F(s) \end{aligned}$$

【例 4-9】 运用时域积分性质求单位斜变函数 $tu(t)$ 的拉普拉斯变换。

解 已知

$$tu(t) = \int_{0^-}^{t} u(\tau)\mathrm{d}\tau = \int_{0^-}^{t}\mathrm{d}\tau$$

$$L[u(t)] = F(s) = \frac{1}{s}$$

则有

$$L[tu(t)] = L\left[\int_{0^-}^{t} u(\tau)\mathrm{d}\tau\right] = \frac{1}{s}F(s) = \frac{1}{s^2}$$

4.3.7 初值定理

设$f(t)$及$f'(t)$存在像函数，且$f(t)$不包含$\sigma(t)$，有

$$f(0^+) = \lim_{t\to 0^+} f(t) = \lim_{s\to\infty} sF(s) \tag{4-21}$$

证明 根据拉氏变换的微分性，有

$$\begin{aligned} sF(s) - f(0^-) &= \int_{0^-}^{\infty}\frac{\mathrm{d}f(t)}{\mathrm{d}t}\mathrm{e}^{-st}\mathrm{d}t = \int_{0^-}^{0^+}\frac{\mathrm{d}f(t)}{\mathrm{d}t}\mathrm{e}^{-st}\mathrm{d}t + \int_{0^+}^{\infty}\frac{\mathrm{d}f(t)}{\mathrm{d}t}\mathrm{e}^{-st}\mathrm{d}t \\ &= f(t)\mathrm{e}^{-st}\Big|_{0^-}^{0^+} + s\int_{0^-}^{0^+} f(t)\mathrm{e}^{-st}\mathrm{d}t + \int_{0^+}^{\infty}\frac{\mathrm{d}f(t)}{\mathrm{d}t}\mathrm{e}^{-st}\mathrm{d}t \\ &= f(0^+) - f(0^-) + \int_{0^+}^{\infty}\frac{\mathrm{d}f(t)}{\mathrm{d}t}\mathrm{e}^{-st}\mathrm{d}t \end{aligned}$$

当$f(t)$中无$\sigma(t)$时，有

$$\int_{0^-}^{0^+} f(t)\mathrm{e}^{-st}\mathrm{d}t$$

初值定理的意义：不用知道$f(t)$，便可根据$F(s)$推知$f(t)$在$t=0$右极限值的方法。

强调：当$f(t)$中没有冲激函数时才能运用初值定理。

【例4-10】 求以下像函数对应原函数的初始值。

(1)$F_1(s)=\dfrac{s+3}{s^2+3s+1}$；(2)$F_2(s)=\dfrac{s^2+3s+2}{s^2+s+1}$。

解 (1)$m=2,n=1$，$F_1(s)$是真分式。由初值定理知

$$f_1(0^+)=\lim_{s\to\infty} sF_1(s)=\lim_{s\to\infty} s\frac{s+3}{s^2+3s+1}=1$$

(2)$m=2,n=2$，$F_2(s)$是假分式。长除分解$F_2(s)$为

$$F_2(s)=\frac{s^2+3s+2}{s^2+s+1}=1+\frac{2s+1}{s^2+s+1}$$

对第二项真分式运用初值定理，求得

$$f_2(0^+)=\lim_{s\to\infty} s\frac{2s+1}{s^2+s+1}=2$$

4.3.8 终值定理

设$f(\infty)$存在，并且$f(t)$及$f'(t)$都存在像函数，则有

$$f(\infty)=\lim_{t\to\infty} f(t)=\lim_{s\to 0} sF(s) \tag{4-22}$$

注意：只有当$f(\infty)$存在时，才能使用终值定理估值，否则会得出错误结果。

【例4-11】 试求$F(s)=\dfrac{s+2}{s(s+1)}$对应原函数的终值$f(\infty)$。

解

$$f(\infty)=\lim_{s\to 0} sF(s)=\lim_{s\to 0} s\frac{s+2}{s(s+1)}=2$$

4.3.9 时域卷积定理

设$f_1(t)$和$f_2(t)$都是因果函数。若有

$$f_1(t)\leftrightarrow F_1(s),\ f_2(t)\leftrightarrow F_2(s)$$

则有

$$f_1(t)*f_2(t)\leftrightarrow F_1(s)F_2(s) \tag{4-23}$$

【例4-12】 试求$\int_0^t(\tau-t)\cos\tau\mathrm{d}\tau$的拉普拉斯变换。

解

$$\int_0^t(\tau-t)\cos\tau\mathrm{d}\tau=-\int_0^t(t-\tau)\cos\tau\mathrm{d}\tau=-tu(t)*\cos tu(t)$$

$$F(s)=-\frac{1}{s^2}\times\frac{s}{s^2+1}=-\frac{1}{s(s^2+1)}$$

【例 4-13】 已知 $F(s)=\dfrac{3}{s(s+2)}$,试利用卷积定理求原函数 $f(t)$。

解 $F(s)$ 可以表示为

$$F(s)=\frac{1}{s}\cdot\frac{3}{s+2}$$

令

$$F_1(s)=\frac{1}{s},F_2(s)=\frac{3}{s+2}$$

则原函数

$$f_1(t)=u(t),f_2(t)=3e^{-2t}u(t)$$

故有

$$f(t)=f_1(t)*f_2(t)=u(t)*3e^{-2t}u(t)=\frac{3}{2}(1-e^{-2t})u(t)$$

拉普拉斯变换的性质见表 4-2。

表 4-2 拉普拉斯变换的性质

名称	时域 $f(t)$ $(t\geqslant 0)$	复频域 $F(s)$ $(\sigma>\sigma_0)$
定义	$f(t)=\dfrac{1}{2\pi j}\int_{\sigma-j\infty}^{\sigma+j\infty}F(s)e^{st}ds$	$F(s)=\int_{0^-}^{\infty}f(t)e^{-st}dt$
线性性质	$a_1f_1(t)+a_2f_2(t)$	$a_1F_1(s)+a_2F_2(s)$
频移特性	$e^{s_0t}f(t)$	$F(s-s_0)$
延时特性	$f(t-t_0)\varepsilon(t-t_0)$	$e^{-st_0}F(s)$
尺度变换	$f(at),a>0$ $f(at-b)\varepsilon(at-b),a>0,b\geqslant 0$	$\dfrac{1}{a}F\left(\dfrac{s}{a}\right)$ $\dfrac{1}{a}e^{-(b/a)s}F\left(\dfrac{s}{a}\right)$
微分定理	$f'(t)$ $f^{(n)}(t)$	$sF(s)-f(0^-)$ $s^nF(s)-s^{n-1}f(0^-)-s^{n-2}f'(0^-)-\cdots-f^{(n-1)}(0^-)$
积分定理	$\int_{0^-}^{t}f(\tau)d\tau$	$\dfrac{1}{s}F(s)$
卷积定理	$f_1(t)*f_2(t)$	$F_1(s)F_2(s)$
初值定理	$f(0^+)=\lim\limits_{s\to\infty}sF(s)$	
终值定理	$f(\infty)=\lim\limits_{s\to 0}sF(s)$	

4.4 拉普拉斯反变换

应用拉普拉斯变换法分析系统的时域响应时,不仅要根据已知的激励信号求其像函数,还必须把响应的像函数再反变换为时间函数,这就是拉普拉斯反变换。常用方法有留数法和部分分式展开法,前者比后者应用范围宽。但是,在求有理分式结构的 $F(s)$ 反变换时,部分分式展开法更为简单。本节主要讨论有理分式结构的 $F(s)$ 反变换,因此,只介绍部分分式展开法。

部分分式展开法就是将有理分式 $F(s)$ 分解成多个典型分式的方法,这些典型分式往往相应于常用函数的拉普拉斯变换,其原函数容易得到。将这些常用函数相加,最后得到 $F(s)$ 的原函数 $f(t)$。

4.4.1　部分分式展开法的步骤

设 $F(s)$ 的函数结构为

$$F(s)=\frac{B(s)}{A(s)}=\frac{b_m s^m+b_{m-1}s^{m-1}+\cdots+b_0}{s^n+a_{n-1}s^{n-1}+\cdots+a_0} \tag{4-24}$$

第一步,求分母多项式 $A(s)=0$ 的根。

第二步,根据 $A(s)=0$ 的根,把 $F(s)$ 展开成若干低阶有理真分式和的形式,有

$$F(s)=\sum_{i=1}^{n}F_i(s)$$

通常,上式中子系统 $F_i(s)$ 是一阶或者二阶系统。$F_i(s)$ 的结构与根有关。

第三步,先求子系统的原函数 $f_i(t)=L[F_i(s)]$,再运用拉普拉斯变换的线性性质,时域求和,求出 $F(s)$ 的原函数 $f(t)$。

$$f(t)=L^{-1}[F(s)]=\sum_{i=1}^{n}L^{-1}[F_i(s)]=\sum_{i=1}^{n}f_i(t)$$

学习部分分式展开法的重点是第二步。运用部分分式展开法求原函数需要熟悉基本函数的拉普拉斯变换。

4.4.2　展开式的结构和系数的求取方法

系数为实常数的多项式方程,$A(s)=0$ 的根只有三种基本形式:实数单根、共轭复根、重根。

1. $A(s)=0$ 的根是实数单根

展开式的结构为

$$F(s)=\frac{B(s)}{A(s)}=\frac{k_1}{s-p_1}+\frac{k_2}{s-p_2}+\cdots+\frac{k_n}{s-p_n}=\sum_{i=1}^{n}\frac{k_i}{s-p_i} \tag{4-25}$$

求系数 k_i 的方法。

式(4-25)两边同乘 $(s-p_i)$,有

$$(s-p_i)F(s)=\frac{k_1(s-p_i)}{s-p_1}+\cdots+k_i+\cdots+\frac{k_n(s-p_i)}{s-p_n}$$

令 $s=p_i$,得

$$k_i=(s-p_i)F(s)\big|_{s=p_i} \tag{4-26}$$

【例 4-14】　求 $H(s)=\dfrac{s+3}{s^2+3s+2}$ 的原函数 $h(t)$。

解　$s^2+3s+2=(s+1)(s+2)=0$ 的根为

$$s_1=-1,s_2=-2$$

$H(s)$ 展开为

$$H(s)=\frac{s+3}{s^2+3s+2}=\frac{k_1}{s+1}+\frac{k_2}{s+2}$$

其中

$$k_1=(s+1)H(s)\Big|_{s=-1}=\frac{s+3}{s+2}\Big|_{s=-1}=2$$

$$k_2=(s+2)H(s)\Big|_{s=-2}=\frac{s+3}{s+1}\Big|_{s=-2}=-1$$

把 k_1 和 k_2 代入 $H(s)$ 展开式，得

$$H(s)=\frac{2}{s+1}-\frac{1}{s+2}$$

根据已知指数函数的拉普拉斯变换有

$$k\mathrm{e}^{-\alpha t}u(t)\leftrightarrow\frac{k}{s+\alpha}$$

$H(s)$ 的逆变换为

$$f(t)=(2\mathrm{e}^{-t}-\mathrm{e}^{-2t})u(t)$$

2. $A(s)=0$ 的根是共轭复根

当多项式的系数为实常数时，复数根总以共轭复数形式成对出现。共轭复根可以按前述单根的方法处理，但单根对应的原函数是复变函数，在时域把复变函数整理成实函数的过程较为繁杂。以下介绍用一种省略整理过程的求逆变换思路。

设像函数为

$$F(s)=\frac{B(s)}{A(s)}=\frac{B(s)}{(s+\alpha-\mathrm{j}\beta)(s+\alpha+\mathrm{j}\beta)D(s)}$$

$$=\frac{B(s)}{[(s+\alpha)^2+\beta^2]D(s)}=\frac{k_1s+k_2}{(s+\alpha)^2+\beta^2}+\frac{E(s)}{D(s)}$$

求出系数 k_1 和 k_2 后，通过凑系数，把 $\frac{k_1s+k_2}{(s+\alpha)^2+\beta^2}$ 往函数 $\mathrm{e}^{-\alpha t}\cos\beta tu(t)$ 与 $\mathrm{e}^{-\alpha t}\sin\beta tu(t)$ 的像函数 $\frac{s+\alpha}{(s+\alpha)^2+\beta^2}$ 与 $\frac{s+\beta}{(s+\alpha)^2+\beta^2}$ 上凑。若 $a=0$，则把 $\frac{k_1s+k_2}{s^2+\beta^2}$ 往函数 $\cos\beta tu(t)$ 与 $\sin\beta tu(t)$ 的像函数 $\frac{s}{s^2+\beta^2}$ 与 $\frac{\beta}{s^2+\beta^2}$ 上凑，最终得出其拉普拉斯反变换。

【例 4-15】 求 $F(s)=\frac{s}{s^2+2s+5}$ 的原函数。

解

$$F(s)=\frac{s}{s^2+2s+1+4}=\frac{s+1-1}{(s+1)^2+2^2}$$

$$=\frac{s+1}{(s+1)^2+2^2}-\frac{1}{(s+1)^2+2^2}$$

逆变换得

$$f(t)=\left(\mathrm{e}^{-t}\cos 2t-\frac{1}{2}\mathrm{e}^{-t}\sin 2t\right)u(t)$$

3. $A(s)=0$ 的根是重根

设 $s=p_1$ 是方程 $A(s)=0$ 的 r 重根。像函数为

$$F(s)=\frac{A(s)}{D(s)(s-p_1)^r}$$

其中 $B(s)=D(s)(s-p_1)^r$，展开式结构为

$$F(s)=\frac{k_{11}}{(s-p_1)^r}+\frac{k_{12}}{(s-p_1)^{r-1}}+\cdots+\frac{k_{1r}}{s-p_1}+\frac{E(s)}{D(s)} \tag{4-27}$$

采用定系数的方法：给式(4-27)两边同乘 $(s-p_1)^r$，得

$$(s-p_1)^rF(s)=k_{11}+k_{12}(s-p_1)+\cdots+k_{1k}(s-p_1)^{r-1}+(s-p_1)^r\frac{E(s)}{D(s)}$$

令 $s=p_1$，得

$$k_{11}=(s-p_1)^rF(s)\big|_{s=p_1} \tag{4-28}$$

然后令式(4-28)两边对 s 求导，得

$$\frac{\mathrm{d}}{\mathrm{d}s}[(s-p_1)^rF(s)]=k_{12}+2k_{13}(s-p_1)+\cdots+k_{1r}(k-1)(s-p_1)^{r-2}+\cdots \tag{4-29}$$

令式(4-29)中 $s=p_1$，有

$$k_{12}=\frac{\mathrm{d}}{\mathrm{d}s}(s-p_1)^rF(s)\big|_{s-p_1}$$

依此类推，可得计算重根系数的一般表达式为

$$k_{1i}=\frac{1}{(i-1)!}\frac{\mathrm{d}^{(i-1)}}{\mathrm{d}s^{(i-1)}}[(s-p_1)^rF(s)]\bigg|_{s=p_1} \tag{4-30}$$

【例 4-16】 求 $F(s)=\dfrac{s+3}{(s+1)^2(s+2)}$ 的原函数。

解 像函数展开为

$$F(s)=\frac{k_1}{(s+1)^2}+\frac{k_2}{s+1}+\frac{k_3}{s+2}$$

式中系数分别为

$$k_1=(s+1)^2F(s)\bigg|_{s=-1}=\frac{s+3}{s+2}\bigg|_{s=-1}=2$$

$$k_2=\frac{\mathrm{d}}{\mathrm{d}s}\left[\frac{s+3}{s+2}\right]\bigg|_{s=-1}=\frac{s+2-(s+3)}{(s+2)^2}\bigg|_{s=-1}=1$$

$$k_3=(s+2)F(s)\bigg|_{s=-2}=\frac{s+3}{(s+1)^2}\bigg|_{s=-2}=1$$

则有 $F(s)=\dfrac{2}{(s+1)^2}-\dfrac{1}{s+1}+\dfrac{1}{s+2}\rightarrow f(t)=[2t\mathrm{e}^{-t}-\mathrm{e}^{-t}+\mathrm{e}^{-2t}]u(t)$

4. 包含冲激项（假分式）的拉普拉斯逆变换

冲激项对应的拉普拉斯变换是 s 的正幂函数，会导致拉普拉斯变换的分子阶数与分母阶数相等或比分母阶数更高，形成假分式，即出现 $n\leqslant m$ 的现象。在求逆变换时，需要先把假分式展开为正幂函数多项式与真分式相加的形式，然后正幂函数直接对应单位冲激函数及其导函数项，真分式则利用前述方法求逆变换。

【例 4-17】 已知 $F(s)=\dfrac{s^3+5s^2+9s+7}{s^2+3s+2}$，求其原函数 $f(t)$。

解 把假分式展开为正幂函数多项式与真分式相加的形式,可以用长除法实现:

$$\begin{array}{r} s+2 \\ s^2+3s+2\overline{\big)\, s^3+5s^2+9s+7} \\ \underline{s^3+3s^2+2s} \\ 2s^2+7s+7 \\ \underline{2s^2+6s+4} \\ s+3 \end{array}$$

其商为正幂多项式,其余为剩余真分式的式子,所以

$$F(s)=s+2+\frac{s+3}{s^2+3s+2}=s+2+F_1(s)$$

其中 $F_1(s)$ 利用有理真分式的展开法得到,为

$$F_1(s)=\frac{2}{s+1}-\frac{1}{s+2}$$

所以最终逆变换为 $f(t)=\delta'(t)+2\delta(t)+(2\mathrm{e}^{-t}-\mathrm{e}^{-2t})u(t)$

5. 包含时移项的拉普拉斯逆变换

包含形如 e^{-sT} 的复指数函数项的拉普拉斯变换,其逆变换求解需要先把复指数函数项排除在外,求剩余部分的逆变换,再利用时移性质求原函数。

【例 4-18】 已知因果信号的拉普拉斯变换 $F(s)=\dfrac{\mathrm{e}^{-2s}}{s^2+3s+2}$,求其逆变换。

解 求 $F_1(s)=\dfrac{1}{s^2+3s+2}$ 的逆变换,易得

$$F_1(s)=\frac{1}{(s+1)(s+2)}=\frac{1}{s+1}-\frac{1}{s+2}$$

其时域原函数为

$$f(t)=L^{-1}[F_1(s)]=(\mathrm{e}^{-t}-\mathrm{e}^{-2t})u(t)$$

根据拉普拉斯变换的时移性质,可得

$$f(t)=f_1(t-2)=[\mathrm{e}^{-(t-2)}-\mathrm{e}^{-2(t-2)}]u(t-2)$$

4.5 线性系统的拉普拉斯变换分析法

连续时间系统分析的一个重要内容就是求解描述系统的微分方程。用拉普拉斯变换分析 LTI 常系数线性微分方程时,其特点是:

(1)通过拉普拉斯变换可将时域中的微分方程变换为复频域中的代数方程,使求解简化。

(2)系统的起始状态(条件)可以自动地包含到像函数中,从而可一举求得方程的完全解。

(3)用拉普拉斯变换法分析电网络系统时,甚至不必列写出系统的微分方程,而直接利用电路的 s 域模型列写电路方程,就可以获得响应的像函数,再反变换即可得原函数。

本节主要介绍系统微分方程的拉普拉斯变换解法、系统函数定义、电路复域模型等。

4.5.1 微分方程的拉普拉斯变换解法

拉普拉斯变换是求解线性常系数微分方程的有效工具,本小节通过具体例题说明分析方法。

【例 4-19】 已知某二阶因果 LTI 连续时间系统用如下微分方程描述:

$$y''(t)+3y'(t)+2y(t)=f(t)$$

(1)已知 $y(0^-)=1, y'(0^-)=2$, $f(t)=\mathrm{e}^{-3t}\varepsilon(t)$,求 $y(t)$。

(2)若 $f(t)=\varepsilon(t)$,试求阶跃响应 $s(t)$。

解 (1)对微分方程取拉普拉斯变换,并代入起始状态,则得

$$s^2Y(s)-sy(0^-)-y'(0^-)+3sY(s)-3y(0^-)+2Y(s)=\frac{1}{s+3}$$

$$(s^3+3s+2)Y(s)=\frac{1}{s+3}+s+5=\frac{s^2+8s+16}{s+3}$$

即有

$$Y(s)=\frac{s^2+8s+16}{(s+1)(s+2)(s+3)}=\frac{K_1}{s+1}+\frac{K_2}{s+2}+\frac{K_3}{s+3}$$

解得各系数为

$$K_1=4.5,\quad K_2=-4,\quad K_3=0.5$$

故有

$$Y(s)=\frac{4.5}{s+1}+\frac{-4}{s+2}+\frac{0.5}{s+3}$$

取反变换,得完全响应为

$$y(t)=(4.5\mathrm{e}^{-t}-4\mathrm{e}^{-2t}+0.5\mathrm{e}^{-3t})\varepsilon(t)$$

可以验证,本例在 $t=(0^+)$ 时状态连续,即 $y(0^+)=1, y'(0^+)=2$。

(2)当 $f(t)=\varepsilon(t)$ 时,在零状态下,对方程取拉普拉斯变换,得

$$(s^2+3s+2)Y(s)=\frac{1}{s}$$

从而

$$Y(s)=\frac{1}{s(s+1)(s+2)}=\frac{K_1}{s}+\frac{K_2}{s+1}+\frac{K_3}{s+2}$$

应用部分分式展开法,确定系数为

$$K_1=\frac{1}{2},\quad K_2=-1,\quad K_3=\frac{1}{2}$$

故有

$$Y(s)=\frac{\frac{1}{2}}{s}-\frac{1}{s+1}+\frac{\frac{1}{2}}{s+2}$$

反变换得阶跃响应

$$y(t)=s(t)=\left(\frac{1}{2}\mathrm{e}^{-t}+\frac{1}{2}\mathrm{e}^{-2t}\right)\varepsilon(t)$$

【例 4-20】 已知图 4-8 所示电路,原已处于稳态,开关于 $t=0$ 时由 1 端转向 2 端。$R=10\ \Omega, L=1\ \mathrm{H}, C=0.004\ \mathrm{F}$,求换路后得电流 $i(t)$。

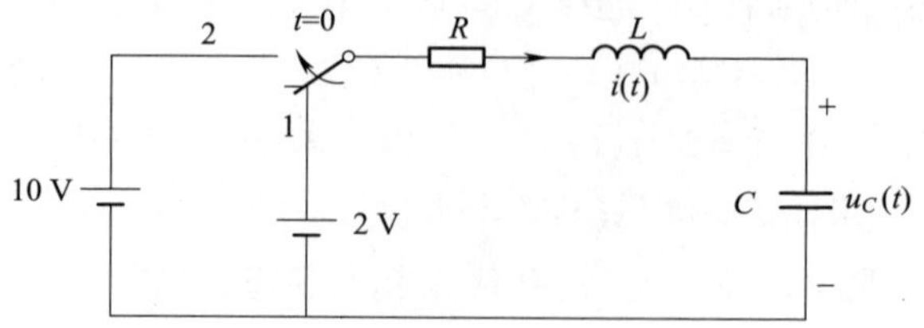

图 4-8　例 4-20 电路

解　因换路前电路已达稳态，故可得

$$i(0^-)=0$$

$$u_C(0^-)=2\ \text{V}$$

换路后($t>0$)，电路得微分方程为

$$Ri(t)+L\frac{\mathrm{d}i(t)}{\mathrm{d}t}+u_C(0^-)+\frac{1}{C}\int_{0^-}^{t}i(\tau)\,\mathrm{d}\tau=10$$

对上式各项取拉普拉斯变换，记 $i(t)\leftrightarrow I(s)$，得

$$RI(s)+L[sT(s)-i(0^-)]+\frac{u_C(0^-)}{s}+\frac{I(s)}{sC}=\frac{10}{s}$$

解出 $I(s)$ 为

$$I(s)=\frac{\dfrac{10}{s}+Li(0^-)-\dfrac{u_C(0^-)}{s}}{R+sL+\dfrac{1}{sC}}$$

代入已知数据，可得

$$I(s)=\frac{\dfrac{10}{s}-\dfrac{2}{s}}{10+s+\dfrac{250}{s}}=\frac{8}{s^2+10s+250}=\frac{8}{15}\cdot\frac{15}{(s+5)^2+15^2}$$

上式反变换为

$$i(t)=\frac{8}{15}\mathrm{e}^{-5t}\sin 15t\quad(t\geqslant 0)$$

由本例可见，用拉普拉斯变换求解电路，电路的起始状态自动地包含在 s 域的代数方程中，从而一次确定电路的全响应，比时域法简便。

如将电流响应的像函数表达式分开两项列写，即

$$I(s)=\frac{\dfrac{10}{s}}{R+sL+\dfrac{1}{sC}}+\frac{Li(0^-)-\dfrac{u_C(0^-)}{s}}{R+sL+\dfrac{1}{sC}}$$

上式右边第一项与激励信号有关，对应为零状态响应；第二项取决于起始状态，对应为零输入响应。

4.5.2　s 域电路模型分析法

给定时域电路模型，求系统响应较为简单有效的方法是采用 s 域电路模型的分析方法。

已知时域电路模型和外加激励，假设电路在 $t=0$ 时刻换路，用 s 域电路模型分析系统响应的步骤如下：

(1)求电容电压 $v_C(0^-)$ 和电感电流 $i_L(0^-)$。

画出 $t=0^-$ 的等效电路，求 $u_C(0^-)$ 和 $i_L(0^-)$，是找产生零输入响应的"激励"。若 $v_C(0^-)$ 和 $i_L(0^-)$ 都为零，则在 $t>0$ 的响应中无零输入响应分量。

(2)进行拉普拉斯正变换。

拉普拉斯正变换要做两方面的工作。其一，激励、响应和各种电量都用像函数表示；其二，根据已知时域电路模型、$v_C(0^-)$ 和 $i_L(0^-)$ 值，建立 $t\geqslant 0$ 时的 s 域电路模型。

(3)根据 s 域电路模型，运用电路分析方法，在 s 域列解方程，求响应的像函数。

(4)计算拉普拉斯反变换，求响应的时域表达式。

利用 s 域电路模型分析系统，需要学习如何建立 s 域电路模型。s 域电路模型由 s 域元件互连构成，所以首先要了解元件的 s 域电路模型。

1. 元件 s 域模型

s 域电路模型中，基本元件有电阻、电容、电感和电源。

(1)电阻元件

如图 4-9(a)所示电阻元件 R 上的时域电压-电流关系为一代数方程，即

$$u(t)=Ri(t)$$

两边取拉普拉斯变换，可得复频域(s 域)中的电压-电流像函数关系为

$$U(s)=RI(s)$$

由此得出相应的 s 域模型如图 4-9(b)所示。

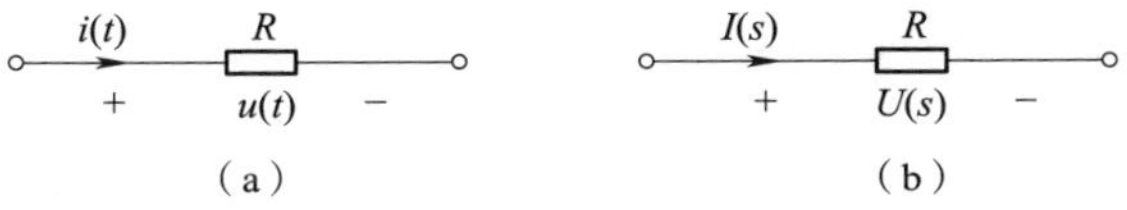

图 4-9　电阻的 s 域模型

(2)电容元件

图 4-10(a)所示电容元件 C 上的电压-电流关系为

$$i(t)=C\frac{\mathrm{d}u_C(t)}{\mathrm{d}t}$$

两边取拉普拉斯变换，利用微分性质，并记 $i(t)\leftrightarrow I(s)$，$u_C(t)\leftrightarrow U_C(s)$，在 $t\geqslant 0$ 时有

$$I(s)=sCU_C(s)-Cu_C(0^-)$$

或

$$U_C(s)=\frac{1}{sC}I(s)+\frac{u_C(0^-)}{s}$$

式中，$\frac{1}{sC}$称为电容的 s 域阻抗，或称为运算阻抗；$Cu_C(0^-)$ 和$\frac{u_C(0^-)}{s}$分别为附加电流源和附加电压源的量值，反映了起始储能对响应的影响。由此可得相应的 s 域模型如图 4-10(b)和图 4-10(c)所示。图 4-10(b)宜用于回路分析中，图 4-10(c)宜用于节点分析中。

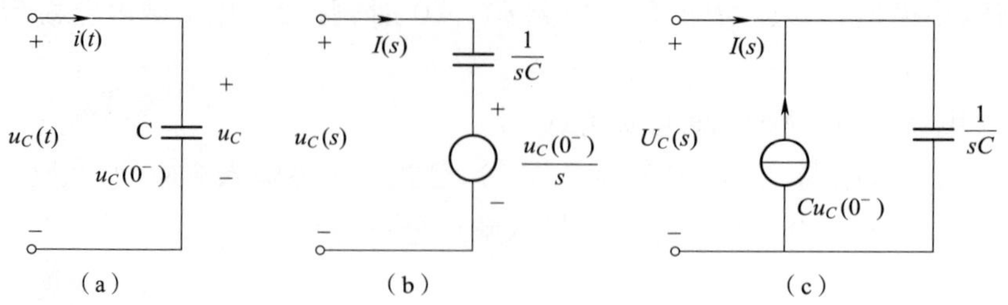

图 4-10 电容的 s 域模型

(3)电感元件

如图 4-11(a)所示电感 L 上的电压-电流关系为

$$u(t)=L\frac{\mathrm{d}i_L(t)}{\mathrm{d}t}$$

两边取拉普拉斯变换,可得 $t\geqslant0$ 时的 s 域 VCR 为

$$U(s)=sLI_L(s)-Li_L(0^-)$$

或

$$I_L(s)=\frac{1}{sL}U(s)+\frac{i_L(0^-)}{s}$$

式中,sL 为电感的运算阻抗;$Li_L(0^-)$ 和$\dfrac{i_L(0^-)}{s}$分别为与 $i_L(0^-)$ 有关的附加电压源和附加电流源的量值,同样反映了起始储能对响应的影响。由此可得相应的 s 域模型如图 4-11(b)和图 4-11(c)所示。图 4-11(b)宜用于回路分析中,图 4-11(c)宜用于节点分析中。

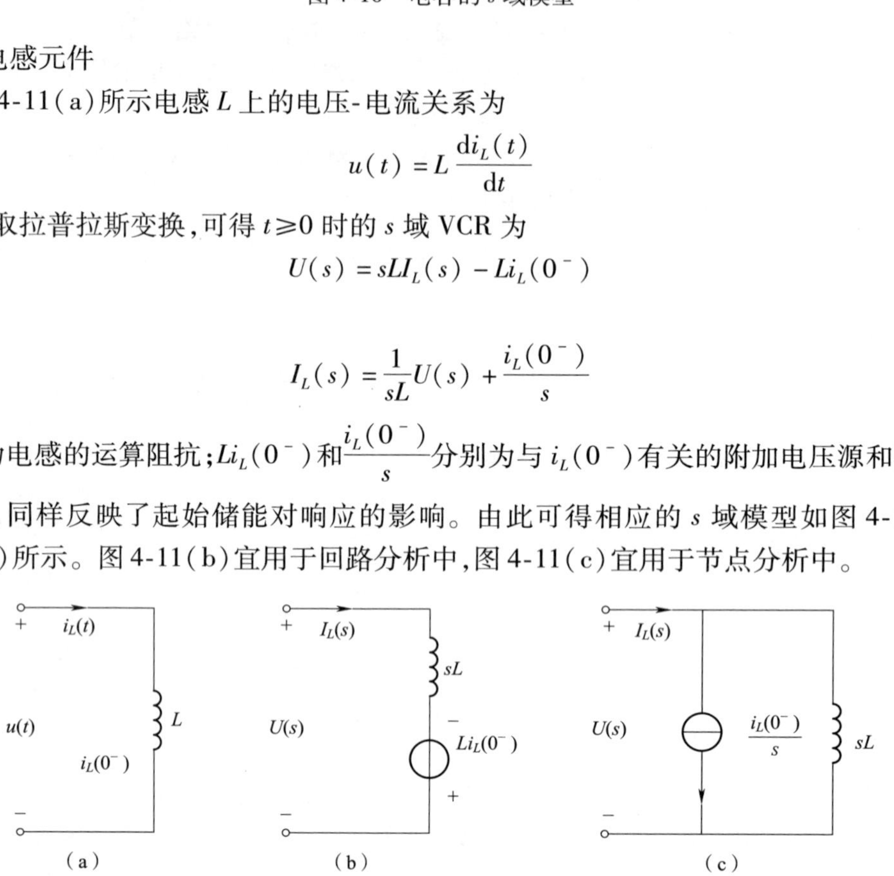

图 4-11 电感的 s 域模型

2. *s* 域电路模型

根据给定的时域电路模型,建立 s 域电路模型遵循以下规则:

(1)时域电路中元件的互连关系、电量的参考方向保持不变;

(2)电量都用像函数表示;

(3)时域元件模型改为 s 域元件模型。

【例 4-21】 已知电路如图 4-12(a)所示,$t=0$ 时开关合上,请画出 $t\geqslant0$ 的 s 域电路模型。

解 第一步,画 $t=0^-$ 时刻的等效电路,求 $v_C(0^-)$ 和 $i_L(0^-)$。

在 $t=0^-$ 的直流电路中,电感短路,电容开路。

$t=0^-$ 时刻的等效电路如图 4-12(b)所示。由电路求得

$$v_c(0^-)=\frac{3}{6}\times 12=6\ \text{V},\quad i_L(0^-)=2\ \text{A}$$

第二步,根据 $v_C(0^-)$ 和 $i_L(0^-)$ 的值,画 $t\geqslant 0$ 的 s 域等效电路,如图 4-12(c)所示。

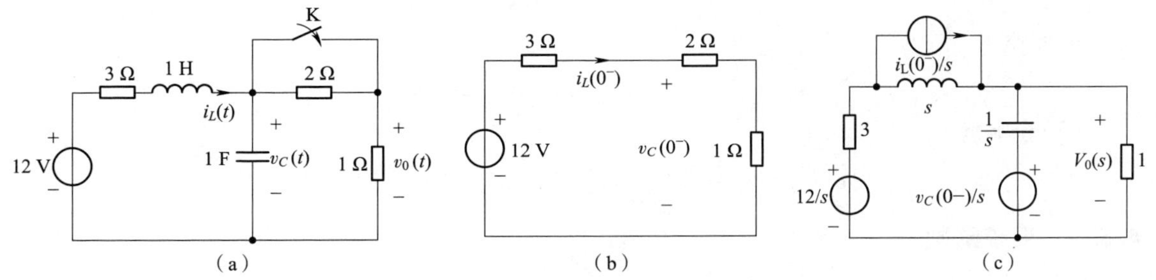

图 4-12　例 4-21 图

3. 用 s 域电路模型分析举例

【例 4-22】　已知电路如图 4-13 所示。已知 $t<0$ 时电路处于稳定状态,$V_C(0^-)=-2V_v$;$t=0$ 时开关闭合,接入电压源 $V_S(t)=\mathrm{e}^{-2t}V$。求 $t>0$ 时的电容电压全响应 $v_C(t)$、零输入响应 $v_{CZI}(t)$ 和零状态响应 $v_{CZS}(t)$。

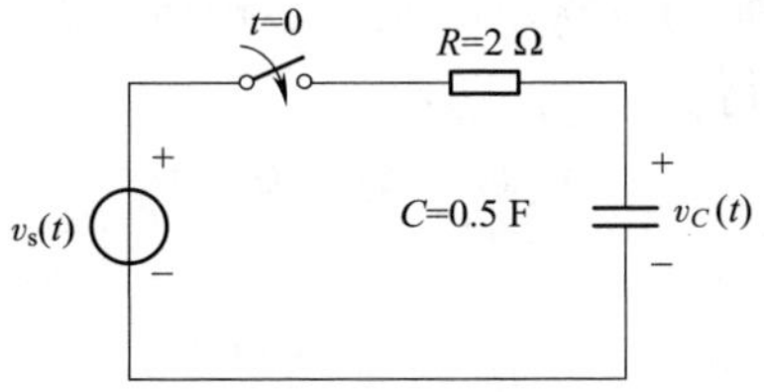

图 4-13　例 4-22 图

解　根据已知条件画 $t\geqslant 0$ 的 s 域等效电路,如图 4-14(a)所示。

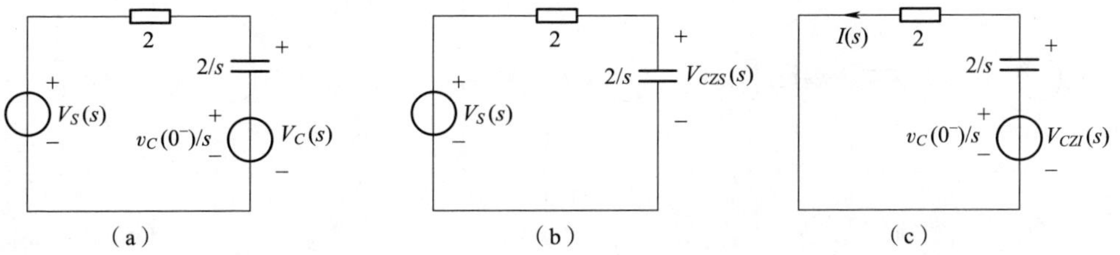

图 4-14　例 4-22 等效电路

(1)求零状态响应

令 $V_C(0^-)/s=0$,图 4-14(a)中该电压源短路;零状态响应的等效电路如图 4-14(b)所示。利用分压公式得

$$V_{CZS}(S)=\frac{2/s}{2+2/s}V_s(s)=\frac{1}{s+1}\times\frac{1}{s+2}=\frac{1}{s+1}-\frac{1}{s+2}$$

反变换得

$$v_{CZS}(t)=L^{-1}[V_{CZS}(s)]=(\mathrm{e}^{-t}-\mathrm{e}^{-2t})u(t)V$$

(2)求零输入响应

令 $V_S(s)=0$,图 4-14(a)中该电压源短路;零输入响应的等效电路如图 4-14(c)所示。

$$V_{CZI}(s)=2I(s)=2\times\frac{-2/s}{2/s+2}=-\frac{2}{s+1}$$

反变换得

$$v_{CZI}(t)=L^{-1}[V_{CZI}(s)]=-2e^{-t}u(t)V$$

(3)全响应

$$v_C(t)=v_{CZI}(t)+v_{CZS}(t)=-(e^{-t}+e^{-2t})u(t)V$$

4.5.3 系统函数

在第 3 章已经介绍过傅里叶变换形式的系统函数,即零状态响应与激励信号在傅里叶变换形式下的比值。如果把变换方法替换为拉普拉斯变换,则可以得到复频域下的系统函数。设激励信号为 $x(t)$,冲击响应为 $h(t)$,零状态响应为 $y(t)$,其拉普拉斯变换分别为

$$\begin{cases}L[x(t)]=X(s)\\L[h(t)]=H(s)\\L[y(t)]=Y(s)\end{cases}$$

根据线性时不变系统的激励与零状态响应的卷积运算关系 $y(t)=x(t)*h(t)$,再利用拉普拉斯变换的时域卷积定理可得

$$Y(s)=X(s)H(s)$$

则系统函数为

$$H(s)=\frac{Y(s)}{X(s)} \tag{4-31}$$

【例 4-23】 已知电路如图 4-15(a)所示,输出为电压 $v(t)$,求系统函数 $H(s)$。

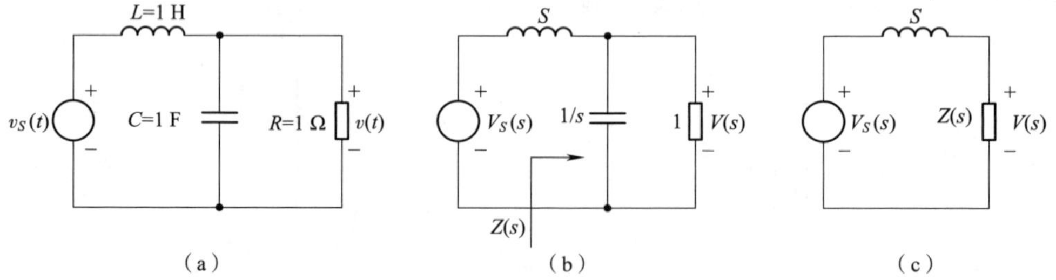

图 4-15 例 4-23 图

解 根据系统函数的定义,画零状态响应的 s 域等效电路如图 4-15(b)所示。图 4-15(c)是化简等效电路,其中 $Z(s)=1/\!/\frac{1}{s}=\frac{1}{s+1}$。

方法一:根据 LTI 系统的定义,求 $H(s)$。

由分压关系得

$$V(s)=\frac{Z(s)}{s+Z(s)}V_S(s)=\frac{1/(s+1)}{s+1/(s+1)}V_S(s)=\frac{1}{s^2+s+1}V_S(s)$$

有

$$H(s)=\frac{V(s)}{V_S(s)}=\frac{1}{s^2+s+1}$$

方法二：依据 $h(t)$ 与 $H(s)$ 是一对拉普拉斯变换，求 $H(s)$。

令激励 $v_S(t)=d(t)$，则 $V_S(s)=1$，$V_S(s)=H(s)$。同样由分压公式得

$$H(s)=V(s)=\frac{Z(s)}{s+Z(s)}=\frac{1}{s^2+s+1}$$

若图 4-15(c)电路中的响应是电流 $I(s)$，则系统函数为

$$H(s)=\frac{I(s)}{V_S(s)}=\frac{1}{s+Z(s)}=\frac{1}{s+\frac{1}{s+1}}=\frac{s+1}{s^2+s+1}$$

比较两个系统函数可见，系统函数与选择的响应有关。其次，在同一系统中，无论选择什么响应，不同系统函数的分母 s 多项式都是相同的。

【例 4-24】　已知描述某因果系统的微分方程为

$$r''(t)+3r'(t)+2r(t)=e'(t)+3e(t)$$

求该系统函数 $H(s)$。

解　设激励 $e(t)$ 是因果信号，则有 $e'(0^-)=e(0^-)=0$；当 $r(t)=r_{ZS}(t)$ 是零状态响应时，有 $r_{ZS}(0)=r'_{ZS}(0^-)(0^-)=0$。若 $L[r_{ZS}(t)]=R_{ZS}(s)$，$L[e(t)]=E(s)$；对微分方程取拉普拉斯变换，得

$$s^2R_{ZS}(s)+3sR_{ZS}(s)+2R_{ZS}(s)=sE(s)+3E(s)$$

整理得

$$H(s)=\frac{R_{ZS}(s)}{E(s)}=\frac{s+3}{s^2+3s+2}$$

4.6　系统的零极点分析

时域单位冲激响应 $h(t)$、频域系统函数 $H(jw)$ 和复频域系统函数 $H(s)$ 是从不同角度描述系统的数学表达式。用三个不同域的函数表示同一个系统，这三个函数之间必然存在某种联系，本节将从零点与极点角度讨论它们之间的关系。

4.6.1　系统的零点与极点

设 n 阶 LTI 连续时间系统的 $H(s)$ 函数形式为

$$H(s)=\frac{b_ms^m+b_{m-1}s^{m-1}+\cdots+b_js^i+\cdots+b_0}{s^n+a_{n-1}s^{n-1}+\cdots+a_is^i+\cdots+a_0} \tag{4-32}$$

分子与分母多项式因式分解后函数式又为

$$H(s)=\frac{B(s)}{A(s)}=b_m\frac{(s-z_1)(s-z_2)\cdots(s-z_m)}{(s-p_1)(s-p_2)\cdots(s-p_n)}=b_m\frac{\prod\limits_{i=1}^{m}(s-z_i)}{\prod\limits_{j=1}^{n}(s-p_j)} \tag{4-33}$$

式(4-33)中分子多项式 $B(s)=0$ 的根称为 $H(s)$ 的零点;分母多项式 $A(s)=0$ 的根称为 $H(s)$ 的极点。

系统函数 $H(s)$ 的变化规律及特性与常数 b_m 无关,完全由 $H(s)$ 的零点和极点决定。为了直观反映系统的零点和极点分布情况,通常把零点和极点标注在 s 平面上。极点用"×"表示,零点用"o"表示,这样构成的零点与极点的分布图称为"零极图"。

【例 4-25】 已知某系统函数 $H(s)=\dfrac{s(s^2-2s+2)}{s^3+2s^2+s}$,请绘出该系统的零极图。

解 分母多项式 $s^3+2s^2+s=s(s+1)^2=0$ 的三个根为系统极点,分别为 $p_1=0, p_2=p_3=-1$,分子多项式 $s^2-2s+2=(s-1-\mathrm{j})(s-1+\mathrm{j})=0$ 的两个根为系统零点,分别为 $z_1=1+\mathrm{j}$, $z_2=1-\mathrm{j}$,该系统的零极图如图 4-16 所示。

【例 4-26】 某系统的零极图如图 4-17 所示,已知:$h(0^+)=2$,求系统函数 $H(s)$。

解 设 $H(s)=k\dfrac{s-1}{(s+1)(s+3)}$,根据初始定理,有

$$h(0^+)=\lim_{s\to\infty}sH(s)=\lim_{s\to\infty}\frac{ks(s-1)}{(s+1)(s+3)}=k=2$$

所以

$$H(s)=\frac{2(s-1)}{(s+1)(s+3)}$$

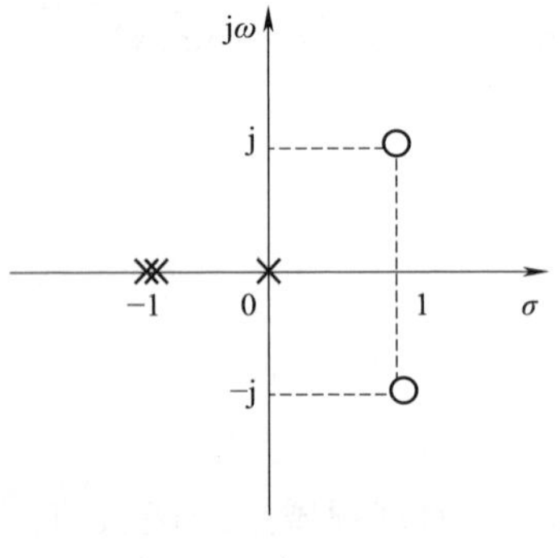

图 4-16　例 4-25 图

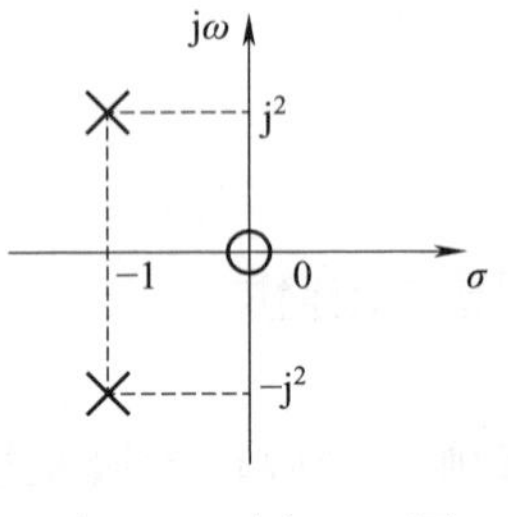

图 4-17　例 4-26 图

4.6.2　系统的稳定性

直观地看,当一个系统受到某种干扰信号作用时,其所引起的系统响应在干扰消失后会最终消失,即系统仍能回到干扰作用前的原状态,则系统就是稳定的。稳定性是系统本身的特性,与输入信号无关。但任何系统要能正常工作,都必须以系统稳定为先决条件。所以设法判定系统的稳定与否是十分重要的。

由于冲激函数 $\delta(t)$ 是在瞬时作用又立即消失的信号,若把它视作"干扰",则冲激响应的变化模式完全可以说明系统的稳定性。这是因为冲激响应及其对应的系统函数 $H(s)$ 都反映系统本身的属性。由上节系统函数 $H(s)$ 的极点位置与 $h(t)$ 对应关系可知,若系统函数 $H(s)$ 的所有极点位于 s 的左半平面,则对应的 $h(t)$ 将随时间 t 逐渐衰减,当 $t\to\infty$ 时,$h(t)$ 消失,这

样的系统称为稳定系统。若 $H(s)$ 仅有 $s=0$ 的一阶极点，则对应的 $h(t)$ 是一阶跃函数，随 t 的增长，响应恒定，而当 $H(s)$ 仅有虚轴上的一阶共轭极点时，其响应 $h(t)$ 将为等幅振荡，以上这两种情况对应的系统称为临界（边界）稳定。若 $H(s)$ 有极点位于 s 的右半平面，或者在原点和虚轴上有二阶或二阶以上的重极点时，对应的 $h(t)$ 为单调增长或增幅振荡，这类系统称为不稳定系统。

可以证明，对一般因果系统，稳定的充要条件是冲激响应 $h(t)$ 绝对可积，即

$$\int_{-\infty}^{\infty} |h(t)| \mathrm{d}t < \infty$$

由充分必要条件可进一步推知，因果稳定系统的单位冲激响存在以下极限：

$$\lim_{t \to \infty} h(t) = 0$$

从极点的角度看，因果 LTI 系统稳定的充分必要条件是：当且仅当 $H(s)$ 的极点都落在 s 域的左半平面，因果 LTI 系统稳定，否则不稳定。

【例 4-27】　二阶系统如图 4-18(a) 所示，输入为 $v_s(t)$，输出为 $i(t)$，试判断该系统的稳定性。

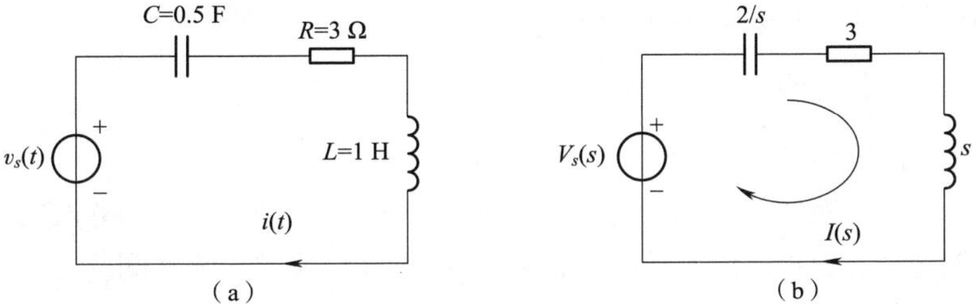

图 4-18　例 4-27 图

分析思路：先找系统函数 $H(s)$，然后求出 $H(s)$ 的极点，再根据极点位置判断系统的稳定性。

解　画零状态响应的 s 域电路模型，如图 4-18(b) 所示。列回路电压方程，有

$$\left(\frac{2}{s} + 3 + s\right) I(s) = V_s(s)$$

得

$$H(s) = \frac{I(s)}{V_s(s)} = \frac{1}{\dfrac{2}{s} + 3 + s} = \frac{s}{s^2 + 3s + 2} = \frac{s}{(s+1)(s+2)}$$

$H(s)$ 的两个极点分别为 $p_1 = -1$，$p_2 = -2$，都在 s 域的左半平面，故判断该系统稳定。

4.7　LTI 连续时间系统的模拟

有了描述系统的数学模型，若给定了激励信号及初始状态就可求出系统的响应。系统响应的求取除用数学方法得到外，还可用模拟实验或系统仿真得到。用模拟放着方法求系统响应具有以下优点：一是避开了解高阶微分方程的困难；二是当系统参数或输入信号改变时，系统响应如何改变，能通过实验来观察，从而便于确定最佳的系统参数和工作条件。

必须指出,这里所说的系统模拟,并不是指在实验室里仿制该系统,而是指数学意义上的模拟,即用来模拟的装置和原系统在输入、输出关系上可用同样的微分方程来描述。本节主要介绍线性系统模拟的基本概念和方法。

模拟指构建一个在输入/输出关系($H(s)$或者输入/输出微分方程)上与原系统完全相同,但物理构成截然不同的装置。利用模拟装置进行测试与实验,探讨用数学分析难以解决的问题。设描述 n 阶 LTI 连续时间系统的微分方程为

$$r^{(n)}(t)+a_{n-1}r^{(n-1)}(t)+\cdots+a_0r(t)=b_me^{(m)}(t)+\cdots+b_1e^{(1)}(t)+b_0e(t)$$

对应式中微分、标量乘和加法三种运算,模拟线性常系数微分方程只需积分器、标量乘法器和加法器。

4.7.1 基本云算器

加法器:$r(t)=e_1(t)\pm e_2(t)$

加运算的拉普拉斯变换为:$R(s)=E_1(s)\pm E_2(s)$

标量乘法器:$r(t)=ae(t)$

乘运算的拉普拉斯变换为:$R(s)=aE(s)$

积分器:$r(t)=\int_0^t e(\tau)\mathrm{d}\tau$

积分运算的拉普拉斯变换为 $R(s)=E(s)/s$

加法器把 e_1-e_2 的减法当成 $e_1+(-e_2)$ 的加法去运算;加法器的输入信号可两个以上。图 4-19 ~ 图 4-21 分别为加法器、标量乘法器、积分器的时域和 s 域框图。

图 4-19 加法器时域和 s 域框图

图 4-20 标量乘法器时域和 s 域框图

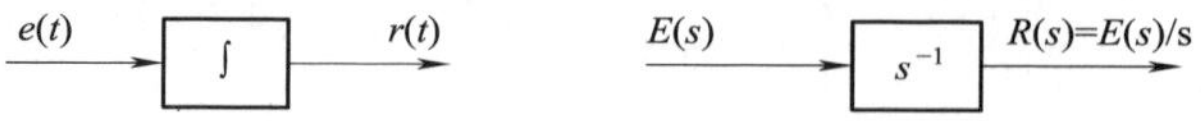

图 4-21 积分器时域和 s 域框图

4.7.2 直接型模拟

根据系统微分方程直接用 s 域(时域)模型框图进行的模拟称为直接模拟。

设 $e(t)$ 是因果信号,$r^{(n-1)}(0^-)=\cdots=r'(0^-)=r(0^-)=0$,$n$ 阶常系数微分方程的拉普拉斯变换为

$$(s^n+a_{n-1}s^{n-1}+\cdots+a_0)R(s)=(b_ms^m+b_{m-1}s^{m-1}+\cdots+b_0)E(s) \qquad (4\text{-}34)$$

令

$$A(s)=s^n+a_{n-1}s^{n-1}+\cdots+a_0,B(s)=b_ms^m+b_{m-1}s^{m-1}+\cdots+b_0$$

式(4-34)另写为

$$A(s)R(s)=B(s)E(s) \tag{4-35}$$

1. $A(s)R(s)=E(s)$的系统模拟

当式(4-35)等式右边只有一项$E(s)$时,$B(s)=1$,方程为$A(s)R(s)=E(s)$。系统函数$H(s)=1/A(s)$。

(1)一阶系统

一阶系统的复频域方程为

$$sR(s)+a_0R(s)=E(s)\rightarrow sR(s)=E(s)-a_0R(s)$$

由方程画出其s域模拟框图如图4-22所示。

(2)二阶系统

二阶系统的复频域方程为

$$s^2R(s)+a_1sR(s)+a_0R(s)=E(s)$$

或者

$$s^2R(s)=E(s)-a_1sR(s)-a_0R(s)$$

由方程画出其s域模拟框图如图4-23所示。

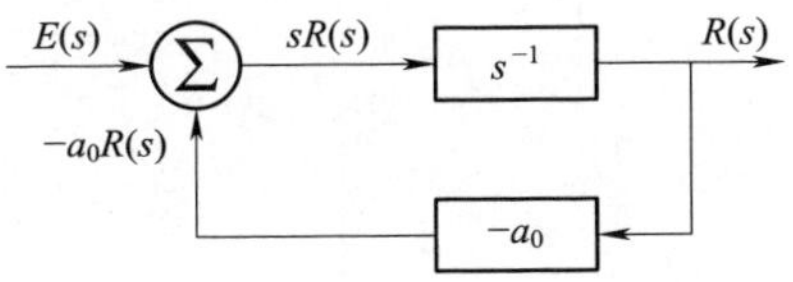

图4-22　一阶系统s域模拟框图

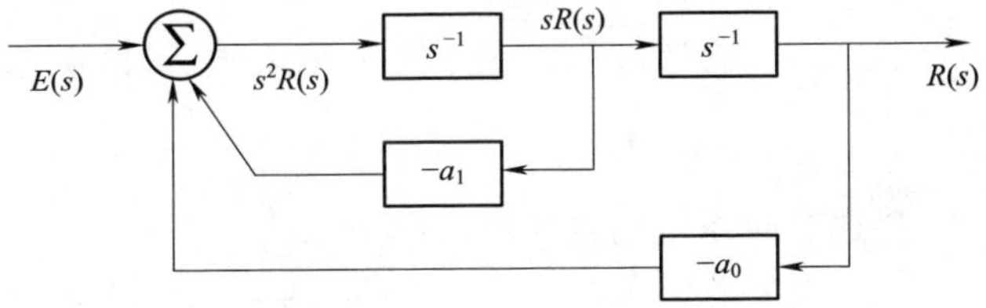

图4-23　二阶系统s域模拟框图

(3)n阶系统

n阶系统的复频域方程为

$$(s^n+a_{n-1}s^{n-1}+\cdots+a_0)R(s)=E(s)$$

由方程画出其s域模拟框图如图4-24所示。

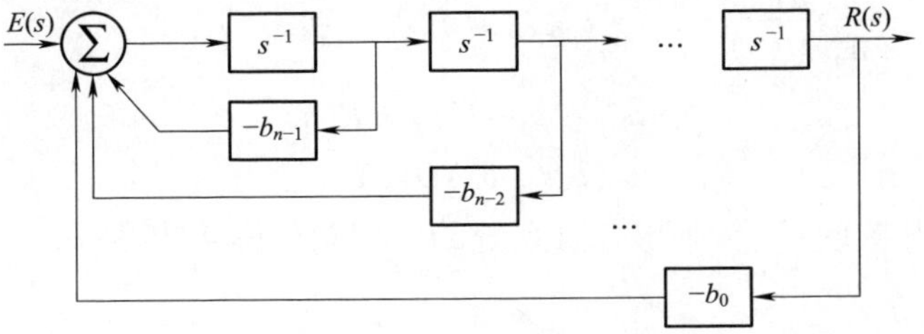

图4-24　n阶系统s域模拟框图

2. $A(s)R(s)=B(s)E(s)$ 的系统模拟

以下只考虑 $n\geq m$ 的系统。

(1)一阶系统

描述一阶系统的复频域方程为 $(s+a)R(s)=(b_1s+b_0)E(s)$，系统函数为 $H(s)=\frac{R(s)}{E(s)}=\frac{b_1s+b_0}{s+a}=\frac{b_1+b_0s^{-1}}{1+as^{-1}}$，引入辅助变量 $Q(s)$，有

$$H(s)=\frac{R(s)Q(s)}{Q(s)E(s)}=(b_1s+b_0)\frac{1}{s+a}$$

令 $\frac{Q(s)}{E(s)}=\frac{1}{s+a}$，对应方程为 $(s+a)Q(s)=E(s)$；

令 $\frac{R(s)}{Q(s)}=b_1s+b_0$，对应方程为 $R(s)=(b_1s+b_0)Q(s)=b_1sQ(s)+b_0Q(s)$。

根据方程式，画出一阶系统模拟框图如图 4-25 所示。

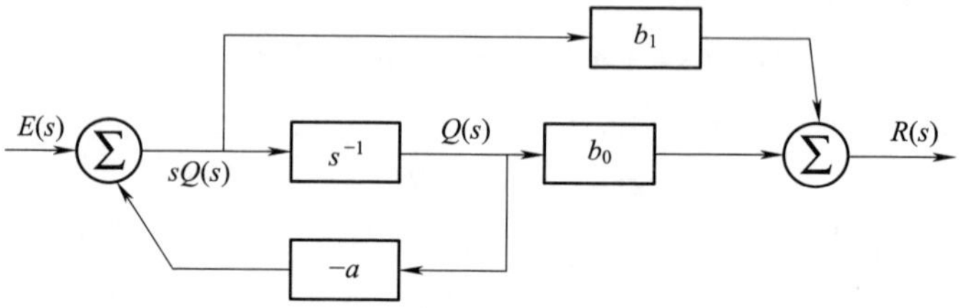

图 4-25　一阶系统模拟图

(2)二阶系统

描述二阶系统的复频域方程为

$$(s^2+a_1s+a_0)R(s)=(b_1s+b_0)E(s)$$

其系统函数为

$$H(s)=\frac{R(s)}{E(s)}=\frac{b_1s+b_0}{s^2+a_1s+a_0}=\frac{b_1s^{-1}+b_0s^{-2}}{1+a_1s^{-1}+a_0s^{-2}}$$

分析思路与上述一阶系统相同。设辅助变量 $Q(s)$，有

$$H(s)=\frac{R(s)Q(s)}{Q(s)E(s)}=(b_1s+b_0)\frac{1}{s^2+a_1s+a_0}$$

其中，$\frac{Q(s)}{E(s)}=\frac{1}{s^2+a_1s+a_0}$，$\frac{R(s)}{Q(s)}=b_1s+b_0$，对应方程分别为

$$(s^2+a_1s+a_0)Q(s)=E(s) \tag{4-36}$$

$$R(s)=(b_1s+b_0)Q(s) \tag{4-37}$$

根据式(4-36)和式(4-37)，画出二阶系统的模拟图如图 4-26 所示。

(3)n 阶系统

设 $n=m$，系统函数为

$$H(s)=\frac{R(s)}{E(s)}=\frac{b_ns^n+b_{n-1}s^{n-1}+\cdots+b_0}{s^n+a_{n-1}s^{n-1}+\cdots+a_0}=\frac{b_n+b_{n-1}s^{-1}+\cdots+b_0s^{-n}}{1+a_{n-1}s^{-1}+\cdots+a_0s^{-n}}$$

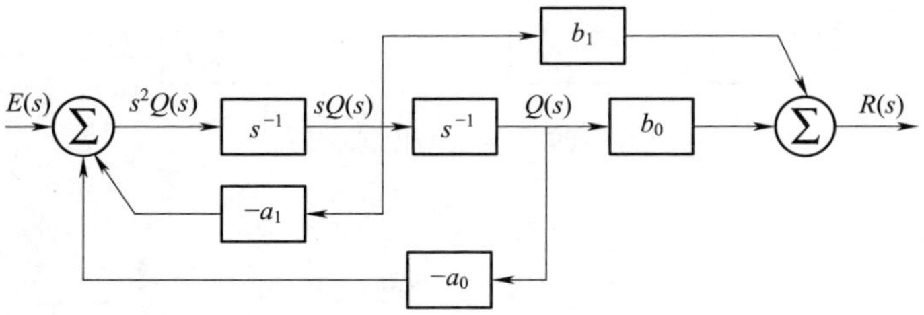

图 4-26 二阶系统模拟图

按前述方法构建该 n 阶连续时间系统直接型模拟图如图 4-27 所示。

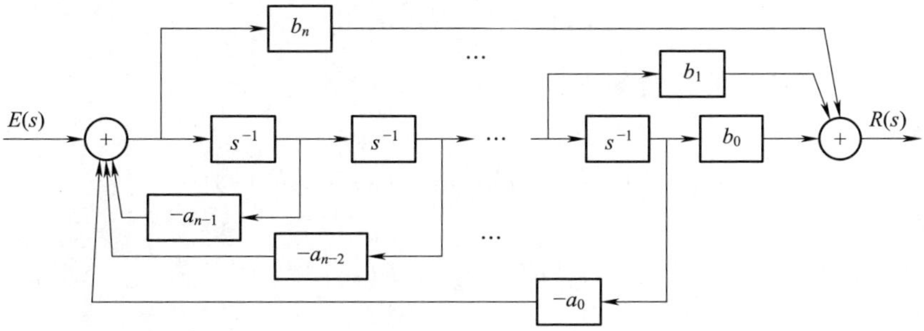

图 4-27 n 阶系统模拟图

4.7.3 其他模拟形式

系统存在多种模拟形式,不同模拟形式源于不同的思路。在直接型模拟时,把待模拟系统视为一个不可分割的整体,直接对整个系统进行模拟,故称直接型。另一种思路是采用"分解"法,先分解系统函数,把一个高阶系统函数分解为若干低阶系统函数的组合,即把一个高系统分解为若干低系统的组合;然后画出低阶系统的模拟图,再按一定的互连关系构成高阶系统的模拟图。低阶系统间的基本互连结构有并联型、级联型和反馈型。

1. 并联型模拟

设 n 阶系统的系统函数能分解为 k 个子系统函数之和,有 $H(s)=H_1(s)+H_2(s)+\cdots+H_k(s)$,其框图如图 4-28 所示。

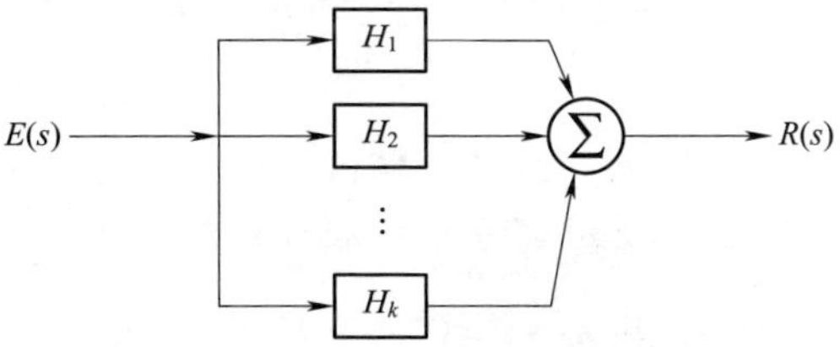

图 4-28 并联模拟框图

2. 级联型模拟

设 n 阶系统的系统函数能分解为 k 个子系统函数的乘积,为 $H(s)=H_1(s)\times H_2(s)\times\cdots\times H_k(s)$,其模拟框图如图 4-29 所示。

图 4-29 级联型模拟框图

小 结

(1)拉普拉斯变换是一种线性积分变换,是求解线性常系数微分方程的有力工具,应用非常普遍。函数 $f(t)$ 的(单边)拉普拉斯变换为

$$F(s) = \int_{0^-}^{\infty} f(t)e^{-st}dt$$

(2)拉普拉斯变换的主要性质如下:

线性性质:

$$k_1 f_1(t) + k_2 f_2(t) \leftrightarrow k_1 F_1(s) + k_2 F_2(s)$$

延时性质:

$$f(t-t_0)u(t-t_0) \leftrightarrow F(s)e^{-st_0}$$

频移特性:

$$e^{s_0 t}f(t) \leftrightarrow F(s-s_0)$$

微分特性:

$$\frac{d^n f(t)}{dt^n} \leftrightarrow s^n F(s) - s^{n-1}f(0^-) - s^{n-2}f^{(1)}(0^-) \cdots - f^{(n-1)}(0^-)$$

$$= s^n F(s) - \sum_{k=0}^{n-1} s^{n-k-1} f^{(k)}(0^-)$$

积分特性:

$$\int_{0^-}^{t} f(\tau)d\tau \leftrightarrow \frac{1}{s}F(s)$$

初值定理:

$$f(0^+) = \lim_{t \to 0^+} f(t) = \lim_{s \to \infty} sF(s)$$

终值定理:

$$f(\infty) = \lim_{t \to \infty} f(t) = \lim_{s \to 0} sF(s)$$

卷积定理:

$$f_1(t) * f_2(t) \leftrightarrow F_1(s)F_2(s)$$

(3)求拉普拉斯反变换时,经常使用部分分式展开法和查表法。

若 $F(s) = \frac{B(s)}{A(s)}$ 为有理真分式,且 $A(s)=0$ 只有单根,则有

$$F(s) = \frac{B(s)}{A(s)} = \frac{k_1}{s-p_1} + \frac{k_2}{s-p_2} + \cdots + \frac{k_n}{s-p_n} = \sum_{i=1}^{n} \frac{k_i}{s-p_i}$$

其中系数

$$k_i = (s-p_i)F(s)\big|_{s=p_i}$$

从而

$$f(t)=\sum_{i=1}^{n}K_i e^{p_i t}$$

若 $F(s)$ 中且 $A(s)=0$ 只含 m 阶重根 p_1，则

$$F(s)=\frac{k_{11}}{(s-p_1)^r}+\frac{k_{12}}{(s-p_1)^{r-1}}+\cdots+\frac{k_{1r}}{s-p_1}+\frac{E(s)}{D(s)}$$

则系数

$$k_{1i}=\frac{1}{(i-1)!}\frac{\mathrm{d}^{(i-1)}}{\mathrm{d}s^{(i-1)}}[(s-p_1)^r F(s)]\Big|_{s=p_1}$$

若 $F(s)$ 不是真分式，可把 $F(s)$ 先做长除后写成一个 s 的多项式和一个余式之和，此余式必为真分式；若 $F(s)$ 的分母既有单根又有重根，只要把上述两种展开方式结合使用即可。

(4) 系统的复频域分析.

对于用微分方程描述的系统，可通过拉普拉斯变换转化为 s 域的代数方程，解方程并经反变换得到时域解。

对于给定得线性电网络，可以首先转化为域电路模型，然后利用线性电路得分析方法或定理求出响应的像函数，再反变换得到时域响应。为了方便，若用网孔法列方程时，应该使用电容和电感元件在 s 域的串联模型；若用节点方程分析时，应该使用电容和电感元件在 s 域的并联模型。

习　题

4-1　计算下列函数的双边拉普拉斯变换，并标明收敛域。

(1) $f(t)=\delta(t-t_0)+2\delta(t)$；　(2) $f(t)=t\delta'(t)$；

(3) $f(t)=[\varepsilon(t)-\varepsilon(t-2)]e^{-t}$；　(4) $f(t)=\varepsilon(-t)$；

(5) $f(t)=e^{-t}\varepsilon(-t)+e^{-3t}\varepsilon(t)$；　(6) $f(t)=(\sin t+2\cos t)\varepsilon(t)$；

(7) $f(t)=\sin\omega_0 t\varepsilon(t-\tau)$；　(8) $f(t)=e^{-2t}\cos t$。

4-2　已知信号 $f(t)$ 的拉普拉斯变换为 $\frac{1}{(s+2)^2+4}$，试利用拉普拉斯变换的性质求下列函数的拉普拉斯变换。

(1) $\int_0^t f(\tau)\mathrm{d}\tau$；　(2) $f(2t-4)$；

(3) $f(t)\sin\omega_0 t$；　(4) $t\frac{\mathrm{d}}{\mathrm{d}t}f(t)$。

4-3　求图 4-30 所示信号的单边拉普拉斯变换。

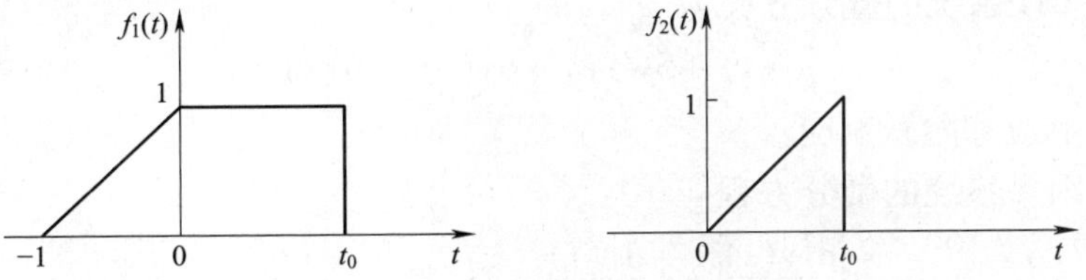

图 4-30　题 4-3 图

4-4　利用时域微积分性质，求图 4-31 所示信号的拉普拉斯变换。

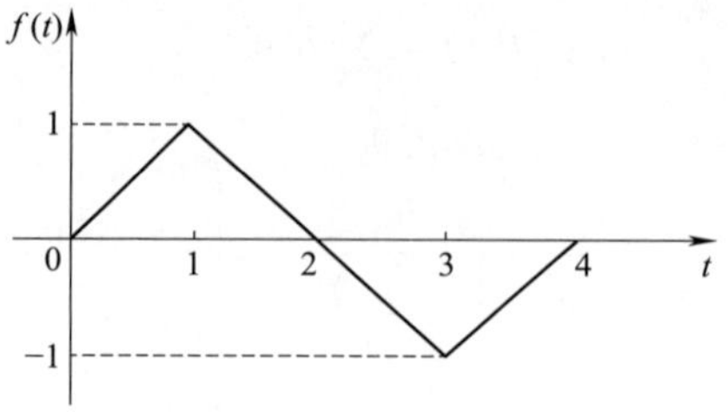

图 4-31　题 4-4 图

4-5　已知某信号 $f(t)$ 的像函数为

$$F(s)=\frac{4}{s(s+2)}$$

(1) 利用初值定理求 $f(0^+)$；

(2) 利用终值定理求 $f(\infty)$。

4-6　用部分分式法求下列像函数的拉普拉斯反变换。

(1) $F(s)=\dfrac{s+1}{s^2+5s+6}$；　(2) $F(s)=\dfrac{s^2+3}{(s+2)(s^2+2s+5)}$；

(3) $F(s)=\dfrac{4}{s(s+2)^2}$；　(4) $F(s)=\dfrac{s^3+5s^2+9s+1}{s^2+3s+2}$。

4-7　求下列像函数的原函数。

(1) $F(s)=\dfrac{1-\mathrm{e}^{-s}}{s+2}$；　(2) $F(s)=\dfrac{s}{1-\mathrm{e}^{-s}}$；

(3) $F(s)=\ln\dfrac{s}{s+4}$；　(4) $F(s)=\dfrac{1-\mathrm{e}^{-0.5s}}{s(1-\mathrm{e}^{-s})}$。

4-8　若 $f(t)$ 的拉普拉斯变换为 $F(s)$，且 $F(s)=\dfrac{b_m(s-1)}{s(s+1)}$，现知 $f(\infty)=9$，求 b_m。

4-9　设有为微分方程组

$$\begin{cases}y_1'(t)+2y_1(t)-y_2(t)=0\\ y_2'(t)-y_1(t)+2y_2(t)=0\end{cases}$$

若 $y_1(0^-)=0$，$y_2(0^-)=1$，试用拉普拉斯变换法求 $y_1(t)$ 和 $y_2(t)$。

4-10　设系统微分方程为

$$y''(t)+4y'(t)+3y(t)=2f'(t)+f(t)$$

已知 $y(0^-)=1$，$y'(0^-)=1$，$f(t)=\mathrm{e}^{-2t}\varepsilon(t)$，试用 s 域方法求零输入响应和零状态响应。

4-11　设某 LTI 系统的微分方程为

$$y''(t)+5y'(t)+6y(t)=3f(t)$$

试求其冲激响应和阶跃响应。

4-12　给定因果系统的微分方程

$$\frac{\mathrm{d}^2y(t)}{\mathrm{d}t^2}+2\frac{\mathrm{d}y(t)}{\mathrm{d}t}+2y(t)=\frac{\mathrm{d}x(t)}{\mathrm{d}t}$$

(1) 求该系统的系统函数 $H(s)$ 和冲激响应 $h(t)$；

(2) 若激励信号 $x(t)=\varepsilon(t)$，用拉普拉斯变换求系统的零状态响应；

(3) 若系统的起始状态为 $y(0^-)=0, y'(0^-)=1$，用拉普拉斯变换求系统的零输入响应；

(4) 在(2)和(3)的激励信号和起始条件下，计算全响应，并分别写出自由响应、强迫响应、稳态响应、暂态响应。

4-13　系统框图如图 4-32 所示。

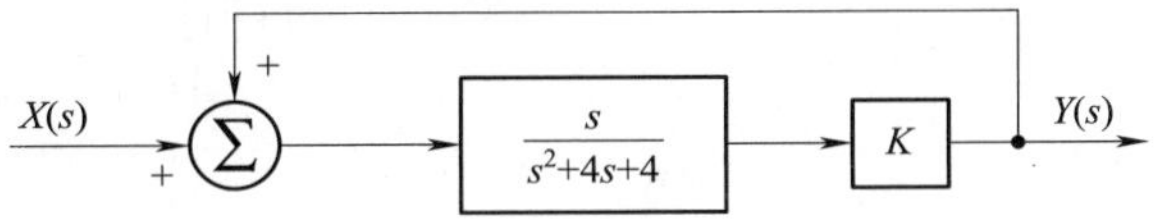

图 4-32　题 4-13 图

(1) 判断子系统 $H_1(s)=\dfrac{s}{s^2+4s+s}$ 是否稳定；

(2) 写出 $H(s)=\dfrac{Y(s)}{H(s)}$；

(3) K 满足什么条件时系统稳定？

(4) 调整 K 使系统处在临界稳定状态下，求相应的 K 值，并求系统冲激响应 $h(t)$。

4-14　［考研真题］某连续系统的系统函数为

$$H(s)=\frac{2s+4}{s^3+3s^2+5s+3}$$

请画出用积分器实现直接形式系统结构图(信号流图或框图都可以)。

4-15　［考研真题］一个由全波整流器和 RC 电路级联而成的直流电源，如图 4-33 所示。全波整流器的输出为

$$z(t)=|x(t)|$$

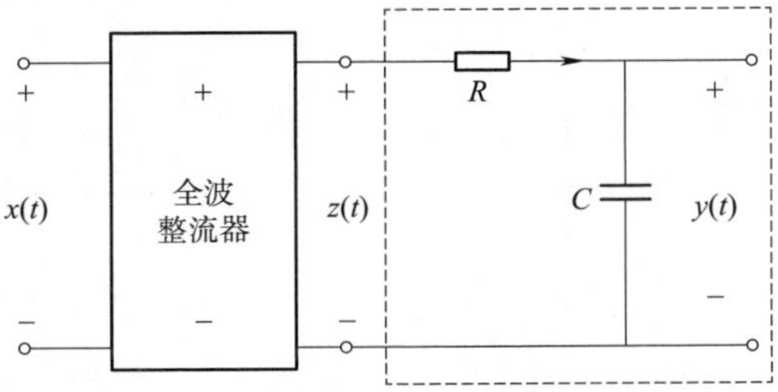

图 4-33　题 4-15 图

(1) 求虚线框内 RC 电路的系统函数 $H(s)$，以及系统的幅频特性；

(2) 设输入信号 $x(t)=\cos 100\pi t$。

①请画出信号 $z(t)$ 的波形；

②求 $z(t)$ 的直流分量；

③求 $z(t)$ 的 50 Hz 频率分量；

④求 $z(t)$ 的 100 Hz 频率分量；

⑤为使 $y(t)$ 中 100 Hz 频率分量振幅小于直流分量的 1%，请确定时间常数 $\tau=RC$ 的范围。

4-16 ［考研真题］图 4-34 所示电路中，开关在 $t=0$ 时刻打开，打开之前一直处于闭合位置。求 $t\geqslant0$ 的电感电流 $i(t)$。

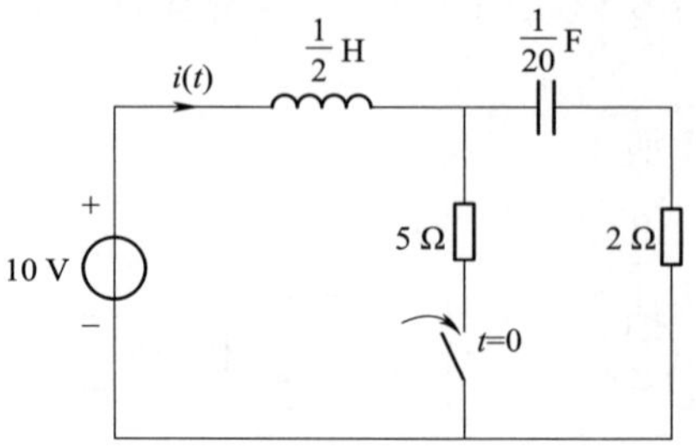

图 4-34 题 4-16 图

4-17 ［考研真题］求信号 $x(t)=e^{-2|t|}$ 的双边拉普拉斯变换，并注明收敛域。

4-18 ［考研真题］有一线性时不变系统在相同起始条件下对 $e_1(t)=u(t)$ 的全响应为 $r_1(t)=2e^{-t}u(t)$，对 $e_2(t)=\delta(t)$ 的全响应为 $r_2(t)=\delta(t)$。

(1)求系统零输入响应 $r_{zi}(t)$；

(2)如果系统的起始状态不变，求其在 $e_3(t)=e^{-t}u(t)$ 激励下的零状态响应 $r_{3zs}(t)$。

4-19 ［考研真题］设连续系统方程为 $\dfrac{dy(t)}{dt}+3y(t)=3u(t)$，已知系统全响应 $y(t)=\left(1+\dfrac{1}{2}e^{-3t}\right)u(t)$，试求系统的零输入响应，并指出全响应中的自由响应分量和强迫响应分量。

4-20 ［考研真题］假定用图 4-35(a) 所示的 RC 电路作为通信信道不完善效应的模型。这里，输入信号 $x(t)$ 是发射信号，而输出信号 $y(t)$ 是接收信号。假定用二进制编码表示信息，在周期 T 内发射图 4-35(b) 所示的波形或码元 $p(t)$ 来表示"1"，在另一个适当的周期内传送 $-p(t)$ 来表示"0"。计算在 $t=0$ 时刻传送单个"1"时接收到的信号。

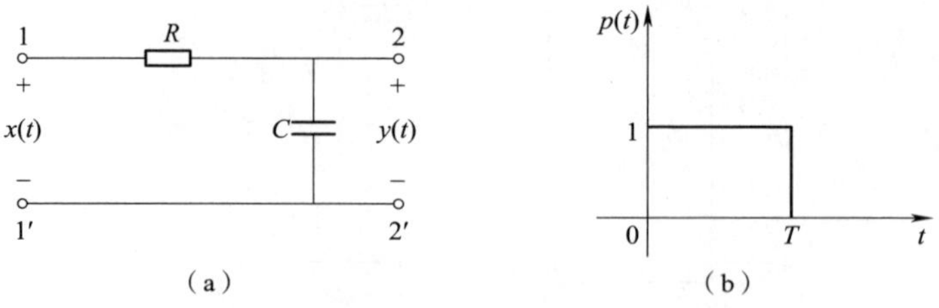

图 4-35 题 4-20 图

第5章　离散时间信号与系统的时域分析

学习目标

(1)熟悉离散时间信号系统的概念及特点。

(2)掌握离散信号的表示方法、变换与运算。

(3)掌握离散信号卷积和的性质与运算。

(4)熟悉离散信号系统的数学模型与模拟。

(5)掌握离散信号系统的零输入响应、零状态响应及全响应。

学习导言

一叶见四季,一花藏大千。连续与离散,模拟与数字,规律乃相似,相映而生辉。

5.1　概　　述

5.1.1　离散时间系统与连续时间系统

如前所述,信号按照它的时间变量 t 是否连续,分为连续时间信号和离散时间信号两类,而系统与信号是紧密相关的,信号是系统作用的对象,系统是处理信号的手段。按系统处理的信号是连续时间信号还是离散时间信号,系统分为连续时间系统和离散时间系统两类。

连续时间域与离散时间域基础理论的起源与应用背景完全不同,在相当长一段历史时期沿着各自轨迹独立发展,自成体系。

由于离散时间信号与系统在时间上的离散性,使得描述形式、运算方法等与连续时间信号和系统有差异。但分析 LTI 离散系统仍能采用与分析 LTI 连续时间系统相同的思路和方法。

离散时间系统的分析方法在许多方面与连续时间系统的分析方法有着可参照的相似性。如对于连续时间系统,其数学模型在时域中是用微分方程描述的,与之相应,离散时间系统在时城中是用差分方程描述的。若系统是线性非时变的,则上述方程都是线性常系数方程。线性常系数的微分方程和差分方程在形式上有某种对应的相似关系,它们的求解方法也在相当大的程度上一一对应。而且在进行数值计算时,只要所取的时间间隔足够小,微分方程还可以近似为差分方程。对于线性非时变系统,无论是连续时间系统还是离散时间系统,系统响应均可分为零输入响应和零状态响应。

为求连续时间系统的零输入响应而解系统的齐次微分方程时,可以应用微分算子符号将微分方程写成代数方程的形式。把微分算子看成一个代数量而得到由算子构成的方程就是该连续时间系统的特征方程,方程的每一个根对应系统的一项自然响应,零输入响应各项的系数由系统的初始状态确定。与此类似,为求离散时间系统的零输入响应而解系统的齐次差分方程时,也可以应用移序算子符号将差分方程写成代数方程的形式。把移序算子看成一个代数量而得到由算子构成的方程就是该离散时间系统的特征方程,方程的每一个根亦对应系统的一项自然响应,零输入响应各项的系数也由系统的初始状态确定。

但是,两种系统的特征根的意义不尽相同。对于连续时间系统,特征根出现在指数函数的幂数中,所以自然响应的幅度和振荡频率分别取决于特征根的实部和虚部,系统是否稳定取决于各特征根是否全部位于s平面的左半面内。对于离散时间系统,特征根是指数函数的底数,所以自然响应的幅度和振荡频率分别取决于特征根的模量和相位,系统是否稳定取决于各特征根是否全部位于z平面中的单位圆内。

在连续时间系统中,以冲激函数为基本信号,将任意信号分解,从而得到系统的零状态响应,等于激励与系统冲激响应的卷积积分。与此类似,在离散时间系统中,以单位函数为基本信号,对复杂离散信号分解,亦可得到系统的零状态响应等于激励与系统单位函数响应的离散卷积(又称卷积和)。

在连续时间系统中,广泛地应用变换域方法拉普拉斯变换与傅里叶变换方法,并运用系统函数的概念来处理系统的各种问题;在离散时间系统中同样普遍地运用变换域方法和系统函数的概念,这里的变换域方法包括z变换、离散傅里叶变换以及其他多种离散正交变换(如沃尔什变换、离散余弦变换等)。

由于系统的组成以及所处理信号的性质不同,故离散时间系统与连续时间系统之间也存在一些重要差异,包括数学模型的建立与求解、系统性能分析以及系统实现原理等。正是这些差异的存在,才使得离散时间系统有可能表现出某些独特的性能。

5.1.2 离散时间系统的特点

与连续时间系统相比较,离散时间系统具有下列优点:容易做到精度高、可靠性好,便于实现大规模集成,从而在质量和体积方面具有优越性。一般的数字系统中包括存储器,存储器的合理运用可以使系统具有灵活的功能,这些功能在连续时间系统中往往难以实现。此外,对于连续时间系统通常只注重一维变量的研究,而在离散时间系统中,二维或多维技术得到广泛应用。近年来,由于可编程器件制作技术日趋成熟,对于数字系统容易利用可编程技术,借助软件控制,适应用户设计与修改系统的各种需求,大大改善了设备的灵活性与通用性,在连续系统中这是难以实现的。

离散时间系统具有如此显著的优点,因而,离散时间系统(主要是数字信号处理系统)的应用几乎涵盖了国民经济建设与科学技术的所有领域,数字化技术逐步渗透到人类工作与生活的每个角落。近年来,人们提出了“数字地球”“数字化世界”以及“数字化生存”等概念,以数字化的观念认识地球,充分利用数字信息技术推动社会的进步与发展。有人认为:在今天的孩童眼中,以数字化技术形成的视频和信息网络就好像成年人眼中的空气和水一样平常。数字化浪潮正在席卷全球,数字信号处理技术正在使人类生产和生活质量提高到前所未有的新境界。

当然,不能认为数字化技术将取代一切连续时间系统的应用。实际上,人类在自然界中遇到的待处理信号相当多的部分都是连续时间信号,借助离散时间系统对其处理时,需经 A/D、D/A 转换,转换部分及其前后往往不能避免连续时间系统的出现;此外,当工作频率较高时,直接采用数字集成器件尚有一些困难,有时,用连续时间系统处理或许比较简便。因此,模拟信号处理与传输系统仍在一定范围内发挥作用。

随着电子技术的发展,在许多通信与电子设备中,经常遇到连续时间系统与离散时间系统组合构成的“混合系统”。例如,“软件无线电”(software radio)是继模拟通信、数字通信之后的最新一代通信技术。它是充分数字化的无线电通信系统,其 A/D、D/A 转换器尽可能靠近天线,在射频端与终端最低限度保留了部分连续时间系统。因而可将此系统看成一台带有天线的“超级”计算机。它充分发挥了数字系统的优点,利用可编程技术选择多种功能和体制,在通用化、模块化、兼容性、灵活性诸方面使无线电通信设备的面貌焕然一新。软件无线电显示了当代数字化技术发展的最新特征,也说明了适当利用连续时间系统的必要性。实际上,在研究与开发新产品过程中,最佳地协调模拟与数字部件的组合已成为系统设计师的首要职责。

5.2 离散时间信号

5.2.1 离散信号的概念与表示

通过前面对连续时间信号的分析,认识了信号的许多特征,同时也为系统分析提供了重要方法。与连续时间信号相对应,离散时间信号的分析与处理方法,同样也是重要的研究领域,特别是在电子计算机和数字化技术迅猛发展的今天。

离散时间信号(简称离散信号)是只在一系列离散时刻(如 $t_1,t_2,\cdots$)才有定义的信号。因此离散信号是离散时间变量 t_n 的函数。这种信号既可以对连续信号取样得到,也可以是事物本来的离散取值,如每月的生产量统计、每天的销售金额统计等。

工程上从连续信号得到离散信号的例子很多。虽然气象信号是连续变化的,但气象站每隔一小时测得的气温、风速等却是离散信号;发射后的导弹高度变化是连续的,但雷达每隔一定时间测得的高度却是离散信号;电影中演员的动作虽然是连续变化的,但每秒拍摄的 24 张图像信号却是离散的。这些离散信号虽然只是在某些时间点上有值,但经过系统的处理后,却可以推断出原来连续变化信号的特征,电影就是典型的例子。

1. 离散信号的定义

自变量只能在相互分离点上取值的信号为离散时间信号,简称离散信号。诸如股票每日的开盘价格、超市每天的营业额、对连续时间信号进行取样得到的抽样信号等都用离散信号描述。

离散信号是一组有先后次序的数值,即

$$\cdots,f(-1),f(0),f(1),\cdots,f(n),\cdots$$

自变量 n 取整数,表示数据排列的先后次序,故离散信号又称序列。离散时间信号、离散信号、序列是对同类事物的三种不同冠名,记为 $f(n)$。

2. 离散信号的表示方法

$f(n)$ 三种常用的表示方法:

(1)$f(n)$的取值遵循某一规则,能用确定的函数或数学表达式描述。如

$$f_1(n)=\left(\frac{1}{2}\right)^n$$

$$f_2(n)=n^2+2n-5$$

(2)当$f(n)$是一组无规则的数值时,有以下表示方式:

$$f(n)=\{0.5\quad \underset{\uparrow}{1.5}\quad 1\}$$

式中,箭头表示$n=0$的位置。

一组无规则的数值又可表示为

$$f(n)=\begin{cases}0.5, & n=-1\\ 1.5, & n=0\\ 1, & n=1\\ 0, & \text{其他}\end{cases}$$

(3)任何序列都可以用图形表示,如图5-1所示。

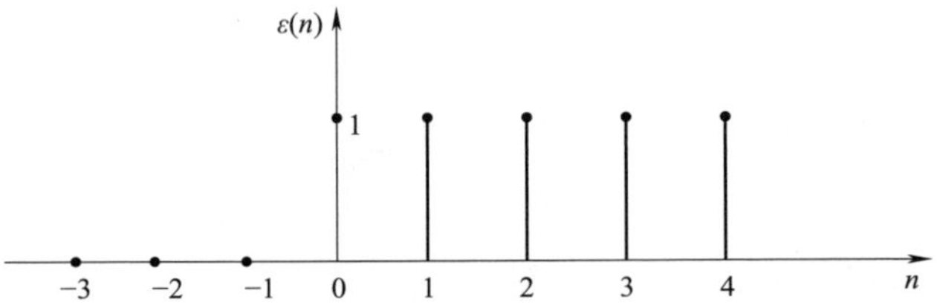

图5-1　单位阶跃序列

5.2.2　离散信号的变换与运算

与连续时间信号类似,对自变量n有三种基本变换:移序、尺度变换和反褶。由于自变量取值的离散性,因而序列值只有代数运算,不存在微积分运算。

1. *移序*

(1)左移序列

设m为正整数。序列$f(n)$左移(前移)m位构成的新序列,记为

$$y(n)=f(n+m)=E^m f(n)$$

式中,符号E是移位算子;E表示左移一位。

(2)右移序列

序列$f(n)$右移(延迟)m位构成的新序列,记为

$$y(n)=f(n-m)=\left(\frac{1}{E}\right)^m f(n)=E^{-m}f(n)$$

式中,符号$\frac{1}{E}$表示单位延时;E^{-m}则表示右移m位。

在实际系统中,延时器可用数字寄存器实现。单位延时器的符号如图5-2所示。

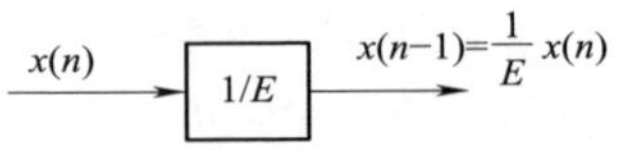

图5-2　单位延时器的符号

2. 尺度变换

(1)尺度压缩

序列$f(n)$压缩至$1/m$后的序列描述为$y(n)=f(nm)$,m为正整数。对序列$f(n)$每m点取1点,或者说,每隔$m-1$点取1点,这样构成的新序列就是$f(nm)$。图5-3为$f(n)$压缩为$f(2n)$。

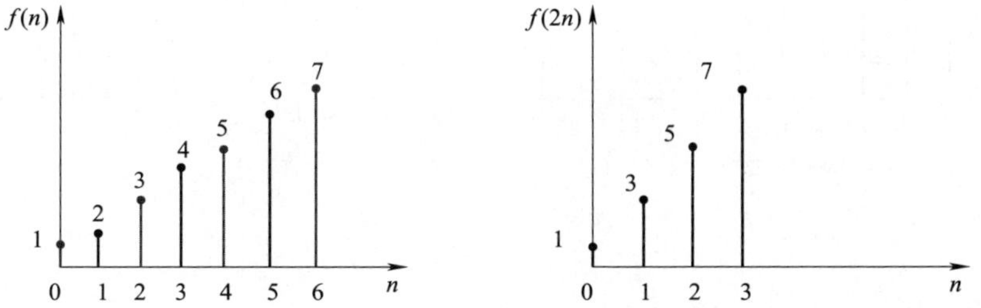

图5-3　尺度压缩

(2)尺度扩展

序列扩展m倍后的序列描述为

$$y(n)=f\left(\frac{n}{m}\right)$$

式中,m取正整数。序列$f\left(\frac{n}{m}\right)$是在原序列$f(n)$的两相邻点之间添加$m-1$个0值,形成的新序列。图5-4为$f(n)$扩展为$f(n/2)$。

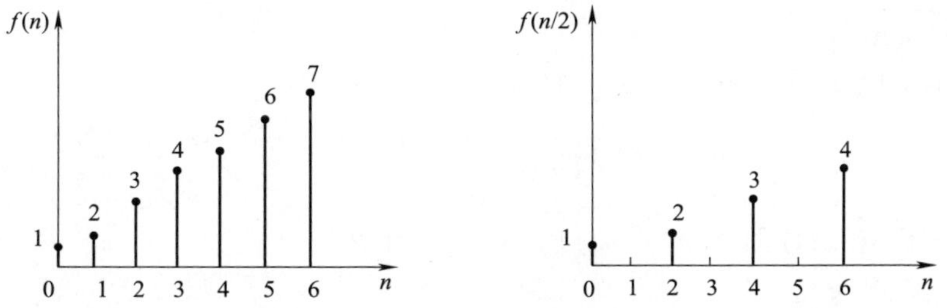

图5-4　尺度扩展

3. 加运算

两个序列相加,是指两序列同序号的序列值逐项对应相加,其和为一新序列。$y(n)=f_1(n)+f_2(n)$,加运算符号如图5-5所示。

4. 乘运算

两个序列相乘,是指两序列同序号的序列值逐项对应相乘,其积为一新序列。$y(n)=f_1(n)\times f_2(n)$,若$f_1(n)$为常数a,则为标量乘。乘运算符号如图5-6所示。

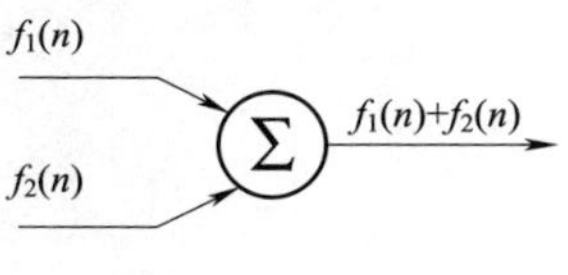

图5-5　加运算

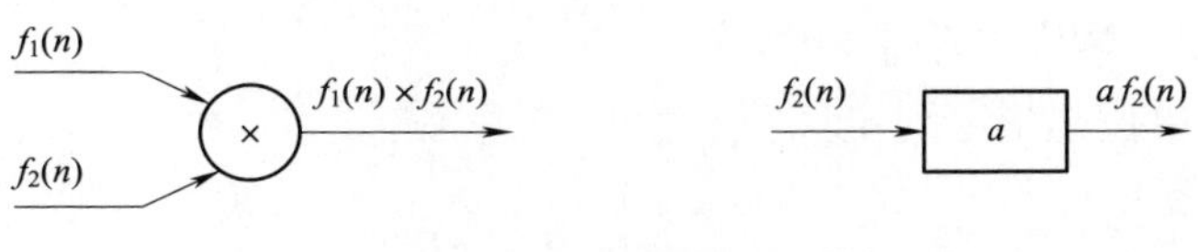

图5-6　乘运算符号

注意:序列在进行“加”与“乘”运算时,都是对位运算。

【例 5-1】 $f(n)$波形如图 5-7(a)所示,请画出 $x(n)=f(2-n)f(n)$的波形。

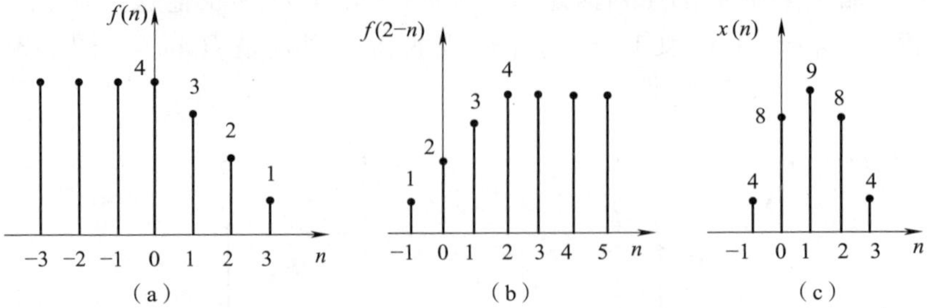

图 5-7 例题 5-1 图

解 借助波形图求序列 $x(n)$。

画 $f(2-n)$的波形,如图 5-7(b)所示。

把 $f(n)$波形与 $f(2-n)$波形对位相乘,画出 $x(n)$的波形,如图 5-7(c)所示。

5. 能量序列的能量

若序列满足 $\sum_{n=-\infty}^{\infty}|f(n)|^2<\infty$,则为能量序列。能量序列的能量计算式为 $\varepsilon=\sum_{n=-\infty}^{\infty}|f(n)|^2$;当能量序列 $f(n)$是实数时,$f(n)$的能量为 $\varepsilon=\sum_{n=-\infty}^{\infty}f^2(n)$。

5.2.3 常用序列

1. 单位脉冲序列

单位脉冲序列又称单位样值序列,用符号 $\delta(n)$表示,定义为

$$\delta(n)=\begin{cases}1, & n=0\\0, & n\neq 0\end{cases} \tag{5-1}$$

必须注意,不同于 $\delta(t)$,序列 $\delta(n)$在原点处的序列值为 1。

2. 单位阶跃序列

单位阶跃序列定义为

$$u(n)=\begin{cases}1, & n\geqslant 0\\0, & n<0\end{cases} \tag{5-2}$$

注意:序列 $u(n)$在 $n=0$ 是确定值 1。

$u(n)$与 $\delta(n)$之间存在如下关系:

$$u(n)=\delta(n)+\delta(n-1)+\delta(n-2)+\cdots=\sum_{k=0}^{\infty}\delta(n-k)$$

$$\delta(n)=u(n)-u(n-1)$$

3. 单位矩形序列

单位矩形序列定义为

$$R_N(n)=\begin{cases}1, & 0\leqslant n\leqslant N-1\\0, & n<0,n\geqslant N\end{cases} \tag{5-3}$$

式中，$R_N(n)$的下标N代表非零值的个数。$R_N(n)$的起始序号为$n=0$，终止序号为$n=N-1$。

单位矩形序列$R_N(n)$与$u(n)$或$\delta(n)$的关系为

$$R_N(n) = u(n) - u(n-N) = \sum_{k=0}^{N-1}\delta(n-k)$$

4. 单位斜变序列

因果单位斜变序列定义为

$$f(n) = \begin{cases} n, & n \geqslant 0 \\ 0, & n < 0 \end{cases} \tag{5-4}$$

或者表示为
$$f(n) = nu(n)$$

【例5-2】 请写出图5-8所示序列$f_1(n)$的表达式。

解

$$f_1(n) = u(n+3) - 2u(n-1) + u(n-4)$$

【例5-3】 请绘出离散信号$f_2(n) = 2^n[u(-n) - u(3-n)]$的波形。

解 由序列变换可知 $u(-n) - u(3-n) = -R_3(n-1)$

$f_2(n)$又可表示为$f_2(n) = -2^n R_3(n-1)$，则$f_2(n)$的波形如图5-9所示。

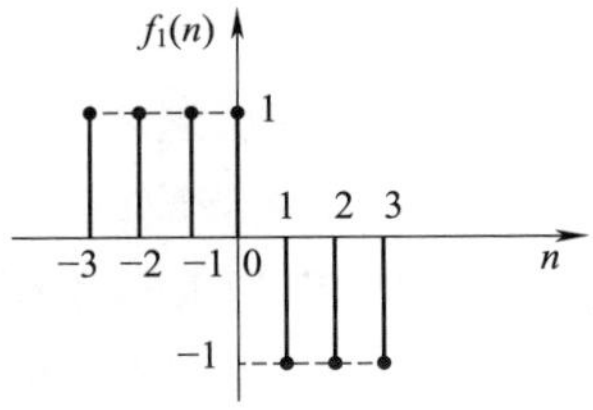

图5-8　例题5-2图

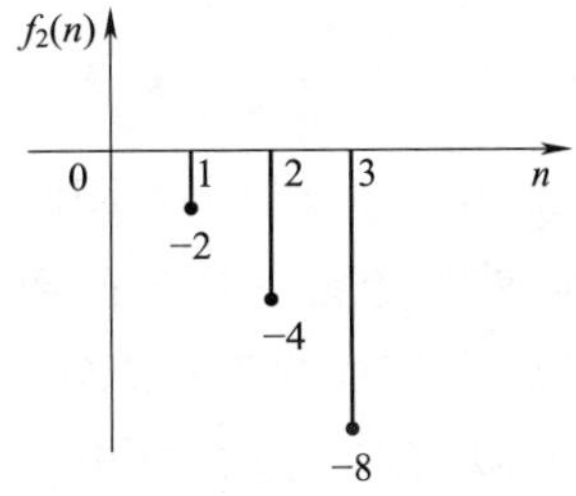

图5-9　$f_2(n)$的波形

5. 指数序列

因果的指数序列非常有用，其定义为

$$f(n) = a^n u(n) \tag{5-5}$$

该序列的特征由a的取值决定。图5-10所示为a取不同值时的序列波形。

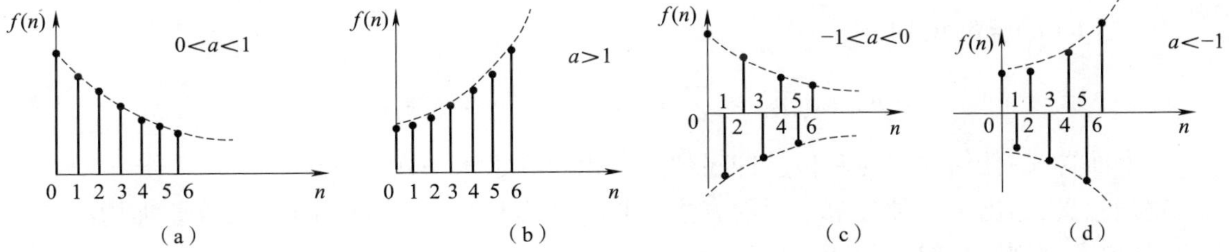

图5-10　指数序列

6. 单位正弦序列

单位正弦序列的一般函数形式为

$$f(n)=\sin(\omega_0 n+\varphi) \tag{5-6}$$

或者

$$f(n)=\cos(\omega_0 n+\varphi)$$

式中,ω_0 为数字频率。

当 $\sin[\omega_0(n+N)+\varphi]=\sin(\omega_0 n+\varphi)$时,正弦序列具有周期性,为正弦周期序列。序列的周期为 $N=\frac{2\pi}{\omega_0}k$。

(1)当$\frac{2\pi}{\omega_0}=\frac{N}{k}$为有理数时,正弦序列是周期序列;

(2)当$\frac{2\pi}{\omega_0}=\frac{N}{k}$为无理数时,正弦序列为非周期序列。

【例 5-4】 请判断序列 $x(n)=5\cos(50n+25°)+\sin\frac{\pi}{12}n$ 的周期性;若是,计算周期。

解 序列中第一项的数字频率 $\omega_0=50$,因 $2\pi/\omega_0=\pi/25$ 为无理数,所以该项为非周期序列;不论第二项是否为周期序列,两项之和为非周期序列,故序列 $x(n)$ 为非周期序列。

5.3 卷积和

在连续时间系统中,可以利用卷积的方法求系统的零状态响应,这时,首先把激励信号分解为冲激函数序列,然后令每一冲激函数单独作用于系统求其冲激响应,最后把这些响应叠加即可得到系统对此激励信号的零状态响应。这个叠加的过程表现为求卷积积分。在离散时间系统中,可以采用类似的方法进行分析,由于离散信号本身就是一个不连续的序列,因此,激励信号分解为脉冲序列的工作就很容易完成,对应每个样值激励,系统得到对此样值的响应,每一响应也是一个离散时间序列,把这些序列叠加即得零状态响应。因为离散量的叠加无须进行积分,因此,叠加过程表现为求“卷积和”。

对于离散信号$f_1(n)$和$f_2(n)$,二者的卷积和定义为

$$f(n)=f_1(n)*f_2(n)=\sum_{m=-\infty}^{\infty}f_1(m)f_2(n-m) \tag{5-7}$$

卷积的意义:

(1)当$f_2(n)=\delta(n)$时,有

$$f(n)*\delta(n)=\sum_{m=-\infty}^{\infty}f_1(m)\delta(n-m)=f_1(n) \tag{5-8}$$

其字面含义:任何序列与单位脉冲序列的卷积和等于该序列。

物理意义:给出了一种分解序列的方法,即任何序列都能够由脉冲序列线性叠加构成。或者说,任何序列都能分解为脉冲序列的线性叠加。

(2)当$f_2(n)=h(n)$为系统单位脉冲响应、$f_1(n)=e(t)$为系统激励时,有

$$f_1(n)*h(n)=\sum_{m=-\infty}^{\infty}f_1(m)h(n-m)=r_{ZS}(n) \tag{5-9}$$

LTI 系统的零状态响应等于系统单位脉冲响应与系统激励的卷积和。

5.3.1　卷积和的性质

设序列 $f_1(n)$,$f_2(n)$,$f_3(n)$ 中任意两序列的卷积和均存在,则卷积和运算存在以下一般规律:

1. 交换律

$$f_1(n)*f_2(n)=f_2(n)*f_1(n)$$

交换两个序列卷积和的次序不改变运算结果。在计算卷积和时,利用这一规律,往往能够有效减少运算量及运算的复杂程度。

2. 结合律

$$[f_1(n)*f_2(n)]*f_3(n)=f_1(n)*[f_2(n)*f_3(n)]$$

计算多个序列的卷积和可以改变卷积和的先后次序。

若 $f_1(n)$ 是 LTI 离散时间系统的激励, $f_2(n)$ 和 $f_3(n)$ 分别为两个 LTI 离散时间系统的单位脉冲响应,即 $f_2(n)=h_2(n)$, $f_3(n)=h_3(n)$,则结合律的物理含义为:

(1)复合系统的 $h(n)$ 等于所有级联子系统单位脉冲响应的逐次卷积和,即

$$h(n)=h_2(n)*h_3(n)$$

(2)利用交换律,对调式中 $h_2(n)$ 与 $h_3(n)$ 的位置,有

$$f_1(n)*f_2(n)*f_3(n)=f_1(n)*f_3(n)*f_2(n)=[f_1(n)*f_3(n)]*f_2(n)$$

改变 LTI 子系统的级联次序不影响复合系统的输出。

3. 分配律

$$f_1(n)*[f_2(n)+f_3(n)]=f_1(n)*f_2(n)+f_1(n)*f_3(n)$$

分配律说明:交换"加运算"与"卷积和运算"的次序不影响运算结果。另外,卷积和运算具有可加性。

4. 移序

若有 $f(n)=f_1(n)*f_2(n)$,则有

$$f(n\pm m)=f_1(n\pm m)*f_2(n)=f_1(n)*f_2(n\pm m)$$

由移序推知

$$f_1(n)*f_2(n)=f_1(n-k)*f_2(n+k)=f_1(n+k)*f_2(n-k)$$

5.3.2　卷积和的计算

卷积和计算具有四种常用计算方法:解析法、图解法、卷积和性质和对位相乘法。

【例 5-5】　计算 $x(n)=u(n)*u(n)$。

解　根据卷积和定义,有

$$x(n)=\sum_{m=-\infty}^{\infty}u(m)u(n-m)=\sum_{m=0}^{n}1=(n+1)u(n)$$

【例 5-6】　序列如图 5-11 所示,计算 $r_{ZS}(n)=e(n)*h(n)$。

解　根据卷积和定义与交换律,有

$$r_{zs}(n)=h(n)*e(n)=e(n)*h(n)=\sum_{m=-\infty}^{\infty}h(m)e(n-m)$$

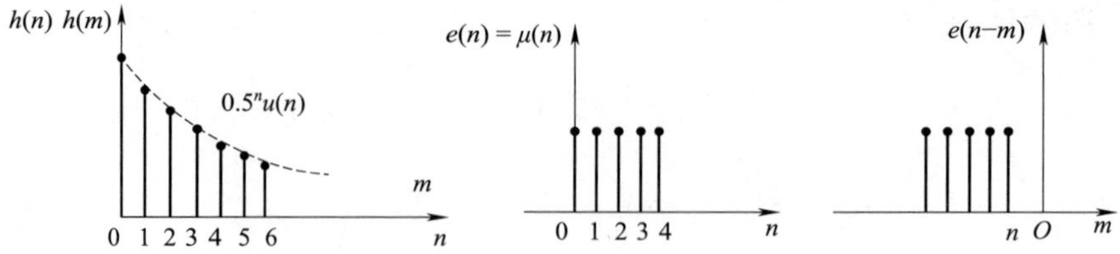

图 5-11　例题 5-6 图

借助图形可知,$n<0$ 时,$y_{ZS}(n)=0$

$n\geqslant 0$ 时,有

$$r_{ZS}(n) = 0.5^n u(n) * u(n) = \sum_{m=0}^{n} 0.5^m$$

利用等比数列前 n 项求和公式:$S_n = \dfrac{a_1 - a_n q}{1-q}$

计算以上求和式,得 $r_{ZS}(n) = \dfrac{1-0.5^{n+1}}{1-0.5}(2-0.5^n)u(n)$

对位相乘法巧妙地运用"对位排列"取代了"反褶和移序"的步骤,使卷积和运算十分快捷。

【例 5-7】 已知 $f_1(n)=\{\underset{\uparrow}{1},2,3\}$,$f_2(n)=\{\underset{\uparrow}{4},1\}$,求 $f(n)=f_1(n)*f_2(n)$。

解 左对齐排列及计算方法:

$f_1(n)$:	1	2	3	
$f_2(n)$:	4	1		
	4	8	12	
		1	2	3
$f(n)$:	4	9	14	3

右对齐排列及计算方法:

$f_1(n)$:		1	2	3
$f_2(n)$:			4	1
		1	2	3
	4	8	12	
$f(n)$:	4	9	14	3

求得:

$$f(n) = \{\underset{\uparrow}{4},9,14,3\}$$

【例 5-8】 已知 $x(n)=u(n)-u(n-2)$,$y(n)=0.5^n u(n-1)$,$z(n)=\delta(n)-\delta(n-1)$,求 $f(n)=x(n)*y(n)*z(n)$。

解

$$x(n)=u(n)-u(n-2)=\{\underset{\uparrow}{1},1\}$$

$$z(n)=\delta(n)-\delta(n-1)=\{\underset{\uparrow}{1},-1\}$$

$x(n)$、$y(n)$、$z(n)$ 都是绝对可和序列,利用交换律有

$$f(n)=x(n)*y(n)*z(n)=x(n)*z(n)*y(n)$$

计算 $x(n)*z(n)$，运用对位相乘得

$$
\begin{array}{rrrr}
x(n): & 1 & 1 & \\
\underline{z(n):} & \underline{1} & \underline{-1} & \\
 & 1 & 1 & \\
 & & -1 & -1 \\
\hline
 & 1 & 0 & -1
\end{array}
$$

则

$$x(n)*z(n)=\{\underset{\uparrow}{1},0,-1\}=\delta(n)-\delta(n-2)$$

再根据分配律和移序性质，得

$$
\begin{aligned}
f(n) &= [\delta(n)-\delta(n-2)]*0.5^n u(n-1)\\
&= 0.5^n u(n-1)-0.5^{n-2}u(n-3)
\end{aligned}
$$

5.4　LTI 离散时间系统的时域分析

5.4.1　LTI 离散时间系统的特性

我们知道，若一系统的输入信号和输出信号都是连续时间信号，则称为连续时间系统。与此类似，若系统的输入信号和输出信号都是离散时间信号，则称为离散时间系统，简称离散系统。大家熟悉的数字计算机、数据控制系统和通信系统的核心部分都是离散系统。由于离散系统在精度、可靠性、小型化等方面比连续系统有更大的优越性，所以，自 20 世纪 60 年代以后，离散系统的应用日益广泛。

LTI 离散时间系统具有比例性、叠加性和时不变性，“三性”缺一不可。LTI 离散时间系统用符号描述如下：

若有

$$e_1(n)\to r_1(n),e_2(n)\to r_2(n)$$

则线性

$$k_1e_1(n)+k_2e_2(n)\to k_1r_1(n)+k_2r_2(n)$$

时不变性

$$e_1(n-k)\to r_1(n-k)$$

【例 5-9】　若离散时间系统的激励为 $e(n)$，响应为 $r(n)$。请判断用表达式 $r(n)=ae(n)+b$ 描述的系统是否为 LTI 系统，式中参数 a、b 都是常数。

解　判断系统的线性

当激励为 $e_1(n)$ 时，响应为 $r_1(n)=ae_1(n)+b$；

当激励为 $e_2(n)$ 时，响应为 $r_2(n)=ae_2(n)+b$；

当激励为 $k_1e_1(n)+k_2e_2(n)$ 时，响应为

$$a[k_1e_1(n)+k_2e_2(n)]+b\neq ak_1e_1(n)+b+ak_2e_2(n)+b=k_1r_1(n)+k_2r_2(n)$$

故该系统不具有线性，不是 LTI 系统。

说明：

(1)线性与时不变性是系统的不同特性，存在四种可能的组合。比如，用 $r(n)=ae(n)+b$

描述的离散时间系统是非线性时不变系统;用表达式 $r(n)=e(n)\cos\omega_0 n$ 描述的离散时间系统则属于线性时变类型;输入/输出关系是 $r(n)=ne^2(n)$ 的系统则是非线性时变系统。线性时不变(LTI)系统仅是其中一种常见类型。

(2)分析 LTI 离散时间系统零状态响应 $r_{zs}(n)$ 的思路:

第一步,分解激励 $e(n)$ 为一系列脉冲序列的线性叠加。

$$e(n)=e(n)*\delta(n)=\sum_{m=-\infty}^{\infty}e(m)\delta(n-m)$$

第二步,求在 $\delta(n)$ 作用下,系统单位脉冲响应 $h(n)$。

$$\delta(n)\xrightarrow{\text{LTI}}h(n)$$

第三步,利用 LTI 系统的比例性、时不变性和叠加性,$e(n)$ 作用下,$r_{ZS}(n)$ 为

$$e(m)\delta(n-m)\xrightarrow{\text{LTI}}e(m)h(n-m)$$

$$\sum_{m=-\infty}^{\infty}e(m)\delta(n-m)=e(n)\xrightarrow{\text{LTI}}\sum_{m=-\infty}^{\infty}e(m)h(n-m)=e(n)*h(n)=r_{zs}(n)$$

(3)分析 LTI 离散时间系统的思路与步骤如图 5-12 所示。

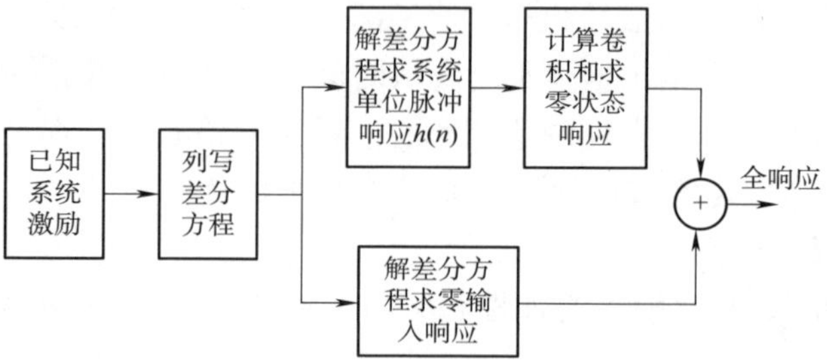

图 5-12　分析 LTI 离散时间系统的思路与步骤框图

5.4.2　LTI 离散时间系统的数学模型与模拟

一个离散时间系统,其激励信号 $x(n)$ 是一个序列,响应 $y(n)$ 为另一序列,如图 5-13 所示。显然,此系统的功能是完成 $x(n)$ 转变为 $y(n)$ 的运算。

图 5-13　离散时间系统

按离散时间系统的性能,可以划分为线性、非线性、时不变、时变等各种类型。目前,最常用的是“线性、时不变系统”。本书的讨论范围也限于此。

在连续时间系统中,信号是时间变量的连续函数,系统可用微分、积分方程式来描述。对于离散时间系统,信号的变量 n 是离散的整型值,因此系统的行为和性能需用差分方程式来表示。

【例 5-10】　某人向银行贷款 50 万元,采取逐月计息偿还方式。从贷款后一个月开始每月定时定额还款,每月固定还款额 0.555 万元,贷款年利率为 6%,月息 $b=0.5\%$。设第 n 个月的欠款额为 $f(n)$,试写出 $f(n)$ 满足的方程。

解　设借款月份 $n=0$,则 $f(0)=50$ 万;还款起始月份 $n=1$。根据题意有

$$\begin{cases} f(n) - 1.005f(n-1) = -0.555u(n-1) \\ f(0) = 50 \end{cases}$$

以上方程为差分方程。

说明：

(1)差分方程描述的是相邻序列值之间的关系。

(2)差分方程的阶次是响应序列的最大序号与最小序号之差。

比如例 5-10，差分方程的阶次为 $N-(n-1)=1$，是一阶差分方程。

通常，n 阶 LTI 系统用 n 阶常系数差分方程描述。

(3)差分方程类型有前项差分方程与后项差分方程之分。

①后项差分方程一般形式描写 N 阶离散时间系统的后向差分方程为

$$r(n) + a_1 r(n-1) + \cdots + a_N r(n-N) = b_0 e(n) + \cdots + b_M e(n-M)$$

或

$$(1 + a_1 E^{-1} + \cdots + a_N E^{-N}) r(n) = (b_0 + \cdots + b_M E^{-M}) e(n)$$

后项差分方程由右移序列构成。

②前项差分方程一般形式描写 N 阶离散时间系统的后向差分方程为

$$r(n+N) + a_1 r(n+N-1) + \cdots + a_N r(n) = b_0 e(n+M) + \cdots + b_M e(n)$$

前项差分方程由左移序列构成。

前项差分方程与后项差分方程无本质区别，可以相互转换。

【例 5-11】 某一阶离散时间系统用以下差分方程描述 $r(n+1) + 2r(n) = e(n)$，试画出该系统的模拟图。

解 差分方程用移序算子表示为

$$Er(n) + 2r(n) = e(n)$$

参照拉普拉斯变换的模拟方法，上式另写为

$$Er(n) = e(n) - 2r(n)$$

根据该式画出模拟图如图 5-14 所示。

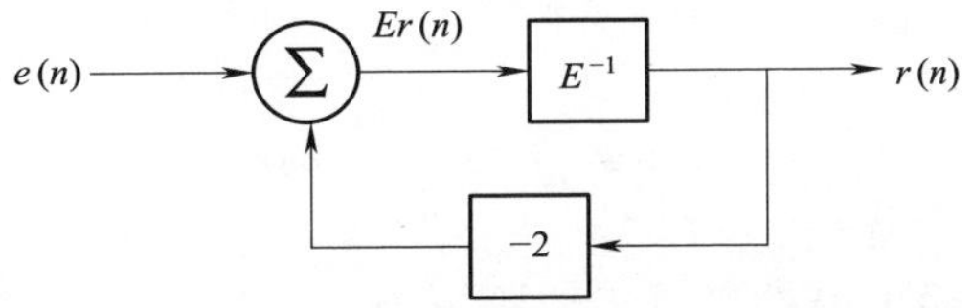

图 5-14　例 5-11 题系统模拟图

【例 5-12】 根据以下系统的差分方程，绘出直接型系统模拟图。

$$r(n+1) + 0.5r(n) = -e(n+1) + 2e(n)$$

解 差分方程用移序算子表示为

$$r(n) = \frac{-E+2}{E+0.5} e(n) = \frac{-1+2E^{-1}}{1+0.5E^{-1}} e(n)$$

其直接型模拟图如图 5-15 所示。

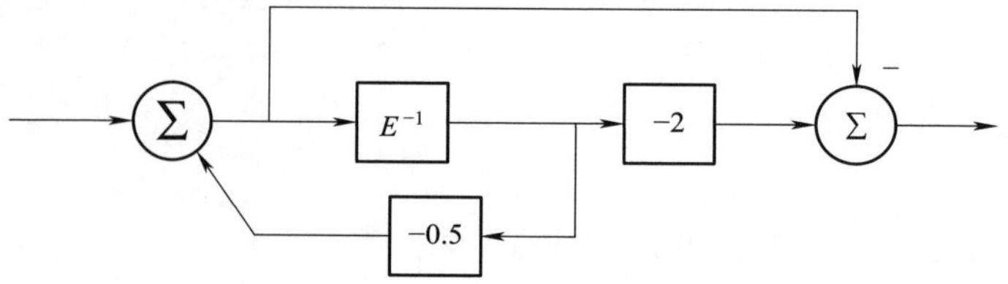

图 5-15　例 5-12 系统模拟图

【例 5-13】 求图 5-16 所示直接型系统模拟图描述的系统差分方程。

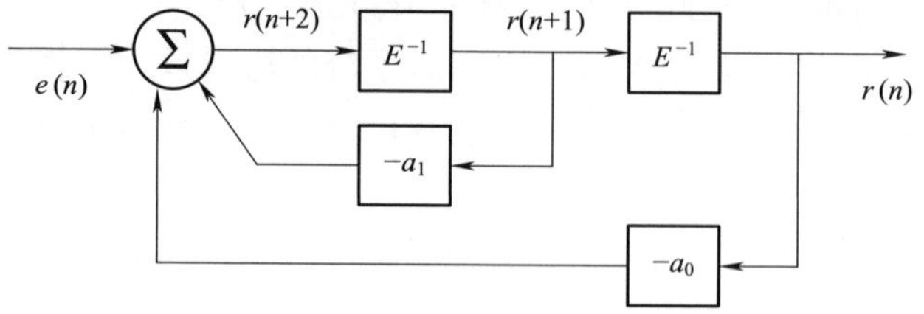

图 5-16　例 5-13 图

解　在加法器和单位延时器的输出设变量。加法器的输出为

$$r(n+2)=e(n)-a_0r(n)-a_1r(n+1)$$

整理得

$$r(n+2)+a_1r(n+1)+a_0r(n)=e(n)$$

【例 5-14】 求图 5-17 所示系统模拟图描述的系统差分方程。

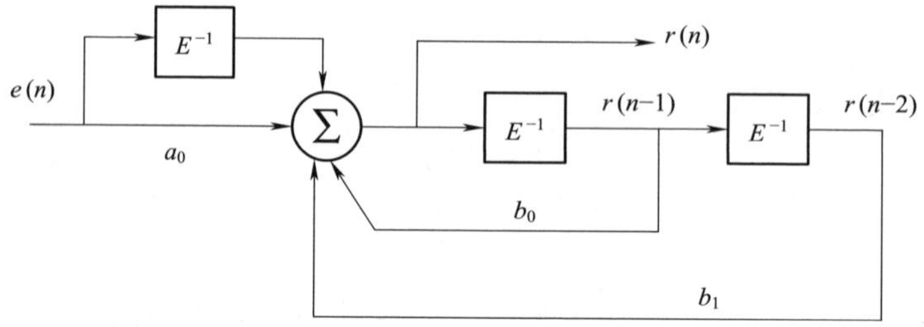

图 5-17　例 5-14 图

解　在单位延时器的输出设变量。系统输出为

$$r(n)=a_0e(n)+e(n-1)+b_0r(n-1)+b_1r(n-2)$$

整理得

$$r(n)-b_0r(n-1)-b_1r(n-2)=a_0e(n)+e(n-1)$$

5.4.3　LTI 离散时间系统的零输入响应

离散系统的响应也分为零输入响应和零状态响应。本节将结合具体例子说明零输入响应的解法和特点。

零输入响应是由系统起始状态单独作用产生的响应分量。设激励在 $t=0$ 时加入系统，

N 阶 LTI 离散时间系统的零输入响应 $r_{zi}(n)$ 满足齐次差分方程，差分方程的一般形式为

$$\begin{cases} r_{zi}(n)+a_1r_{zi}(n-1)+a_2r_{zi}(n-2)+\cdots+a_Nr_{zi}(n-N)=0 \\ \text{已知:} r_{zi}(-1), r_{zi}(-2), \cdots, r_{zi}(-N) \end{cases}$$

只要 $r_{zi}(-1), r_{zi}(-2), \cdots, r_{zi}(-N)$ 这 N 个值中有一个不为零，零输入响应就不为零。

1. 一阶齐次差分方程的解

一阶齐次差分方程为

$$\begin{cases} r(n)-\beta r(n-1)=0, \quad n\neq 0 \\ r(0)=K \end{cases}$$

差分方程另写为

$$r(n)=\beta r(n-1)$$

利用差分方程的迭代关系，有

$$r(1)=\beta r(0)=\beta K$$
$$r(2)=\beta r(1)=K\beta^2$$
$$r(3)=\beta r(2)=K\beta^3$$
$$\vdots$$

一阶齐次差分方程的解

$$r(n)=K\beta^n u(n)$$

在指数形式解 $K\beta^n u(n)$ 中，β 是什么？把差分方程用移序算子表示，有 $r(n)-\beta E^{-1}r(n)=0$，等式两边同乘 E，得 $(E-\beta)r(n)=0$，把移序算子 E 换成变量 λ，得代数方程 $\lambda-a=0$，以 $\lambda-a=0$ 式为差分方程 $(E-\beta)r(n)=0$ 的特征方程，β 则是特征方程的根。

2. N 阶齐次常系数差分方程的解

$$r(n)+a_1r(n-1)+\cdots+a_Nr(n-N)=0 \tag{5-10}$$

第一步，求特征根与通解。

式(5-10)对应的特征方程为

$$\lambda^N+a_1\lambda^{N-1}+\cdots+a_{N-1}\lambda+a_N=0 \tag{5-11}$$

式(5-11)有 N 个根，当：

(1) λ_i 为单根时，解的模式为 $C\lambda_i^n$；

(2) λ_i 为 k 重根时，解的模式为 $(C_1n^{k-1}+C_2n^{k-2}+\cdots+C_k)\lambda_i^n$

第二步，根据边界条件，确定通解的系数。

根据边界条件，得以下 N 元一次方程组：

$$\begin{cases} r_{zi}(-1)=C_1\lambda_1^{-1}+C_2\lambda_2^{-1}+\cdots+C_N\lambda_N^{-1} \\ r_{zi}(-2)=C_1\lambda_1^{-2}+C_2\lambda_2^{-2}+\cdots+C_N\lambda_N^{-2} \\ \qquad\vdots \\ r_{zi}(-N)=C_1\lambda_1^{-N}+C_2\lambda_2^{-N}+\cdots+C_N\lambda_N^{-N} \end{cases}$$

解以上方程组，求出 N 个系数 $C_i, i=1,\cdots,N$。

【例 5-15】 已知 $r(n)-3r(n-1)+2r(n-2)=0, r(-1)=1, r(-2)=0$，求 $r(n)$。

解 特征方程为 $\lambda^2-3\lambda+2=0$

解得 $\lambda_1=1,\lambda_2=2$

齐次方程的通解为 $r(n)=K_1+K_2 2^n$

代入边界条件，有

$$\begin{cases}r(-2)=0=K_1+0.25K_2\\ r(-1)=1=K_1+0.5K_2\end{cases}$$

解得 $K_1=4,K_2=-1$

$$r(n)=(-1+2^{n+2})u(n)$$

5.4.4 LTI 离散时间系统的单位脉冲响应

在连续线性系统中，可以分析单位冲激 $\delta(t)$ 作用于系统引起的响应 $h(t)$，对于离散线性系统，可以分析单位样值 $\delta(n)$ 作为激励而产生的系统零状态响应 $h(n)$——单位样值响应。

由于 $\delta(n)$ 信号只在 $n=0$ 时取值 $\delta(0)=1$，在 n 为其他值时都为零，因而，利用这一特点可以较方便地以迭代法依次求出 $h(0),h(1),\cdots,h(n)$。

【例 5-16】 已知离散时间系统的差分方程表达式 $y(n)-\frac{1}{2}y(n-1)=x(n)$，试求其单位样值响应 $h(n)$。

解 对于因果系统，由于 $x(-1)=\delta(-1)=0$，故 $y(-1)=h(-1)=0$，以此起始条件代入差分方程可得

$$h(0)=\frac{1}{2}h(-1)+\delta(0)=0+1=1$$

依次代入求得

$$h(1)=\frac{1}{2}h(0)+\delta(1)=\frac{1}{2}+0=\frac{1}{2}$$

$$h(1)=\frac{1}{2}h(1)+\delta(2)=\frac{1}{4}+0=\frac{1}{4}$$

$$\vdots$$

$$h(1)=\frac{1}{2}h(n-1)+\delta(n)=\left(\frac{1}{2}\right)^n$$

此系统的单位样值响应是

$$h(n)=\begin{cases}\left(\frac{1}{2}\right)^n, & n\geqslant 0\\ 0, & n<1\end{cases}$$

用这种迭代方法求系统的单位样值响应还不能直接得到 $h(n)$ 的闭式。为了能够给出闭式解答，可把单位样值 $\delta(n)$ 激励信号等效为起始条件，这样就把问题转化为求解齐次方程，由此得到 $h(n)$ 的闭式。下面的例子说明了这种方法。

【例 5-17】 求用差分方程 $y(n)-5y(n-1)+6y(n-2)=x(n)-3x(n-2)$ 描述的系统单位脉冲响应 $h(n)$。

解 该系统单位脉冲响应满足以下差分方程：

$$\begin{cases} h(n)-5h(n-1)+6h(n-2)=\delta(n)+3\delta(n-1) \\ h(-1)=h(-2)=0 \end{cases}$$

方法一　第一步,把方程右边脉冲序列的作用等效为齐次差分方程的边界条件。

把 $h(n)$ 留在等式左边,原式改写为

$$h(n)=\delta(n)+3\delta(n-1)+5h(n-1)-6h(n-2)$$

当 $n=0$ 时,$h(0)=\delta(0)+3\delta(-1)+5h(-1)-6h(-2)=1$;

当 $n=1$ 时,$h(1)=\delta(1)+3\delta(0)+5h(0)-6h(-1)=8$。

把原方程转换为以下齐次差分方程:

$$\begin{cases} h(n)-5h(n-1)+6h(n-2)=0 \\ h(0)=1,h(1)=8 \end{cases}$$

第二步,解齐次差分方程。

特征方程为　　$\gamma^2-5\gamma+6=0$

解得特征根为　　$\gamma_1=2,\lambda_2=3$

$h(n)$ 的通解为

$$h(n)=(C_1 2^n+C_2 3^n)u(n)$$

代入边界条件,得以下方程组:

$$\begin{cases} h(0)=1=C_1+C_2 \\ h_1(1)=8=2C_1+3C_2 \end{cases}$$

解得 $C_1=-5,C_2=6$。系统单位脉冲响应为

$$h(n)=(-5\times 2^n+6\times 3^n)u(n)$$

方法二　思路:把方程右边 $\delta(n)+3\delta(n-1)$ 视为两个激励:$\delta(n)$ 和 $3\delta(n-1)$。

求 $\delta(n)$ 单独作用下产生的响应 $h_1(n)$。

$h_1(n)$ 满足以下差分方程:

$$h_1(n)-5h_1(n-1)+6h_1(n-2)=\delta(n)$$

$$h_1(-1)=h_1(-2)=0$$

利用时不变和比例性求 $3\delta(n-1)$ 单独作用下的响应:

$$-3\delta(n-2)\leftrightarrow -3h_1(n-2)$$

利用叠加性,求 $\delta(n)+3\delta(n-1)$ 共同作用下的响应:

$$\delta(n)-3\delta(n-2)\leftrightarrow h(n)-3h_1(n-2)$$

5.4.5　LTI 离散时间系统的零状态响应与全响应

在离散系统中,人们最关心的是零状态响应,即在起始状态为零时,仅由输入信号 $f(n)$ 引起的响应。

在零状态响应中,单位脉冲响应非常重要,其定义为:在零状态条件下,离散系统由单位序列 $\delta(n)$ 引起的响应称为单位脉冲响应,记为 $h(n)$。

【例 5-18】　某离散时间系统的模拟图如图 5-18 所示。求在单位阶跃序列作用下,系统的单位阶跃响应 $g(n)$。

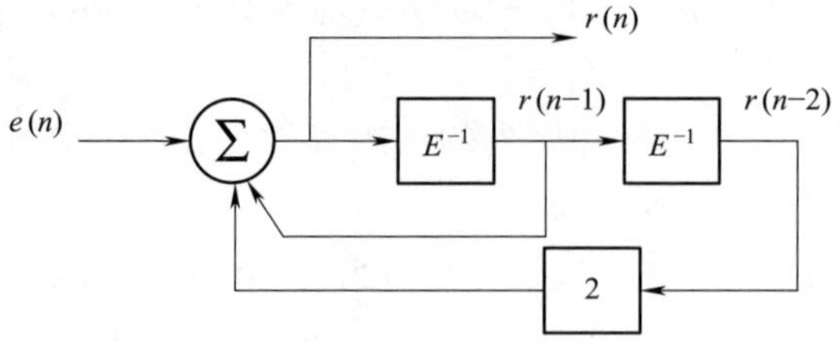

图 5-18　例 5-18 题图

解　第一步，建立描述系统输入/输出的差分方程。加法器的输出为

$$r(n)=e(n)+r(n-1)+2r(n-2)$$

整理得

$$r(n)-r(n-1)-2r(n-2)=e(n)$$

第二步，求系统单位脉冲响应 $h(n)$。$h(n)$满足如下差分方程：

$$\begin{cases}h(n)-h(n-1)-2h(n-2)=\delta(n)\\h(-1)=h(-2)=0\end{cases}$$

利用差分方程的迭代关系，求得

$$h(0)=\delta(0)+h(-1)+2h(-2)=1$$

原非齐次差分方程转换为以下齐次差分方程：

$$\begin{cases}h(n)-h(n-1)-2h(n-2)=0\\h(-1)=0,h(0)=1\end{cases}$$

特征方程为 $\lambda^2-\lambda-2=0$

特征根为 $\lambda_1=-1,\lambda_2=2$

$h(n)$的通解为 $h(n)=[C_1(-1)^n+C_2 2^n]u(n)$

代入边界条件，有

$$\begin{cases}h(-1)=0=-C_1+0.5C_2\\h(0)=1=C_1+C_2\end{cases}$$

解得 $C_1=\dfrac{1}{3},C_2=\dfrac{2}{3}$，系统单位脉冲响应为

$$h(n)=\frac{1}{3}[(-1)^n+2^{n+1}]u(n)$$

第三步，求单位阶跃响应 $g(n)$。

$$g(n)=u(n)*h(n)=\sum_{k=0}^{n}h(k)=\frac{1}{3}\sum_{k=0}^{n}[(-1)^k+2^{k+1}]$$

利用等比数列前 n 项求和公式，求得

$$g(n)=\frac{1}{3}\left[\frac{1-(-1)^{n+1}}{1-(-1)}+\frac{2-2^{n+2}}{1-2}\right]u(n)=\left[\frac{1}{6}(-1)^n+\frac{4}{3}\times 2^n-\frac{1}{2}\right]u(n)$$

【例 5-19】　已知 $r(n)-0.9r(n-1)=0.05u(n)$，$r(-1)=1$，求：$n\geqslant 0$ 的系统零输入响应 $r_{zi}(n)$、零状态响应 $r_{zs}(n)$和全响应 $r(n)$。

解　(1)求零输入响应 $r_{zi}(n)$

满足齐次差分方程

$$\begin{cases} r_{zi}(n)-0.9r_{zi}(n-1)=0 \\ r_{zi}(-1)=1 \end{cases}$$

得

$$r_{zi}(n)=0.9^{n+1}u(n)=0.9\times0.9^{n}u(n)$$

(2)求单位脉冲响应 $h(n)$

$$\begin{cases} h(n)-0.9h(n-1)=0.05\delta(n) \\ h(-1)=0 \end{cases}$$

原方程转换为

$$\begin{cases} h(n)-0.9h(n-1)=0 \\ h(0)=0.05 \end{cases}$$

解得

$$h(n)=0.05\times0.9^{n}u(n)$$

(3)求零状态响应 $r_{zs}(n)$

$$\begin{aligned} r_{zs}(n) &= h(n)*e(n) = 0.05\times0.9^{n}u(n)*u(n) \\ &= 0.05\sum_{m=0}^{n}0.9^{m} = 0.05\frac{1-0.9^{n+1}}{1-0.9} \\ &= 0.5(1-0.9^{n+1})u(n) \end{aligned}$$

(4)求完全响应 $r(n)$

$$r(n)=r_{zs}(n)+r_{zi}(n)=[0.5+0.45(0.9)^{n}]u(n)$$

小　　结

本章主要介绍了离散时间信号的概念、表示、变换与运算、卷积和、系统的模拟、系统的零输入响应、零状态响应、全响应等。

1. 离散信号的基本运算

离散时间信号的基本运算包括两序列的相加、相乘以及序列自身的移位、反褶、尺度倍乘等。

2. 典型的离散时间序列

典型的离散时间序列有单位脉冲序列、单位阶跃序列、矩形序列、指数序列、单位正弦序列等。

3. 卷积和

(1)对于离散信号 $f_1(n)$ 和 $f_2(n)$，二者的卷积和定义为

$$f(n) = f_1(n)*f_2(n)=\sum_{m=-\infty}^{\infty}f_1(m)f_2(n-m)$$

(2)卷积和的性质

设序列 $f_1(n)$，$f_2(n)$，$f_3(n)$ 中任意两序列的卷积和均存在，则卷积和运算存在以下一般

规律：

交换律：$f_1(n)*f_2(n)=f_2(n)*f_1(n)$

结合律：$[f_1(n)*f_2(n)]*f_3(n)=f_1(n)*[f_2(n)*f_3(n)]$

分配律：$f_1(n)*[f_2(n)+f_3(n)]=f_1(n)*f_2(n)+f_1(n)*f_3(n)$

4. 离散时间系统的时域分析

与连续时间系统的时域解一样，离散时间系统的时域解也可分为零输入响应与零状态响应，系统全响应等于二者之和，即

$$y(n)=y_{zi}(n)+y_{zs}(n)$$

习　题

5-1　试绘出下列离散信号的图形。

(1) $(-0.5)^{n-1}\varepsilon(n)$；　(2) $\varepsilon(n)+\sin\left(\frac{n\pi}{6}\right)\varepsilon(n)$；

(3) $n[\varepsilon(n+2)-\varepsilon(n-2)]$；　(4) $-2^n[\varepsilon(n-1)-\varepsilon(n-5)]$。

5-2　写出图5-19所示序列图形的函数表达式。

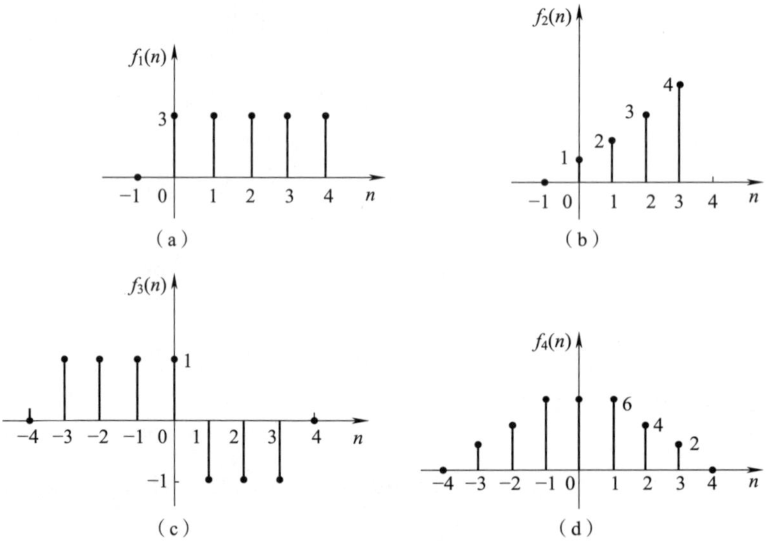

图5-19　题5-2图

5-3　设有差分方程如下，试画出其时域模拟框图。

(1) $y(n)+4y(n-1)+3y(n-2)=4f(n)+f(n-1)$；

(2) $y(n+1)+0.3y(n)=-f(n+1)+3f(n)$；

(3) $y(n+2)+2y(n+1)+3y(n)=f(n+1)$；

(4) $y(n)=3e(n)+5e(n-2)$。

5-4　如图5-20所示为工程上常用的数字信号处理系统，试列出其差分方程。

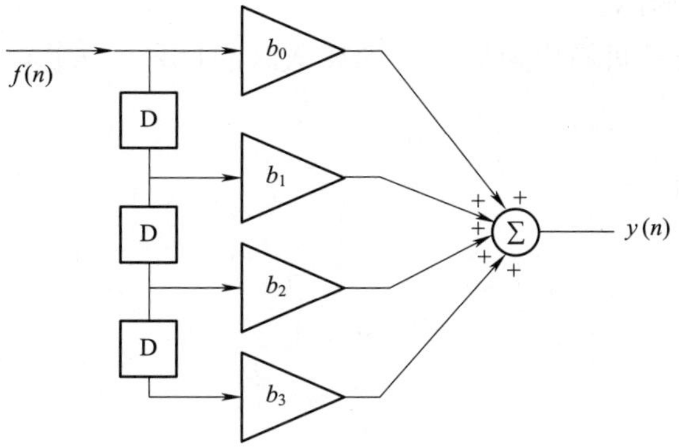

图5-20　题5-4图

5-5　已知下列差分方程及初始状态,试求零输入响应。

(1)$y(n)+3y(n-1)+2y(n-2)=f(n)$,$y(-1)=-\dfrac{1}{2}$,$y(-2)=\dfrac{5}{4}$;

(2)$y(n+1)+3y(n)=e(n)$,$y(0)=1$;

(3)$y(n+2)+2y(n+1)+2y(n)=e(n)$,$y(0)=0$,$y(1)=1$;

(4)$y(n)+0.5y(n-1)=0$,$y(-1)=1$;

(5)$y(n)+4y(n-1)+4y(n-2)=0$,$y(0)=1$,$y(-1)=1$。

5-6　证明下列卷积关系成立。

(1)$\delta(n-n_1)*\delta(n-n_2)=\delta(n-n_1-n_2)$;

(2)若$e(n)*h(n)=y(n)$,则$e(n-n_1)*h(n-n_2)=y(n-n_1-n_2)$。

5-7　已知下列差分方程和激励,试求系统的零状态响应。

(1)$y(n)=\left(\dfrac{1}{3}\right)^n\varepsilon(n)$,$e(n)=2^n$;

(2)$y(n+1)+3y(n)=e(n+1)$,$e(n)=2^n\varepsilon(n)$;

(3)$y(n+2)+5y(n+1)+4y(n)=e(n)$,$e(n)=3^n\varepsilon(n)$。

5-8　已知某离散系统的差分方程及初始状态如下:

$$y(n+2)-\frac{5}{6}y(n+1)+\frac{1}{6}y(n)=\varepsilon(n+1)-2\varepsilon(n),y(0)=y(1)=1$$

试求:(1)零输入响应、零状态响应及全响应;

(2)判断该系统是否稳定;

(3)绘出该系统的框图。

5-9　[考研真题]某离散信号定义如下:

$$x[n]=\begin{cases}1, & n=1,2\\ -1, & n=-1,-2\\ 0, & n=0,|n|>2\end{cases}$$

请画出$x[n]$和$y[n]=x[2n+3]$的波形图。

5-10　[考研真题]给定一个连续信号

$$x_a(t)=(1-|t|)\,|u(t+1)-u(t-1)|$$

(1)画出 $x_a(t)$ 的波形图；

(2)以 $T_s=0.5$ 为抽样间隔均匀抽样得到离散时间信号 $x[n]=x_a(nT_s)$，请画出 $x[n]$ 的波形。

(3)请画出 $\frac{\mathrm{d}x_a(t)}{\mathrm{d}t}$ 的波形。

第6章　离散时间信号与系统的 z 域分析

学习目标

(1)掌握离散信号 z 变换和收敛域的概念。

(2)掌握典型信号 z 变换、z 变换的性质、逆 z 变换的求解方法。

(3)掌握离散系统函数概念,掌握零、极点图与系统脉冲响应的对应关系,以及通过零、极点图判断系统稳定性和因果性的方法。

(4)掌握离散系统频率响应特性的概念及由系统函数零、极点图定性确定系统频率响应的方法。

(5)掌握系统函数的零、极点分布与系统稳定性的关系。

学习导言

宇宙原统一,规律相伴生;引进新 z 域,移植而旁通。这就是思想的力量,数学的力量,创新的力量。

6.1　概　　述

很久以前,人们就已经认识了 z 变换方法的原理,其历史可以追溯至 18 世纪。1730 年,英国数学家棣莫弗(DeMoivre,1667—1754)将生成函数(gen-erating function)的概念用于概率理论的研究,实质上,这种生成函数的形式与 z 变换相同从 19 世纪的拉普拉斯(P. s. Laplace)至 20 世纪的沙尔(H. L. Seal)等人,在这方面继续做出贡献。然而,在那样一个较为局限的数学领域中,z 变换的概念没能得到充分运用与发展。20 世纪 50 年代与 60 年代,抽样数据控制系统和数字计算机的研究与实践,为 z 变换的应用开辟了广阔的天地,从此,在离散信号与系统的理论研究之中,z 变换成为一种重要的数学工具。它把离散系统的数学模型——差分方程转化为简单的代数方程,使其求解过程得以简化。因而,z 变换在离散系统中的地位与作用,类似于连续系统中的拉普拉斯变换。

第 5 章在讨论离散时间系统的时域分析法时,主要是围绕如何求解差分方程这一问题而展开,就像连续时间系统在时域分析中围绕如何求解微分方程而展开一样,无论是差分方程还是微分方程,当阶数较高时求解起来都很困难,虽然可将系统响应分为零输入响应和零状态响应,借助转移算子的概念可方便地求出系统的零输入响应和单位冲激响应或单位函数响应,但在求零状态响应时需要进行卷积积分或卷积和的计算。这也是很困难的一件工作,因而在连续时间系统中,为了避免上述困难,通常通过傅里叶变换或拉普拉斯变换把问题从时域变换到频域或复频域,从而把线性微分方程的求解转化为频域或复频域中的线性代数方程的求解;求得变换域中的解后,再通过反变换得到系统的时域响应。由于求傅里叶反变换较求拉普拉斯反变换麻烦,因此在求系统响应时一般采用拉普拉斯变换法,而在进行信号的频谱、系统的频率特性、传输特性分析时则采用频域分析法。实际上,复频域法和频域法有着本质的联系,因为拉普拉斯变换是傅里叶变换的推广。

基于同样的理由,在离散时间系统中,为了避免解差分方程的困难和进行卷积和的运算困难,也可以通过 z 变换,把问题从离散的时域变换到一个 z 域,从而把解线性差分方程的工作同样转化为解线性代数方程的工作。而且,正如在时域中分析离散时间系统与分析连续时间系统有很多相似之处一样,在变换域中,z 变换和拉普拉斯变换在性质上以及利用它们来作系统分析时,也有很多相似之处。

同样,离散时间系统也可以用频域法分析。在第 5 章中曾简要讨论过离散信号的频谱。但是,在进行频域分析时,作为离散信号的离散时间函数应是已知的,而且在作傅里叶变换时,一般要对变量作从 $-\infty$ 到 $+\infty$ 的积分运算。然而在实际工作中,离散信号可能是取自对连续信号在有限时间内进行观测的一组实验数据,也可能是为了应用数字计算机进行数值计算而对已知连续信号抽样所得的一组抽样数据。不管何种情况,所要处理的总是有限长度的序列。具体地说,为了便于数字计算机的应用,在时域中表现为有限长度序列的信号,变换到频域后仍应是有限长度的序列;反之亦然。这样的变换称为离散傅里叶变换,简写为 DFT,它不是通常意义的傅里叶变换,而必须另外加以定义。

从本节开始陆续讨论 z 变换的定义、性质以及它与拉普拉斯变换、傅里叶变换的联系。在此基础上研究离散时间系统的 z 域分析,给出离散系统的系统函数与频率响应的概念。必须指出,类似于连续系统的 s 域分析,在离散系统的 z 域分析中将看到,利用系统函数在 z 平面零、极点分布特性研究系统的时域特性、频域特性以及稳定性等方法也具有同样的重要意义。

6.2 z 变换

6.2.1 z 变换的定义

z 变换是在离散时间函数与连续复变函数之间进行的一种数学变换。把序列 $f(n)$ 变换为复变函数 $F(z)$ 的数学运算称为正 z 变换,简称 z 变换。对于已知的离散序列 $f(n)$,可直接定义其 z 变换为

$$F(z)=\sum_{n=-\infty}^{\infty}f(n)z^{-n} \tag{6-1}$$

正像有双边和单边拉普拉斯变换一样,在 z 变换中,也有单边 z 变换和双边 z 变换之分。式(6-1)称为双边 z 变换,而单边 z 变换则定义为

$$F(z)=\sum_{n=0}^{\infty}f(n)z^{-n} \tag{6-2}$$

显然,如果 $f(n)$ 为因果序列,即当 $n<0$ 时,$f(n)=0$,则其双边 z 变换与单边 z 变化是等同的;否则,二者就不一样。

式(6-1)和式(6-2)表明,序列的 z 变换是 z^{-1} 的幂级数,级数的系数即为此序列 $f(n)$ 的值。在拉普拉斯变换中着重讨论单边拉普拉斯变换,这是由于在连续时间系统中,非因果信号的应用较少。对于离散时间系统,非因果序列也有一定的应用范围,因此,将着重单边适当兼顾双边 z 变换的分析,但在无特别说明时,一般 z 变换是指单边 z 变换。

6.2.2　z 变换的收敛域

z 变换定义为一无穷幂级数之和,显然只有当该幂级数收敛,即

$$\sum_{n=-\infty}^{\infty}|f(n)z^{-n}|<\infty$$

时,其 z 变换才存在。上式称为绝对可和条件,它是序列 $f(k)$ 的 z 变换存在的充分必要条件。

收敛域的定义:对于序列 $f(n)$,满足 $\sum\limits_{n=-\infty}^{\infty}|f(n)z^{-n}|<\infty$ 所有 z 值组成的集合称为 z 变换 $F(z)$ 的收敛域。

根植判别方法:

$$\lim_{n\to\infty}\sqrt[n]{|x(n)z^{-n}|}=R=\begin{cases}<1, & \text{级数收敛}\\ >1, & \text{级数发散}\\ =1, & \text{不能确定}\end{cases}$$

假设 $|f(n)|$ 有界,分四种情况讨论 z 变换的收敛域问题。

1. 有限长序列——有始有终序列

$$f(n)=\begin{cases}f(n), & n_1<n<n_2\\ 0, & n<n_1,n>n_2\end{cases}$$

z 变换为

$$F(z)=\sum_{n=n_1}^{n_2}f(n)z^{-n}$$

(1)若 $n_1<0,n_2>0$,收敛域为 $0<|z|<\infty$;

(2)若 $n_1\geqslant 0,n_2>0$,收敛域为 $0<|z|$;

(3)若 $n_1<0,n_2\leqslant 0$,收敛域为 $|z|<\infty$。

总之,有限长序列的收敛域至少是不包括 $z=0$ 和 $|z|=\infty$ 的 z 平面。当下限 $n_1\geqslant 0$ 时,收敛域包括 $|z|=\infty$;当上限 $n_2\leqslant 0$ 时,收敛域含 $z=0$。

【例 6-1】　试求单位矩形序列 $R_N(n)$ 的 z 变换。

解　已知 $R_N(n)=\begin{cases}1, & 0\leqslant n\leqslant N-1\\ 0, & n<0,n\geqslant N\end{cases}$

则

$$F(z)=Z[R_N(n)]=\sum_{n=0}^{N-1}z^{-n}=1+z^{-1}+z^{-2}+\cdots+z^{-N+1}$$

利用 n 项等比数列求和计算式 $S_n=\dfrac{a_1-a_nq}{1-q}$,有

$F(z)=Z[R_N(n)]=\dfrac{1-z^{-N}}{1-z^{-1}},|z|>0$。

2. 右序列——有始无终序列

$$f(n)=\begin{cases}f(n), & n\geqslant n_1\\0, & n<n_1\end{cases}$$

z 变换为 $F(z)=\sum\limits_{n=n_1}^{\infty}f(n)z^{-n}$

设 $\lim\limits_{n\to\infty}\sqrt[n]{|f(n)|}=R_1$，分两种情况讨论：

(1) $n_1\geqslant 0$

若有 $\lim\limits_{n\to\infty}\sqrt[n]{|f(n)||z|^{-n}}=R_1|z|^{-1}<1$，收敛域为 $|z|>R_1$。

(2) $n_1<0$

$$X(z)=\sum_{n=n_1}^{\infty}x(n)z^{-n}=\sum_{n=n_1}^{-1}x(n)z^{-n}+\sum_{n=0}^{\infty}x(n)z^{-n}$$

第一个有限项求和式的收敛域为 $|z|<\infty$；

第二个单边 z 变换的收敛域为 $|z|>R_1$；

取两部分的重叠区域，收敛域为 $R_1<|z|<\infty$。

此右序列的收敛于如图 6-1 所示。

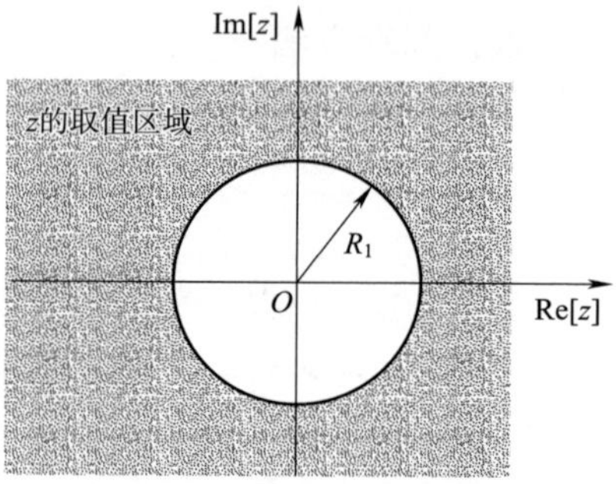

图 6-1 右边序列的收敛域

【例 6-2】 试求序列 $a^nu(n)$ 的 z 变换。

解 单边指数序列的 z 变换为

$$F(z)=Z[a^nu(n)]=\sum_{n=0}^{\infty}a^nz^{-n}=\sum_{n=0}^{\infty}(az^{-1})^n$$

当 $\lim\limits_{n\to\infty}\sqrt[n]{|az^{-1}|^n}=|a||z^{-1}|<1$，即 $|z|>|a|$ 时，幂级数收敛，z 变换存在。利用无穷递缩等比数列的求和公式 $S=\dfrac{a_1}{1-q}$，得

$$Z[a^nu(n)]=\sum_{n=0}^{\infty}(az^{-1})^n=\frac{1}{1-az^{-1}}=\frac{z}{z-a},\quad |z|>|a|$$

3. 左边序列——无始有终序列

$$f(n)=\begin{cases}f(n), & n\leqslant n_2\\0, & n<n_1,n>n_2\end{cases}$$

z 变换为

$$F(z)=\sum_{n=-\infty}^{n_2}f(n)z^{-n}=\sum_{k=-n_2}^{\infty}f(-k)z^{k}$$

若有 $\lim\limits_{k\to\infty}\sqrt[k]{|f(-k)|}=\dfrac{1}{R_2}$，分两种情况：

(1) $n_2\leqslant 0$，若有

$$\lim_{k\to\infty}\sqrt[k]{|f(-k)||z|^{-n}}=\frac{1}{R_2}|z|^{-1}<1$$

则 z 变换存在，$F(z)$ 的收敛域为 $|z|<R_2$。

(2) $n_2 > 0$, $F(z) = \sum_{n=-\infty}^{-1} f(n) z^{-n} + \sum_{n=0}^{n_2} f(n) z^{-n}$,

等式右边无限项和的收敛域为 $|z| < R_2$;

有限项求和的收敛域为 $|z| > 0$;

取两个区域的重叠区域,收敛域为 $0 < |z| < R_2$。

此左边序列的收敛域如图 6-2 所示。

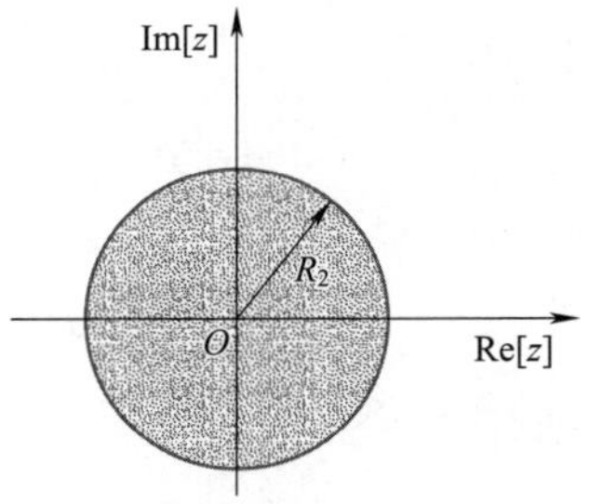

图 6-2　左边序列的收敛域

【例 6-3】　试求序列 $f(n) = -a^n u(-n-1)$ 的 z 变换。

解　该序列的 z 变换为

$$F(z) = Z[-a^n u(-n-1)] = -\sum_{n=-\infty}^{-1} a^n z^{-n}$$

令 $n = -m$,代入上式,得

$$-\sum_{n=-\infty}^{-1} a^n z^{-n} = -\sum_{m=1}^{\infty} (a^{-1} z)^m$$

当 $|a^{-1} z| < 1$,即 $|z| < |a|$ 时,级数和为

$$-\sum_{m=1}^{\infty} (a^{-1} z)^m = -\frac{a^{-1} z}{1 - a^{-1} z} = \frac{z}{z-a}$$

观察与对比例 6-2 和例 6-3 的两个结果:

$$a^n u(n) \leftrightarrow \frac{z}{z-a}, \quad |z| > a$$

$$-a^n u(-n-1) \leftrightarrow \frac{z}{z-a}, \quad |z| < a$$

可见,两个不同序列的复变函数 $F(z)$ 完全相同,差别仅是 $F(z)$ 的收敛域不一样。因此,在进行 z 变换时,为避免不确定性,在给出函数 $F(z)$ 的同时,不能遗漏 $F(z)$ 的收敛域。

4. 双边序列——无始无终序列

双边序列的 z 变换为

$$F(z) = \sum_{n=-\infty}^{\infty} f(n) z^{-n} = \sum_{n=-\infty}^{-1} f(n) z^{-n} + \sum_{n=0}^{\infty} f(n) z^{-n} = F_1(z) + F_2(z)$$

第一部分,无始有终序列的 $F_1(z)$ 收敛域为 $|z| < R_1$;

第二部分,有始无终序列的 $F_2(z)$ 收敛域为 $|z| > R_2$。

若 $R_1 > R_2$,级数的收敛域为圆环 $R_2 < |z| < R_1$;

若 $R_1 < R_2$,无收敛域,序列不存在 z 变换。

【例 6-4】　已知 $f(n) = \begin{cases} u(-n-1), & n < 0 \\ 0.5^n u(n), & n \geq 0 \end{cases}$,请分别求该序列的单边 z 变换和双边 z 变换。

解　(1) 序列的单边 z 变换

利用已知结果

$$a^n u(n) \leftrightarrow \frac{z}{z-a}, \quad |z| > a$$

把 $a = 0.5$ 代入,得

$$Z[0.5^n u(n)]=\frac{z}{z-0.5},\quad |z|>0.5$$

(2)序列的双边 z 变换

$$F(z)=\sum_{n=-\infty}^{\infty} f(n)z^{-n}=\sum_{n=-\infty}^{-1} z^{-n}+\sum_{n=0}^{\infty}0.5^n z^{-n}=F_1(z)+F_2(z)$$

其中

$$F_1(z)=Z[u(-n-1)]=\sum_{n=-\infty}^{-1} z^{-n}=\sum_{n=1}^{\infty} z^n=-\frac{z}{z-1},\quad |z|<1$$

$$F_2(z)=Z[0.5^n u(n)]=\frac{z}{z-0.5},\quad |z|>0.5$$

则有

$$F(z)=F_1(z)+F_2(z)=-\frac{z}{z-1}+\frac{z}{z-0.5}=-\frac{0.5z}{(z-1)(z-0.5)},\quad 0.5<|z|<1$$

6.3 z 变换的基本性质

z 变换可以由它的定义推出许多性质,这些性质反映了离散时间信号的时域特性和 z 域特性之间的若干关系,其中有不少与拉普拉斯变换的性质相对应。现在选择几种主要性质介绍如下,在无特别说明的情况下,这些性质既适用于单边 z 变换,也适用于双边 z 变换。

6.3.1 线性特性

z 变换的线性体现在它的齐次性与叠加性。

若有

$$f_1(n)\leftrightarrow F_1(z),\quad a_1<|z|<b_1$$
$$f_2(n)\leftrightarrow F_2(z),\quad a_2<|z|<b_2,$$

则有

$$k_1 f_1(n)+k_2 f_2(n)\leftrightarrow k_1 F_1(z)+k_2 F_2(z)$$
$$\max(a_1,a_2)<|z|<\min(b_1,b_2) \tag{6-3}$$

说明:$k_1F_1(z)+k_2F_2(z)$的收敛域是 $F_1(z)$的收敛域和 $F_2(z)$的收敛域的重叠部分,一般会缩小;当 $F_1(z)$与 $F_2(z)$在收敛域边界上的极点与零点相互抵消时,收敛域会扩大。

【例 6-5】 已知 $x(n)=a^n u(n)$,$y(n)=a^n u(n-1)$,求:$x(n)-y(n)$的 z 变换

解 $y(n)=a^n u(n-1)+\delta(n)-\delta(n)=a^n u(n)-\delta(n)$

$$Y(z)=\frac{z}{z-a}-1=\frac{a}{z-a},\quad |z|>a$$

$$X(z)=\frac{z}{z-a},\quad |z|>a$$

$Z[x(n)-y(n)]=\frac{z}{z-a}-\frac{a}{z-a}=1$,收敛域为 $0\leqslant|z|\leqslant\infty$ 。

【例 6-6】 求 $\sin\omega_0 n u(n)$的 z 变换。

解

$$\sin\omega_0 nu(t)=\frac{1}{2\mathrm{j}}(\mathrm{e}^{\mathrm{j}\omega_0 n}-\mathrm{e}^{-\mathrm{j}\omega_0 n})u(n)$$

根据

$$\mathrm{e}^{\mathrm{j}\omega_0 n}u(n)\leftrightarrow\frac{z}{z-\mathrm{e}^{\mathrm{j}\omega_0}},\quad |z|>1$$

$$Z[\sin\omega_0 nu(n)]=\frac{1}{2\mathrm{j}}\left[\frac{z}{z-\mathrm{e}^{\mathrm{j}\omega_0}}-\frac{z}{z-\mathrm{e}^{-\mathrm{j}\omega_0}}\right]=\frac{1}{2\mathrm{j}}\frac{z(z-\mathrm{e}^{-\mathrm{j}\omega_0}-z+\mathrm{e}^{\mathrm{j}\omega_0})}{z^2-z(\mathrm{e}^{\mathrm{j}\omega_0}+\mathrm{e}^{-\mathrm{j}\omega_0})+1}$$

$$=\frac{z\sin\omega_0}{z^2 2z\cos\omega_0+1},\quad |z|>1$$

6.3.2　移位特性

移位特性也称移序性质，它表示序列移序后的 z 变换与原序列 z 变换的关系。在解差分方程、分析离散时间系统的应用中发挥着重要作用。由于实际情况的多样性，移序类型较为复杂，下面讨论几种不同的移序。

1. 双边 z 变换的移序

(1)右移序列的单边 z 变换

设 $f(n)$ 是双边序列，其双边 z 变换为

$$F(z)=Z[f(n)]=\sum_{n=-\infty}^{\infty}f(n)z^{-n},\quad R_1<|z|<R_2$$

若 $m>0$，则有

$$f(n-m)\leftrightarrow z^{-m}F(z),\quad R_1<|z|<R_2$$

$$f(n+m)\leftrightarrow z^{m}F(z),\quad R_1<|z|<R_2$$

(2)左移序列的单边 z 变换

若有 $F(z)=Z[f(n)]$，$|z|>R$；设 $m>0$，则有

$$Z[f(n+m)u(n)]=z^m\left[F(z)-\sum_{k=0}^{m-1}f(k)z^{-k}\right],\quad |z|>R$$

常用到的几个左移序列的 z 变换为

$$Z[f(n+1)u(n)]=zF(z)-zf(0)$$

$$Z[f(n+2)u(n)]=z^2F(z)-z^2f(0)-zf(1)$$

$$Z[f(n+3)u(n)]=z^3F(z)-z^3f(0)-z^2f(1)-zf(2)$$

2. 单边 z 变换的移序

设 $f(n)$ 是任意序列，非因果序列或者因果序列。若有单边 z 变换 $F(z)=Z[f(n)]$，$|z|>R$，设 $m>0$，则有

$$f(n-m)u(n-m)\leftrightarrow z^{-m}F(z),\quad |z|>R$$

若 $f(n)$ 是非因果序列，则有

$$f(n-m)u(n)\leftrightarrow z^{-m}\left[F(z)+\sum_{n=-m}^{-1}f(n)z^{-n}\right],\quad |z|>R$$

若 $f(n)$ 是因果序列，则有

$$f(n-m)u(n)=f(n-m)u(n-m)\leftrightarrow z^{-m}F(z),\quad |z|>R$$

几个常用非因果右移序列的单边 z 变换为：

$$Z[f(n-1)u(n)]=z^{-1}F(z)+f(-1)$$
$$Z[f(n-2)u(n)]=z^{-2}F(z)+z^{-1}f(-1)+f(-2)$$
$$Z[f(n-3)u(n)]=z^{-3}F(z)+z^{-2}f(-1)+z^{-1}f(-2)+f(-3)$$

【例 6-7】 求序列 $a^{n-1}u(n-1)$ 和 $\delta(n-2)$ 的 z 变换。

解 已知 $a^nu(n)\leftrightarrow\dfrac{z}{z-a}$, $|z|>a$,利用因果序列的右移性得

$$Z[a^{n-1}u(n-1)]=z^{-1}\frac{z}{z-a}=\frac{1}{z-a}$$

已知 $\delta(n)\leftrightarrow 1, 0\leqslant|z|\leqslant\infty$,则

$$Z[\delta(n-2)]=1\times z^{-2}=z^{-2},\quad |z|>0$$

$\delta(n)$ 右移后收敛域缩小,不包括 $z=0$。

【例 6-8】 求序列 $a^nu(n-1)$ 和 $a^{n-1}u(n)$ 的 z 变换。

解 $a^nu(n-1)=aa^{n-1}u(n-1)$。因为

$$Z[a^{n-1}u(n-1)]=z^{-1}\frac{z}{z-a}=\frac{1}{z-a}$$

所以

$$Z[a^nu(n-1)]=\frac{a}{z-a}$$

$a^{n-1}u(n)=a^{-1}a^nu(n)$,该因果序列的 z 变换为

$$Z[a^{n-1}u(n)]=\frac{a^{-1}z}{z-a},\quad |z|>a$$

6.3.3 z 域尺度变换(序列乘 a^n)特性

若有

$$f(n)\leftrightarrow F(z),\quad R_1<|z|<R_2$$

则有

$$a^nf(n)\leftrightarrow F\left(\frac{z}{a}\right),\quad R_1<\left|\frac{z}{a}\right|<R_2$$

或

$$|a|R_1<|z|<|a|R_2$$

当 a 是正实数时,含义为:在时域对序列指数加权,在 z 域产生尺度扩展或压缩。比如,$z=z_0$ 是 $F(z)$ 的极点,当 $a=2$ 时,$2^nf(n)$ 的 z 变换 $F(z/2)$ 的极点则在 $z=2z_0$,极点到原点的距离扩展了两倍。

尺度变换的特例:

$$(-1)^nf(n)\leftrightarrow F(-z),\quad R_1<|z|<R_2$$
$$(a^{-1})^nf(n)\leftrightarrow F(az),\quad R_1<|az|<R_2$$

【例 6-9】 求图 6-3 所示序列的 z 变换。

解 序列的表达式为 $u(n)\leftrightarrow\dfrac{z}{z-1}$, $|z|>1$,由尺度变换得

$$(-1)^n u(n) \leftrightarrow \frac{-z}{-z-1} = \frac{z}{z+1}, \quad |z| > 1$$

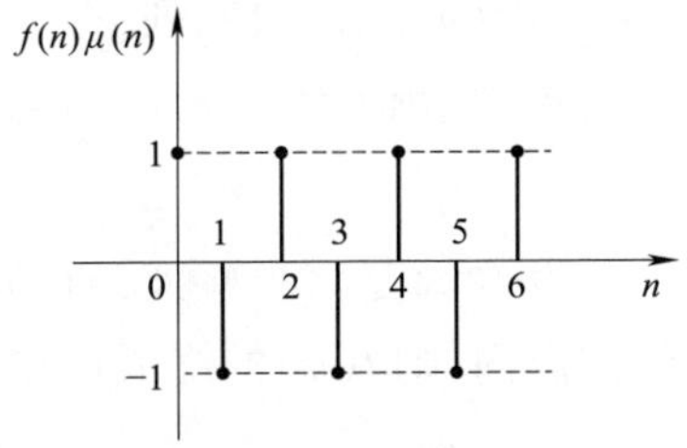

图 6-3 例 6-9 图

【例 6-10】 求 $\cos\omega_0 n u(n)$ 的 z 变换。

解

$$\cos\omega_0 n u(n) = \frac{1}{2}(e^{j\omega_0 n} + e^{-j\omega_0 n})u(n)$$

已知

$$u(n) \leftrightarrow \frac{z}{z-1}$$

$$e^{j\omega_0 n}u(n) \leftrightarrow \frac{\frac{z}{e^{j\omega_0}}}{\frac{z}{e^{j\omega_0}} - 1} = \frac{z}{z - e^{j\omega_0}}, \quad |z| > 1$$

则有

$$Z[\cos\omega_0 n u(n)] = \frac{1}{2}\left(\frac{z}{z - e^{j\omega_0}} + \frac{z}{z - e^{-j\omega_0}}\right) = \frac{z(z - \cos\omega_0)}{z^2 - 2z\cos\omega_0 + 1}, \quad |z| > 1$$

6.3.4 序列指数加权(z 域尺度变换)

若有

$$f(n) \leftrightarrow F(z), \quad R_1 < |z| < R_2$$

则有

$$nf(n) \leftrightarrow -z\frac{d}{dz}F(z), \quad R_1 < |z| < R_2$$

进一步推出

$$n^2 f(n) \leftrightarrow \left[-z\frac{d}{dz}\right]^2 F(z)$$

$$= -z\frac{d}{dz}\left[-z\frac{d}{dz}F(z)\right]$$

$$= z^2\frac{d^2}{dz^2}F(z) + z\frac{d}{dz}F(z)$$

【例 6-11】 若已知 $Z[\cos(n\omega_0)u(n)]$,求序列 $\beta^n\cos(n\omega_0)u(n)$ 的 z 变换。

解

$$F[\cos(n\omega_0)u(n)] = \frac{z(z - \cos\omega_0)}{z^2 - 2z\cos\omega_0 + 1}$$

$$F[\beta^n\cos(n\omega_0)u(n)] = \frac{\frac{z}{\beta}\left(\frac{z}{\beta} - \cos\omega_0\right)}{\left(\frac{z}{\beta}\right)^2 - 2\frac{z}{\beta}\cos\omega_0 + 1}$$

$$= \frac{1 - \beta z^{-1}\cos\omega_0}{1 - 2\beta z^{-1}\cos\omega_0 + \beta^2 z^{-2}}$$

其收敛域为 $\left|\frac{z}{\beta}\right| > 1$,即 $|z| > |\beta|$。

6.3.5 初值定理和终值定理

设$f(n)$为因果序列，有 $F(z)=Z[f(n)]$，$|z|>R$
则$f(n)$的初值为

$$f(0)=\lim_{z\to\infty}F(z) \tag{6-4}$$

设$f(n)$是因果序列，$F(z)=Z[f(n)]$除在$z=1$处有一阶极点外，其余全部极点都落在单位圆以内，则$f(n)$的终值存在，为

$$f(\infty)=\lim_{n\to\infty}f(n)=\lim_{z\to 1}(z-1)F(z) \tag{6-5}$$

【例 6-12】 已知$f(n)$是因果序列，且满足以下差分方程

$$f(n)-af(n-1)=u(n)$$

试求$f(0)$和$f(\infty)$。

解 若有$F(z)=Z[f(n)]$，则有$Z[f(n-1)]=z^{-1}F(z)$。对差分方程两边取z变换，有

$$F(z)-az^{-1}F(z)=\frac{z}{z-1}$$

整理得

$$F(z)=\frac{z^2}{(z-a)(z-1)},\quad |z|>\max[a,1]$$

由初值定理得

$$f(0)=\lim_{z\to\infty}F(z)=\lim_{z\to\infty}\frac{z^2}{(z-a)(z-1)}=1$$

当$a=1$时，在$z=1$处$F(z)$有二阶极点，根据终值定理知，终值$f(\infty)$不存在；当$|a|>1$时，$F(z)$在单位圆外有极点，终值也不存在；当$|a|<1$时，终值存在，且为

$$f(\infty)=\lim_{z\to 1}(z-1)F(z)=\lim_{z\to 1}\frac{z^2}{z-a}=\frac{1}{1-a}$$

注意：当$|a|>1$时，$f(\infty)\to\infty$，若在这种情况下错误地使用终值定理，将得到错误的结果。

6.3.6 时域卷积定理

类似于连续系统分析，在离散系统分析中也有时域卷积定理和z域卷积定理，其中时域卷积定理在系统分析中占有重要地位，而z域卷积定理应用较少，这里从略。

若有

$$f_1(n)\leftrightarrow F_1(z),\quad a_1<|z|<b_1$$
$$f_2(n)\leftrightarrow F_2(z),\quad a_2<|z|<b_2$$

则有

$$f_1(n)*f_2(n)\leftrightarrow F_1(z)F_2(z)$$
$$\max(a_1,a_2)<|z|<\min(b_1,b_2) \tag{6-6}$$

序列卷积和的收敛域通常是$F_1(z)$与$F_2(z)$收敛域的重叠区域，当出现两个收敛域边界上的零点与极点相互抵消的情况时，卷积和的收敛域会扩展。

【例 6-13】 已知$F(z)=Z[f(n)]$，$|z|>R$；试求有限和$\sum_{m=0}^{n}f(m)$的z变换。

解　$\sum_{m=0}^{n} f(m) = f(n) * u(n)$

根据时域卷积和定理知

$$Z\left[\sum_{m=0}^{n} f(m)\right] = Z[f(n) * u(n)] = \frac{z}{z-1}F(z),\ |z| > \max[R,1]$$

6.4　逆 z 变换

与需要进行拉普拉斯反变换一样，在离散时间系统的分析中，也要进行反 z 变换。给定复变函数 $F(z)$ 及收敛域，求序列 $f(n)$ 被称为逆 z 变换，或反 z 变换。在求逆 z 变换时，务必注意收敛域。相同的复变函数 $F(z)$，在不同收敛域情况下，逆变换将得到不同的序列 $f(n)$。

求反 z 变换的方法一般有三种：幂级数展开法、部分分式展开法和围线积分法。

一般而言，双边序列 $f(n)$ 可分解为因果序列 $f_1(n)$ 和反因果序列 $f_2(n)$ 两部分，即

$$f(n) = f_1(n) + f_2(n) = f(n)u(n) + f(n)u(-n-1)$$

相应地，其 z 变换也分两部分

$$F(z) = F_1(z) + F_2(z),\quad R_1 < |z| < R_2$$

已知像函数 $F(z)$ 及其收敛域，不难由 $F(z)$ 求得 $F_1(z)$ 和 $F_2(z)$，并分别求得它们所对应的原序列 $f_1(n)$ 和 $f_2(n)$，将两者相加得原序列 $f(k)$。

6.4.1　幂级数展开法（长除法）

根据 z 变换的定义，因果序列和反因果序列的 z 变换式分别为 z^{-1} 和 z 的幂级数，因此，根据给定的收敛域可将 $F_1(z)$ 和 $F_2(z)$ 展开成幂级数，级数的系数就是相应的序列值。

在一般情况下，z 变换式是有理函数，可表示为分式 $\frac{B(z)}{A(z)}$。

设 $F(z)$ 为有理分式结构 $F(z) = \frac{B(z)}{A(z)} = \frac{b_0 + b_1z^{-1} + \cdots + b_Mz^{-M}}{1 + a_1z^{-1} + a_2z^{-2}\cdots + a_Nz^{-N}}$，假如能把其展开为式(6-7)所示幂级数形式：

$$F(z) = \cdots + f(-2)z^2 + f(-1)z + f(0) + f(1)z^{-1} + + f(2)z^2\cdots = \sum_{n=-\infty}^{\infty} f(n)z^{-n} \quad (6\text{-}7)$$

则式(6-7)中的系数就是序列 $f(n)$。

【例 6-14】　已知像函数 $F(z) = \frac{z^2}{(z+1)(z-2)} = \frac{z^2}{z^2-z-2}$，其收敛域如下，分别求其相对应的原序列 $f(n)$。

(1) $|z| > 2$；(2) $|z| < 1$；(3) $1 < |z| < 2$。

解　(1) 由于 $F(z)$ 的收敛域在半径为 2 的圆外，故 $f(n)$ 为因果序列。用长除法将 $F(z)$ 展开为 z^{-1} 的幂级数

$$z^2/(z^2-z-2) = 1 + z^{-1} + 3z^{-2} + 5z^{-3} + \cdots$$

可得原序列

$$f(n) = \{\underset{\uparrow\, n=0}{1}, 1, 3, 5, \cdots\}$$

(2)由于 $F(z)$ 的收敛域为 $|z|<1$,故 $f(k)$ 为反因果序列。用长除法将 $F(z)$(按升幂排列)展开为 z 的幂级数

$$Z^2/(-2-Z-Z^2) = -\frac{1}{2}z^2+\frac{1}{4}z^3-\frac{3}{8}z^4+\frac{5}{16}z^5+\cdots$$

得原序列

$$f(n)=\left\{0,\frac{5}{16},-\frac{3}{8},\frac{1}{4},-\frac{1}{2},\underset{\substack{\uparrow\\ n=-1}}{0}\right\}$$

(3) $F(z)$ 的收敛域为 $1<|z|<2$,其原序列 $f(k)$ 为双边序列。将 $F(z)$ 展开为部分分式,有

$$F(z)=\frac{\frac{1}{3}z}{z+1}+\frac{\frac{2}{3}z}{z-2}$$

根据给定得收敛域不难看出,上式第一项属于因果序列的项函数 $F_1(z)$,第二项属于反因果序列的像函数 $F_2(z)$,即

$$F_1(z)=\frac{\frac{1}{3}z}{z+1},\quad |z|>1$$

$$F_2(z)=\frac{\frac{2}{3}z}{z-2},\quad |z|<2$$

将它们分别展开为 z^{-1} 及 z 的幂级数,有

$$F_1(z)=\frac{1}{3}-\frac{1}{3}z^{-1}+\frac{1}{3}z^{-2}-\frac{1}{3}z^{-3}+\cdots$$

$$F_2(z)=\cdots+\frac{1}{12}z^3-\frac{1}{6}z^2-\frac{1}{3}z$$

于是得原序列

$$f(n)=\left\{\cdots,-\frac{1}{12},-\frac{1}{6},-\frac{1}{3},\frac{1}{3},-\frac{1}{3},\frac{1}{3},-\frac{1}{3},\cdots\right\}$$

用幂级数法求反 z 变换时,一般只能得到 $f_1(n)$ 得头几项或 $f_2(n)$ 的后几项,只有在极为明显的情况下才可能得到闭合的表达式。

6.4.2 部分分式展开法

序列的 z 变换式 $F(z)$ 通常是 z 的有理函数,可表示为有理分式形式。类似于拉普拉斯反变换的部分分式展开法,求反 z 变换时,也可以先将 $F(z)$ 展成一些简单而常见的部分分式之和,然后分别求出各部分分式的反 z 变换,最后再将这些反 z 变换相加,即可得原序列 $f(n)$。

z 变换得基本形式为 $\frac{z}{z-\lambda}$,为保证得到这种基本变换式,常常先把函数 $\frac{F(z)}{z}$ 展开为部分分式,然后再乘以 z 即可。在对函数 $\frac{F(z)}{z}$ 进行部分分式展开时,其方法和在拉普拉斯反变换中将 $F(s)$ 展开成部分分式时完全一样,所不同的只是用 $\frac{F(z)}{z}$ 代替 $F(s)$。下面根据 $F(z)$ 的极点情况进行讨论。

1. $F(z)$ 均为单极点，且不为 0

当 $F(z)$ 含有 n 个单阶极点 $z_1, z_2, \cdots, z_k$ 时，$\frac{F(z)}{z}$ 可展开为

$$\frac{F(z)}{z}=\frac{K_0}{z}+\frac{K_1}{z-z_1}+\cdots+\frac{K_n}{z-z_n}$$

代入各系数，得

$$F(z) = K_0 + \sum_{i=1}^{n} \frac{K_i z}{z - z_i} \tag{6-8}$$

根据给定的收敛域，将上式划分为 $F_1(z)(|z|>R_1)$ 和 $F_2(z)(|z|<R_2)$ 两部分，根据已知的变换对，如

$$\delta(k)\leftrightarrow 1$$

$$a^k\varepsilon(k)\leftrightarrow\frac{z}{z-a},\ |z|>|a|$$

$$-a^k\varepsilon(-k-1)\leftrightarrow\frac{z}{z-a},\ |z|<|a|$$

等，就可得到式(6-8)中 $F(z)$ 的原序列。

【例 6-15】 已知像函数 $F(z)=\frac{z^2}{(z+1)(z-2)}$，求收敛域分别为：(1) $|z|>2$；(2) $|z|<1$；(3) $1<|z|<2$ 时所对应的原序列 $f(n)$。

解 根据 $F(z)$ 的极点分别为 -1，2 可将 $\frac{F(z)}{z}$ 展开为

$$\frac{F(z)}{z}=\frac{z}{(z+1)(z-2)}=\frac{\frac{1}{3}}{z+1}+\frac{\frac{2}{3}}{z-2}$$

即

$$F(z)=\frac{1}{3}\cdot\frac{z}{z+1}+\frac{2}{3}\cdot\frac{z}{z-2}$$

(1) 当 $|z|>2$ 时，$f(n)$ 为因果序列，得

$$f(n)=\left[\frac{1}{3}(-1)^n+\frac{2}{3}(2)^n\right]u(n)$$

(2) 当 $|z|<1$ 时，$f(n)$ 为反因果序列，得

$$f(n)=\left[-\frac{1}{3}(-1)^n-\frac{2}{3}(2)^n\right]u(-n-1)$$

(3) 当 $1<|z|<2$ 时，$f(n)$ 为双边序列，得

$$f(n)=\left[-\frac{1}{3}(-1)^n-\frac{2}{3}(2)^n\right]u(-n-1)$$

$$f(n)=\frac{1}{3}(-1)^n u(n)-\frac{2}{3}(2)^n u(-n-1)$$

由此例可见，用部分分式展开法可得到原序列的闭合形式的解。

【例 6-16】 已知像函数 $F(z)=\frac{z^{-2}}{1-1.5z^{-1}+0.5z^{-2}}$，$|z|>1$，求其逆变换。

解 根据卷积和定义得

$$F(z)=\frac{z^{-2}}{1-1.5z^{-1}+0.5z^{-2}}=\frac{1}{z^2-1.5z+0.5}=\frac{1}{(z-1)(z-0.5)}$$

可以两种展开思路：

方法一，根据 $Z[a^n u(n)]=\frac{z}{z-a}$ 的结构展开。

$$\frac{F(z)}{z}=\frac{1}{z(z-1)(z-0.5)}=\frac{k_1}{z}+\frac{k_2}{z-1}+\frac{k_3}{z-0.5}$$

计算各系数，得

$$k_1=z\frac{F(z)}{z}\bigg|_{z=0}=\frac{1}{(z-1)(z-0.5)}\bigg|_{z=0}=2$$

$$k_2=(z-1)\frac{F(z)}{z}\bigg|_{z=1}=\frac{1}{z(z-0.5)}\bigg|_{z=1}=2$$

$$k_3=(z-0.5)\frac{F(z)}{z}\bigg|_{z=0.5}=\frac{1}{z(z-1)}\bigg|_{z=0.5}=-4$$

将各系数代入 $\frac{F(z)}{z}$ 得

$$\frac{F(z)}{z}=\frac{2}{z}+\frac{2}{z-1}-\frac{4}{z-0.5}$$

则

$$F(z)=2+\frac{2z}{z-1}-\frac{4z}{z-0.5},\quad |z|>1$$

根据收敛域得

$$f(n)=2\delta(n)+(2-4\times 0.5^n)u(n)=2(1-0.5^{n-1})u(n-1)$$

方法二，按照 $Z[a^{n-1}u(n-1)]=\frac{1}{z-a}$ 的结构展开。

$$F(z)=\frac{k_2}{z-1}+\frac{k_3}{z-0.5}=\frac{2}{z-1}-\frac{2}{z-0.5},\quad |z|>1$$

逆变换得

$$f(n)=2(1-0.5^{n-1})u(n-1)$$

2. $F(z)$含有重极点

如果 $F(z)$ 展开式中含 $\frac{z}{(z-a)^r}$ 项，即重极点，则逆变换为若 $|z|>\alpha$，对应原序列为 $\frac{n(n-1)\cdots(n-r+2)}{(r-1)!}a^{n-r+1}u(n)$，因此以 $|z|>\alpha$ 为例分析：

当 $r=2$ 时，为 $nan^{-1}u(n)$；

当 $r=3$ 时，为 $\frac{1}{2}n(n-1)a^{n-2}u(n)$。

可如下推导记忆：

$$Z[a^n u(n)]=\frac{z}{z-a}$$

两边对 a 求导得

$$Z[na^{n-1}u(n)]=\frac{z}{(z-a)^2}$$

上式再对 a 求导得

$$Z[n(n-1)a^{n-2}u(n)]=\frac{2z}{(z-a)^3}$$

【例6-17】 已知像函数 $F(z)-\frac{z^3+z^2}{(z-1)^3}$，$|z|>1$，求其原函数 $f(n)$。

解 求得

$$\frac{F(z)}{z}=\frac{z^2+z}{(z-1)^3}=\frac{K_{11}}{(z-1)^3}+\frac{K_{12}}{(z-1)^2}+\frac{K_{13}}{z-1},$$

计算系数得

$$K_{11}=(z-1)^3\frac{F(z)}{z}\bigg|z=1=2$$

$$K_{12}=\frac{\mathrm{d}}{\mathrm{d}z\left[(z-1)^3\frac{F(z)}{z}\right]}\bigg|z=1$$

$$K_{13}=\frac{1}{2}\frac{\mathrm{d}^2}{\mathrm{d}z^2}\left[(z-1)^3\frac{F(z)}{z}\right]\bigg|z=1=1$$

从而得 $$F(z)=\frac{2z}{(z-1)^3}+\frac{3z}{(z-1)^2}+\frac{z}{z-1}$$

最终得到原函数为 $$f(n)=[n(n-1)+3n+1]u(k)$$

6.5 离散系统的 z 域分析

应用 z 变换的方法分析 LTI 离散系统的差分方程称为 z 域分析。它与连续系统的 s 域分析相对应。首先把时间域的差分方程变换为 z 域的代数方程，然后结合 z 变换的性质再进行反变换，系统的求解是很方便的。下面通过具体例子说明这一方法。

6.5.1 差分方程的 z 变换解

【例6-18】 设某系统的差分方程为

$$y(n)-y(n-1)-2y(n-2)=f(n)+2f(n-2)$$

若系统的起始状态 $y(-1)=2$，$y(-2)=-1/2$，输入 $f(n)=u(n)$。求系统的响应 $y_{zi}(n)$、$y_{zs}(n)$、$y(n)$。

解 根据已知条件 $y(n)-y(n-1)-2y(n-2)=f(n)+2f(n-2)$
对其方程取单边 z 变换得

$$Y(z)-[z^{-1}Y(z)+y(-1)]-2[z^{-2}Y(z)+y(-2)+y(-1)z^{-1}]=F(z)+2z^{-2}F(z)$$

整理得

$$Y(z)=\frac{(1+2z^{-1})y(-1)+2y(-2)}{1-z^{-1}-2z^{-2}}+\frac{1+2z^{-2}}{1-z^{-1}-2z^{-2}}F(z)$$

$$= \frac{z^2+4z}{z^2-z-2} + \frac{z^2+2}{z^2-z-2}\frac{z}{z-1}$$

上式第一项仅与起始状态有关,称为零输入响应的像函数,记为 $Y_{zi}(z)$;第二项仅与外加输入有关,称为零状态响应的像函数,记为 $Y_{zs}(z)$。进一步整理得

$$Y_{zi}(z) = \frac{z^2+4z}{(z-2)(z+1)} = \frac{2z}{z-2} + \frac{-z}{z+1} \to y_{zi}(n) = [2(2)^n - (-1)^n]u(n)$$

$$Y_{zs}(z) = \frac{2z}{z-2} + \frac{1}{2}\frac{z}{z+1} - \frac{3}{2}\frac{z}{z-1} \to y_{zs}(n) = \left[2^{n+1} + \frac{1}{2}(-1)^n - \frac{3}{2}\right]u(n)$$

系统的全响应为

$$y(n) = [2(2)^n - (-1)^n]u(n) + \left[2^{n+1} + \frac{1}{2}(-1)^n - \frac{2}{3}\right]u(n)$$

【例 6-19】 描述某一阶离散时间系统的差分方程为

$$r(n) + r(n-1) = 2e(n-1)$$

已知 $r(0)=3, e(n)=0.5^n u(n)$,求:全响应 $r(n)$、零状态响应 $r_{zs}(n)$ 和零输入响应 $r_{zi}(n)$。

解

(1)求全响应 $r(n)$

令原差分方程中每个序列都左移一位,把后向差分方程改写为如下前向差分方程:

$$\begin{cases} r(n+1) + r(n) = 2e(n) \\ r(0) = 3 \end{cases}$$

取 z 变换,利用 z 变换的左移性质和线性,得

$$[zR(z) - zr(0)] + R(z) = 2E(z)$$

代入边界条件和 $E(z) = Z[0.5^n u(n)]$,得

$$R(z) = \frac{3z}{z+1} + \frac{2z}{(z+1)(z-0.5)} = \frac{5}{3}\frac{z}{z+1} + \frac{4}{3}\frac{z}{z-0.5}$$

全响应序列为

$$r(n) = \left[\frac{5}{3}\times(-1)^n + \frac{4}{3}\times 0.5^n\right]u(n)$$

(2)求零状态响应 $r_z s(n)$

零状态响应满足如下差分方程

$$\begin{cases} r_{zs}(n) + r_{zs}(n-1) = 2e(n-1) \\ r_{zs}(-1) = 0 \end{cases}$$

对以上差分方程取 z 变换,有

$$R_{zs}(z) + z^{-1}R(z) = 2z^{-1}E(z)$$

整理得

$$R_{zs}(z) = \frac{2z^{-1}z}{(1+z^{-1})(z-0.5)} = \frac{2z}{(1+z)(z-0.5)} = -\frac{4}{3}\frac{z}{z+1} + \frac{4}{3}\frac{z}{z-0.5}$$

逆变换

$$r_{zs}(n) = \frac{4}{3}[0.5^n - (-1)^n]u(n)$$

(3)求零输入响应 $r_{zi}(n)$

$$r_{zi}(n)=r(n)-r_{zs}(n)=3(-1)^{n}u(n)$$

6.5.2　系统函数 $H(z)$

设线性时不变离散系统的输入信号为 $f(n)$,其零状态响应为 $y(n)$,则响应 $y(n)$ 的 z 变换与 $f(n)$ 的 z 变换之比定义为系统函数 $H(z)$,即

$$H(z)=\frac{Y(z)}{F(z)} \tag{6-9}$$

设描述 N 阶 LTI 系统的差分方程为

$$\sum_{k=0}^{N}a_{k}y(n-k)=\sum_{r=0}^{M}b_{r}f(n-r)$$

输入为因果信号,在零状态下,对上式取 z 变换,得

$$Y(z)=\frac{\sum\limits_{r=0}^{M}b_{r}z^{-r}}{\sum\limits_{k=0}^{N}a_{k}z^{-k}}\cdot F(z)$$

从而系统函数

$$H(z)=\frac{Y(z)}{F(z)}=\frac{\sum\limits_{r=0}^{M}b_{r}z^{-r}}{\sum\limits_{k=0}^{N}a_{k}z^{-k}} \tag{6-10}$$

由此可见,系统函数 $H(z)$ 仅取决于系统的结构与参数,而与系统的激励和响应无关,一旦差分方程给定,$H(z)$ 可立即确定;反之亦然。

由于 $H(z)$ 与单位响应构成 z 变换对,即

$$h(n)\leftrightarrow H(z)$$

由卷积定理,当已知 $H(z)$ 和 $F(z)$ 后,则系统响应为

$$y(n)=Z^{-1}[F(z)H(z)] \tag{6-11}$$

图6-4所示为分析离散系统的重要对应关系,它与频域分析和 s 域分析的形式是一致的。

$$f(n)\rightarrow h(n)\rightarrow y(n)=f(n)*h(n)$$

$$\updownarrow \qquad \updownarrow \qquad \updownarrow$$

$$F(z)\rightarrow H(z)\rightarrow Y(z)=F(z)H(z)$$

图6-4　时域分析与 z 域分析对应关系

【例6-20】　已知描述某离散时间系统的差分方程为

$$r(n)-5r(n-1)-6r(n-2)=2e(n-1)$$

求:(1)$H(z)$;

(2)$h(n)$;

(3)$e(n)=2^{n}u(n)$ 时系统的零状态响应。

解　(1)求系统函数 $H(z)$

设激励是任意因果序列,响应是零状态响应,有 $Z[e(n)]=E(z)$,$Z[r(n)]=R(z)$。对差分方程取 z 变换,得

$$R(z)-5z^{-1}R(z)+6z^{-2}R(z)=2z^{-1}E(z)$$

整理得

$$H(z)=\frac{R(z)}{E(z)}=\frac{2z^{-1}}{1-5z^{-1}+6z^{-2}}=\frac{2z}{z^2-5z+6}$$

(2)求系统单位脉冲响应 $h(n)$

$$H(z)=\frac{2z}{z^2-5z+6}=\frac{2z}{(z-3)(z-2)}=\frac{2z}{z-3}-\frac{2z}{z-2}$$

这是一个因果系统,故 $h(n)$ 是因果序列,上式的逆变换为

$$h(n)=2(3^n-2^n)u(n)$$

(3)求系统零状态响应

当 $E(z)=Z[2^nu(n)]=\frac{z}{z-2}$, $|z|>2$ 时,零状态响应的 z 变换为

$$R_{zs}(z)=H(z)E(z)=\frac{2z}{z^2-5z+6}\times\frac{z}{z-2}=\frac{6z}{z-3}-\frac{4z}{(z-2)^2}-\frac{6z}{z-2}$$

利用已知变换对 $\frac{az}{(z-a)^2}\leftrightarrow na^2u(n)$,上式的逆变换为

$$r_{zs}(n)=(6\times3^n-2n\times2^n-6\times2^n)u(n)=[2\times3^{n+1}-(n+3)\times2^{n+1}]u(n)$$

6.5.3 离散系统的 z 域模拟

前面曾介绍过离散系统的时域模拟,其中一个重要单元就是单位延时器。在 z 域,根据移位特性,时间域移动(延迟)1 位就变为因子 z^{-1},所以在 z 域可用 z^{-1} 表示延迟单元的功能,如图 6-5 所示。

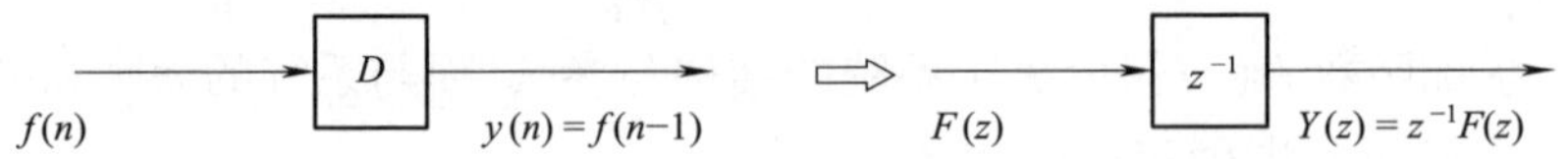

图 6-5　延迟单元的表示

若给定系统方程或系统函数 $H(z)$,就可以利用加法器、常数乘法器和 z^{-1} 单元构成系统的 z 域模拟图。下面介绍两种模拟形式。

1. 直接形式 1

设有系统函数

$$H(z)=\frac{1+4z^{-1}}{1+2z^{-1}+3z^{-2}}$$

它表明系统的 z 域方程为

$$(1+2z^{-1}+3z^{-2})Y(z)=(1+4z^{-1})F(z)$$

即有

$$Y(z)=(-2z^{-1}-3z^{-2})Y(z)+(1+4z^{-1})F(z)$$

依上式关系可画出图 6-6 所示系统模拟图。

2. 直接形式 2

设系统函数的一般形式为

$$H(z)=\frac{\sum_{r=0}^{M}b_rz^{-r}}{1+\sum_{k=1}^{N}a_kz^{-k}},\quad M\leqslant N$$

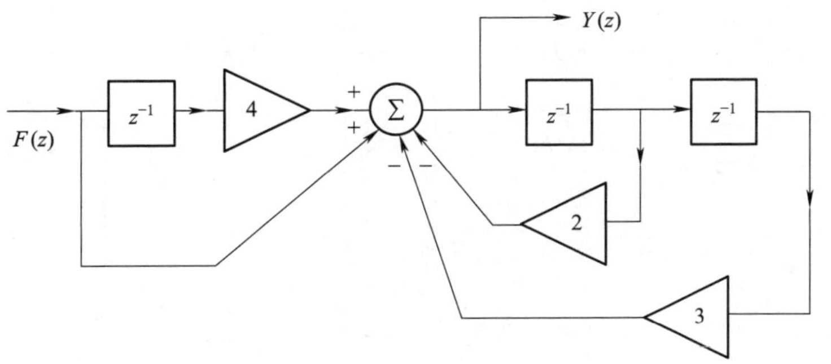

图6-6　系统模拟图

为简便起见,以二阶系统为例,设

$$H(z)=\frac{b_0+b_1z^{-1}+b_2z^{-2}}{1+a_1z^{-1}+a_2z^{-2}}=\frac{N(z)}{D(z)}$$

上式意味着

$$Y(z)=\frac{N(z)}{D(z)}F(z)$$

令中间变量

$$X(z)=\frac{F(z)}{D(z)}$$

则有

$$\begin{cases}Y(z)=N(z)X(z)=(b_0+b_1z^{-1}+b_2z^{-2})X(z)\\F(z)=D(z)X(z)=(1+a_1z^{-1}+a_2z^{-2})X(z)\end{cases}\tag{6-12}$$

进而

$$X(z)=F(z)-a_1z^{-1}X(z)-a_2z^{-2}X(z)\tag{6-13}$$

由式(6-12)和式(6-13)可得图6-7所示模拟图,它含有两个求和器。这种形式也称标准形式的模拟图,它与连续系统 s 域模拟规律类似。

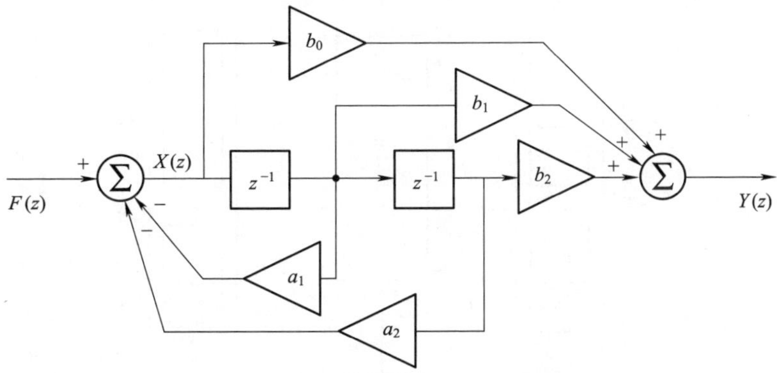

图6-7　直接形式2的模拟图

离散系统的 z 域模拟也可以画为信号流图的形式。与 s 域的流图相似,首先把模拟单元换为流图单元,如图6-8所示,然后按 $H(z)$ 的关系画出流图形式。

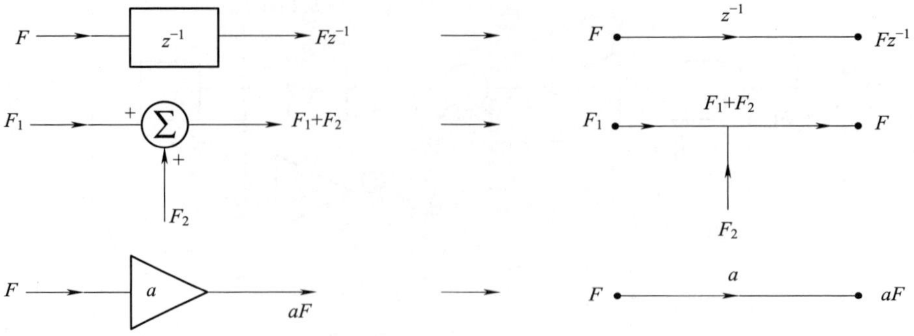

图 6-8　流图单元的表示

按照上述信号流图单元的规定，可以画出图 6-7 所示模拟图的两种信号流图形式，如图 6-9 所示。两节点间传递系数为 1 时也可以只画箭头不标数值。

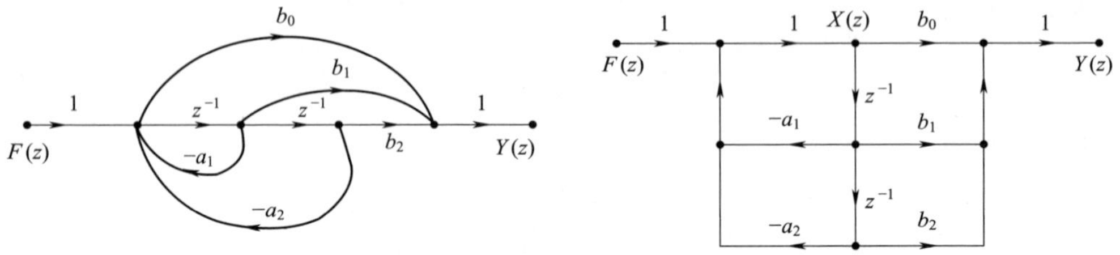

图 6-9　两种形式的流图示例

根据上述 z 域模拟的思想，工程上可用数字硬件装配成一台专门的设备，称为数字信号处理机。图 6-10 为一种数字处理机的硬件结构图。当然，也可以利用通用计算机将所需处理的过程用软件来实现。有关内容已超出本书的要求，不再述及。

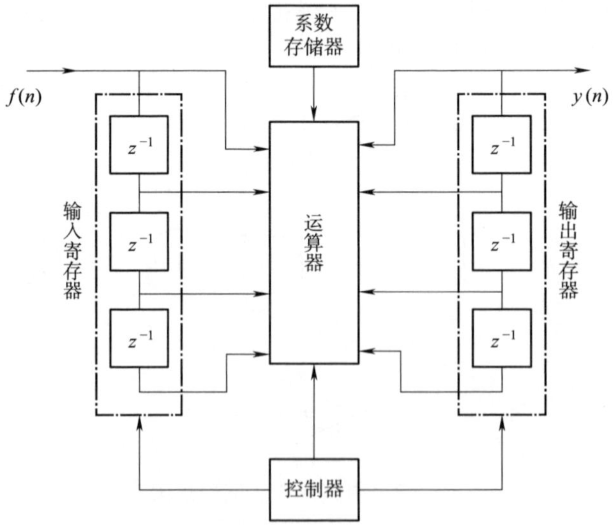

图 6-10　数字处理机的硬件结构图

6.6　系统函数 $H(z)$ 的零、极点分布与系统特性

6.6.1　系统函数的零、极点分布与系统时域特性之间的关系

与拉普拉斯变换在连续时间系统中的作用类似，在离散时间系统中，z 变换建立了时间函数 $f(n)$ 和 z 域函数 $F(z)$ 之间的转换关系。因此，可以从 z 变换函数 $F(z)$ 的形式反映出时间函数 $f(n)$ 的内在性质。

一个离散时间系统，如果它的系统函数 $H(z)$ 是有理函数，那么它的分子多项式和分母多项式都可以分解为因式相乘的形式，即

$$H(z) = b_m \frac{\prod_{i=1}^{m}(z - z_i)}{\prod_{j=1}^{k}(z - p_j)} \tag{6-14}$$

式中，$z_i(i=1,2,\cdots,m)$ 和 $p_j(j=1,2,\cdots,k)$ 分别是系统函数 $H(z)$ 的零点和极点。系统函数 $H(z)$ 与系统的单位函数响应 $h(n)$ 是一对 z 变换，即

$$h(n) \leftrightarrow H(z)$$

所以，$H(z)$ 的零、极点分布情况完全决定了单位函数响应 $h(n)$，亦即决定了系统的时域性质。

如果把 $H(z)$ 展开成部分分式，那么 $H(z)$ 每个极点将决定一项对应的时间序列。对于系统函数只含一阶极点 $p_1,p_2,\cdots,p_k$ 的因果系统，$h(n)$ 可表示为

$$h(n) = Z^{-1}\{H(z)\} = Z^{-1}\left\{\sum_{j=0}^{k}\frac{A_j z}{z - p_j}\right\} \tag{6-15}$$

式中，$p_0=0$。若 $H(z)$ 表达式的分子和分母的次数相等，即 $m=k$，则上式可写成

$$h(n) = Z^{-1}\left\{A_0 + \sum_{j=1}^{k}\frac{A_j z}{z - p_j}\right\} = A_0\delta(n) + \sum_{j=1}^{k}A_j p_j^n \varepsilon(n) \tag{6-16}$$

如果 $m<k$，则

$$h(n) = Z^{-1}\left\{\sum_{j=1}^{k}\frac{A_j z}{z - p_j}\right\} = \sum_{j=1}^{k}A_j p_j^n \varepsilon(n) \tag{6-17}$$

其中极点 p_j 可以是实数，但一般情况下，它是以成对的共轭复数形式出现的。

由式(6-16)和式(6-17)可见，单位函数响应 $h(n)$ 的特性取决于 $H(z)$ 的极点，其幅值由系数 A_j 决定，而 A_j 与 $H(z)$ 的零点分布有关。与拉普拉斯变换相似，$H(z)$ 的极点决定 $h(n)$ 的波形特征，而零点只影响 $h(n)$ 的幅度与相位。下面讨论 $H(z)$ 的极点分布与 $h(n)$ 的波形关系。

1. 单阶实数极点

设 $p=r$，则

$$h(n) = r^n\varepsilon(n)$$

若 $|r|>1$，极点在单位圆外，$h(n)$ 为增幅指数序列；若 $|r|<1$，极点在单位圆内，$h(n)$ 为减幅指数序列；若 $|r|=1$，极点在单位圆上，$h(n)$ 为等幅序列。

2. 共轭极点

设 $p_1=r\mathrm{e}^{\mathrm{j}\theta}$，$p_2=r\mathrm{e}^{-\mathrm{j}\theta}$，则

$$H(z)=\frac{Az}{z-re^{j\theta}}+\frac{A*z}{z-re^{-j\theta}}$$

为分析方便起见，令 $A=1$，可得对应系统的单位函数响应为

$$h(n)=2(r)^n\cos(n\theta)\varepsilon(n)$$

若 $r>1$，则极点在单位圆外，$h(n)$为增幅振荡序列；若 $r<1$，则极点在单位圆内，$h(n)$为减幅振荡序列；若 $r=1$，则极点在单位圆上，$h(n)$为等幅振荡序列，如图 6-11 所示。

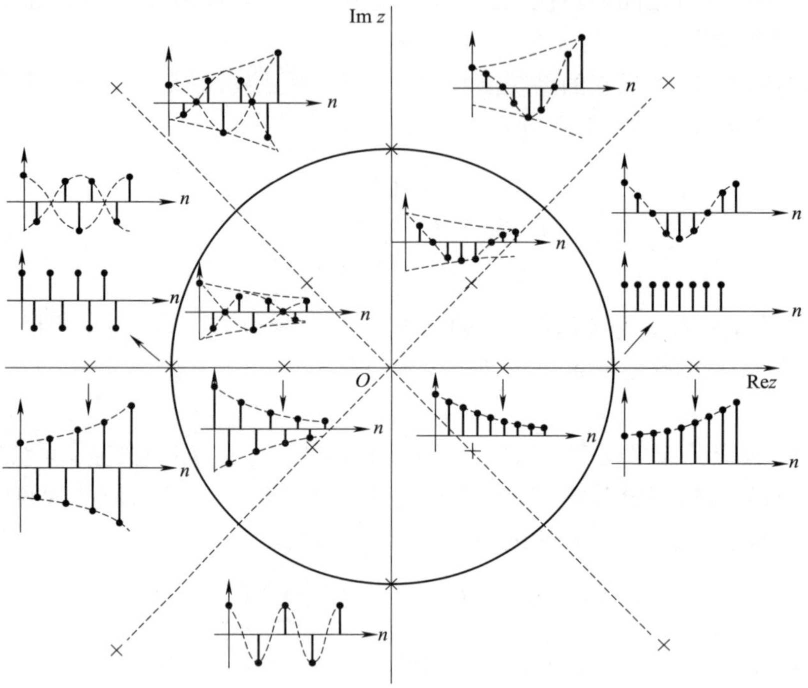

图 6-11　$H(z)$的极点分布与$h(n)$的波形关系

【例 6-21】　一线性时不变系统，设激励为单位阶跃序列时，已知其零状态响应为 $a(n)$，试求系统的单位函数响应。

解　因为

$$e(n)=\varepsilon(n)\text{时},y_{ZS}(n)=a(n)$$

又

$$E(z)=Z\{e(n)\}=\frac{z}{z-1}$$

$$Y_{ZS}(z)=Z\{a(n)\}\overset{\text{设}}{=}A(z)$$

根据系统函数的定义，有

$$H(z)=\frac{Y_{ZS}(z)}{E(z)}=\frac{A(z)(z-1)}{z}=A(z)-\frac{A(z)}{z}$$

由于单位函数响应与系统函数是一对 z 变换，所以

$$\begin{aligned}h(n)&=Z^{-1}\{H(z)\}=Z^{-1}\left\{A(z)-\frac{A(z)}{z}\right\}\\&=Z^{-1}\{A(z)\}-Z^{-1}\{z^{-1}A(z)\}\\&=a(n)-a(n-1)\end{aligned}$$

6.6.2 系统函数的零、极点分布与系统稳定性的关系

离散时间系统稳定的充分必要条件是单位函数响应 $h(n)$ 绝对可和,即

$$\sum_{n=-\infty}^{+\infty} |h(n)| \leqslant M \tag{6-18a}$$

式中,M 为有限正值。式(6-18a)也可写作

$$\sum_{n=-\infty}^{+\infty} |h(n)| < +\infty \tag{6-18b}$$

直接由式(6-18)判断系统稳定性比较困难。由于 $h(n)$ 和 $H(z)$ 存在密切关系,所以,可以从系统函数 $H(z)$ 的收敛域来判断系统的稳定性。由 z 变换定义和系统函数定义可知

$$H(z) = \sum_{n=-\infty}^{+\infty} h(n) z^{-n} \tag{6-19}$$

当 $|r| = 1$(在 z 平面单位圆上)时,对于稳定系统,有

$$H(z) \Big|_{|z|=1} = \sum_{n=-\infty}^{+\infty} h(n) < \infty \tag{6-20}$$

这表明,对于稳定的离散时间系统,$H(z)$ 的收敛域应包含单位圆在内。

对于因果系统,$h(n) = h(n)\varepsilon(n)$ 为因果序列,它的 z 变换的收敛域包含 $+\infty$ 点,通常收敛域表示为 $R_1 < |z| \leqslant +\infty$ 。

在实际问题中经常遇到的稳定因果系统应同时满足以上两方面的条件,亦即

$$\begin{cases} R_1 < |z| \leqslant +\infty \\ R_1 < 1 \end{cases} \tag{6-21}$$

这时,$H(z)$ 的全部极点均在单位圆内。

对于反因果系统,$h(n) = h(n)\varepsilon(-n-1)$ 为反因果序列,它的 z 变换的收敛域为 $|z| < R_2$,如果它是稳定系统,则它的收敛域同样应包含单位圆在内,这时,$H(z)$ 的全部极点均应在单位圆外。

【例 6-22】 表示某离散系统的差分方程为

$$y(n) + 1.2y(n-1) - 0.64y(n-2) = e(n) + e(n-1)$$

试根据 $H(z)$ 的收敛域讨论此系统的因果性和稳定性。

解 由差分方程可直接写出系统函数

$$H(z) = \frac{1 + z^{-1}}{1 + 1.2z^{-1} - 0.64z^{-2}}$$

也可写成

$$H(z) = \frac{z(z+1)}{(z-0.4)(z+1.6)}$$

由于 $H(z)$ 有两个极点 $p_1 = 0.4, p_2 = -1.6$,$H(z)$ 可能的收敛域一共有 3 个。

(1)当收敛域为 $|z| < 0.4$ 时,$h(n)$ 是反因果序列,收敛域不包含单位圆,此时系统是非因果的和不稳定的。

(2)当收敛域为 $0.4 < |z| < 1.6$ 时,$h(n)$ 是双边序列收敛域包含单位圆,此时系统是非因果的和稳定的。

(3)当收敛域为 $|z| > 1.6$ 时,$h(n)$ 是因果序列,收敛域不包含单位圆,此时系统是因果的和不稳定的。

小　结

(1)z 变换方法是分析 LTI 离散系统的重要数学工具。对离散信号 $f(n)$，有如下的 z 变换对：

$$F(z)=\sum_{n=0}^{\infty}f(n)z^{-n}$$

$$f(n)=\frac{1}{2\pi j}\oint_C F(z)z^{n-1}dz$$

(2)在离散系统中，求零状态响应的 z 域方法如下：

①对差分方程取 z 变换，求出系统函数 $H(z)$。

②求取输入序列 $f(n)$ 的 z 变换 $F(z)$。

③取乘积 $Y(z)=F(z)H(z)$。

④取 $Y(z)$ 的反变换得零状态响应 $y(n)$。

(3)卷积定理用于系统分析非常方便，即

$$\begin{array}{ccccc} y(n) & = & f(n) & * & h(n) \\ \updownarrow & & \updownarrow & & \updownarrow \\ Y(z) & = & F(z) & \cdot & H(z) \end{array}$$

(4)在 z 域，单位响应和阶跃响应得 z 域关系为

$$S(z)=\frac{z}{z-1}H(z)$$

(5)冲激响应不变法

$$H(s)=\sum_{i=1}^{n_i}\frac{K_i}{s-s_i}\rightarrow H(z)=\sum_{i=1}^{n}\frac{K_i}{1-e^{s_iT}z^{-1}}$$

(6)因果 LTI 离散系统稳定得充分必要条件为

$$\sum_{n=0}^{\infty}|h(n)|<\infty$$

换言之，若 $H(z)$ 得所有极点均位于单位圆内，则系统稳定。

习　题

6-1　求下列各序列的 z 变换，用闭合形式表示，并画出零极点图，标明收敛区。

(1) $\left(\frac{1}{5}\right)^n[\varepsilon(n)-\varepsilon(n-8)]$；　　(2) $\left(\frac{1}{2}\right)^n\sin\left(\frac{\pi n}{3}+\frac{\pi}{4}\right)\varepsilon(n)$；

(3) $x(n)=\begin{cases}0, & n<0 \text{ 或 } n>12\\ 1, & 0\leqslant n\leqslant 11\end{cases}$；　　(4) $\cos\left(\frac{\pi n}{4}+\frac{\pi}{3}\right)\varepsilon(n)$。

6-2　求下列 $F(z)$ 的反变换 $f(n)$。

(1) $F(z)=\dfrac{1-0.5z^{-1}}{1+\frac{3}{4}z^{-1}+\frac{1}{8}z^{-2}}$；　　(2) $F(z)=\dfrac{1-2z^{-1}}{z^{-1}+2}$；

(3) $F(z)=\sum_{n=0}^{\infty}f(n)z^{-n}$；　　　　(4) $F(z)=\dfrac{3z^2+z}{(z-0.2)(z+0.4)}$。

6-3　试用z变换的性质求以下序列的z变换。

(1) $f(n)=(n-3)\varepsilon(n-3)$；　　　　(2) $f(n)=\varepsilon(n)-\varepsilon(n-N)$。

6-4　利用幂级数展开式 $\lg(1-\omega)=-\sum_{i=1}^{\infty}\dfrac{\omega^i}{i}(|\omega|<1)$，求下列各式的反z变换。

(1) $X_1(z)=\lg(1-2z)$，$|z|<\dfrac{1}{2}$；　　　　(2) $X_2(z)=\lg\left(1-\dfrac{1}{2}z^{-1}\right)$，$|z|>\dfrac{1}{2}$。

6-5　利用部分分式展开法，求 $F(z)=\dfrac{z}{(z-1)^2(z-2)}$ 在下列收敛域上的反z变换。

(1) $|z|>2$；　(2) $|z|<1$；　(3) $1<|z|<2$。

6-6　已知描述某一 LTI 系统输出的差分方程为

$$y(n)=e(n)-e^{-8\alpha}e(n-8),\quad 0<\alpha<1$$

试求：

(1) 系统函数 $H_1(z)=\dfrac{X(z)}{Y(z)}$，并在z平面中画出其零极点图，标出收敛域；

(2) 该系统逆系统的系统函数 $H_2(z)=\dfrac{X(z)}{Y(z)}$，当使 $x(n)=e(n)$ 时，分析 $H_2(z)$ 的所有可能收敛域，并指出逆系统的因果性和稳定性；

(3) 求出逆系统 $x(n)=h_2(n)*y(n)=e(n)$ 的单位函数响应 $h_2(n)$，并分析可能使 $e(n)$ 得以恢复的条件。

6-7　设有差分方程

$$2y(n)+y(n-1)-y(n-2)=4f(n)+f(n-1)$$

试求阶跃响应 $s(n)$。

6-8　设系统差分方程为

$$y(n)-5y(n-1)+6y(n-2)=f(n)$$

起始状态 $y(-1)=3$，$y(-2)=2$，当 $f(n)=2\varepsilon(n)$ 时，求系统的响应 $y(n)$。

6-9　设有系统方程

$$y(n)-0.2y(n-1)+0.8y(n-2)=f(n)+2f(n-1)$$

试画出其z域的模拟框图。

6-10　已知某离散系统框图如图6-12所示，试求出描述系统的差分方程。

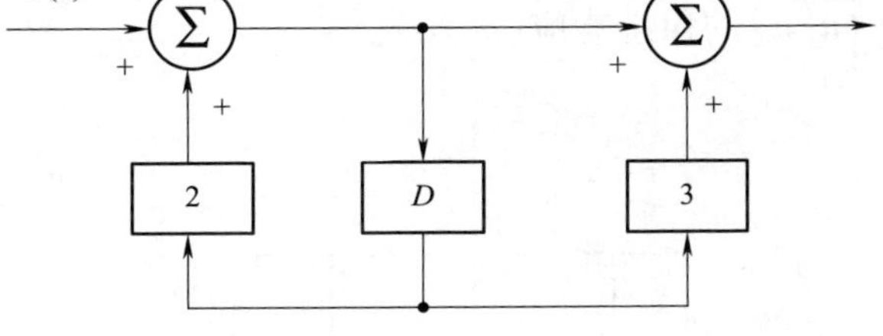

图6-12　题6-10图

6-11　有图6-13所示系统，试求其系统函数 $H(z)$ 和单位响应 $h(n)$。

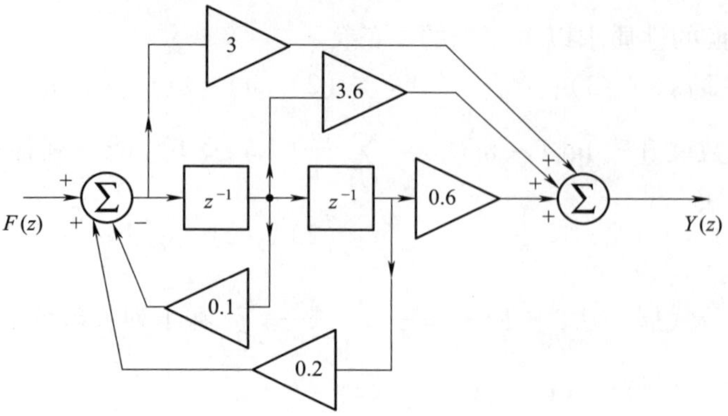

图6-13　题6-11图

6-12　利用 z 变换，求下列给定初始状态和激励的系统全响应。

(1) $y(n)-3y(n-1)=f(n)$，$f(n)=4\varepsilon(n)$，$y(-1)=1$；

(2) $y(n)-5y(n-1)+6y(n-2)=f(n)$，$f(n)=\varepsilon(n)$，$y(-1)=3$，$y(-2)=2$。

6-13　[考研真题]一个线性时不变因果系统可用如下差分方程描述：

$$y(n)-y(n-1)+\frac{1}{4}y(n-2)=x(n)+\frac{1}{4}x(n-1)-\frac{1}{8}x(n-2)$$

求其逆系统的系统函数，并确定原系统是否存在一个稳定的因果逆系统。

6-14　[考研真题]图6-14所示的离散因果系统，当 K 满足什么条件时，系统是稳定的？

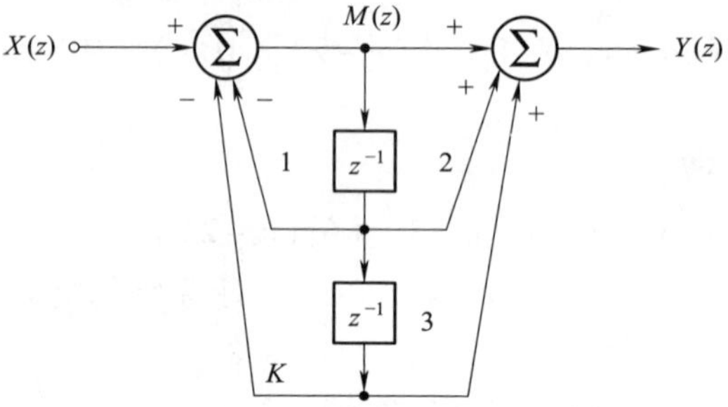

图6-14　题6-14图

6-15　[考研真题]已知某离散系统的频率响应特性如图6-15所示。求信号 $x[n]=\left[1+(-1)^n+\cos\left(\frac{\pi}{4}n\right)\right]u[n]$ 的稳态响应($n\geqslant 0$)。

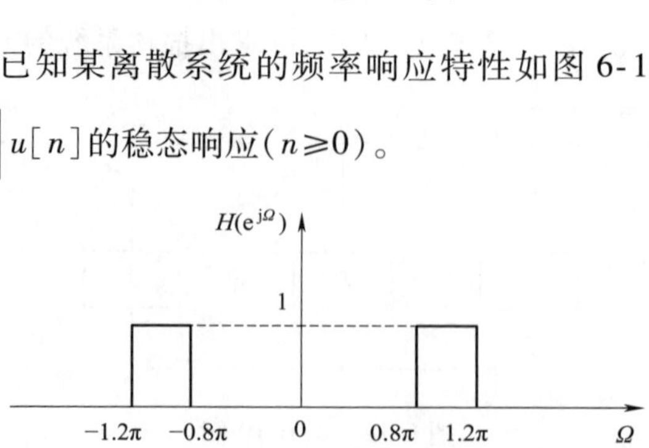

图6-15　题6-15图

6-16　[考研真题]微分器可以看作一个线性时不变连续系统，其系统函数为 $H_a(s)=s$，以 $s=\frac{2}{T_s}\cdot\frac{1-z^{-1}}{1+z^{-1}}$ 替换则可以设计线性时不变离散系统，这种方法称为双线性变换法，其中 $T_s>0$。

(1)画出上述离散系统的系统框图。

(2)确定离散系统的频率特性 $H_d(e^{j\Omega})$，此处 Ω 指数字角频率，并大致画出 $\Omega\in(-\pi,\pi)$ 的幅频特性。

6-17　[考研真题]已知一个离散系统的系统框图如图 6-16 所示，其中系数 a_0,a_1,a_2 均为非 0 的实常数，系统的频率响应特性在 $\Omega=0$ 时为 1，在 $\Omega=\frac{2\pi}{3}$ 时为 0。求符合上述条件的系数 a_0,a_1,a_2。

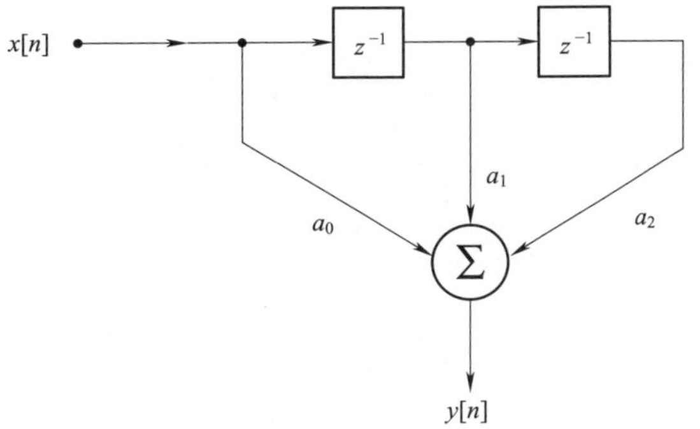

图 6-16　题 6-17 图

6-18　[考研真题]已知一个有噪信号 $x(t)=s(t)+n(t)$，其中，$s(t)$ 是期望的信号，$n(t)$ 是加性噪声，都是有限带宽的，即

$$|S(f)|^2=0,\quad |f|\geqslant 10\ \text{kHz}$$
$$|N(f)|^2=0,\quad |f|\geqslant 20\ \text{kHz}$$

$S(f)$ 和 $N(f)$ 分别为 $s(t)$ 和 $n(t)$ 用频率表示的傅里叶变换，如图 6-17(a)所示。假设利用图 6-17(b)所示的系统来处理 $x(t)$ 以减小噪声的影响，尽量使信号 $s(t)$ 不失真。

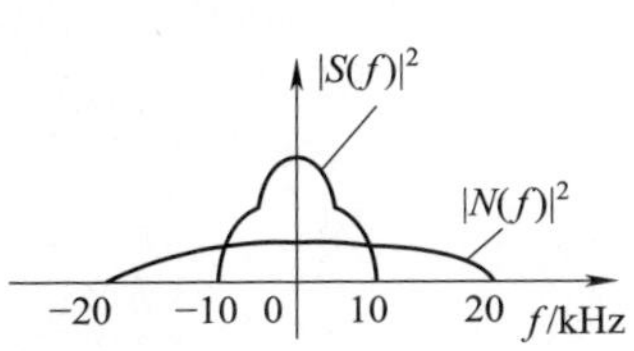

(a)

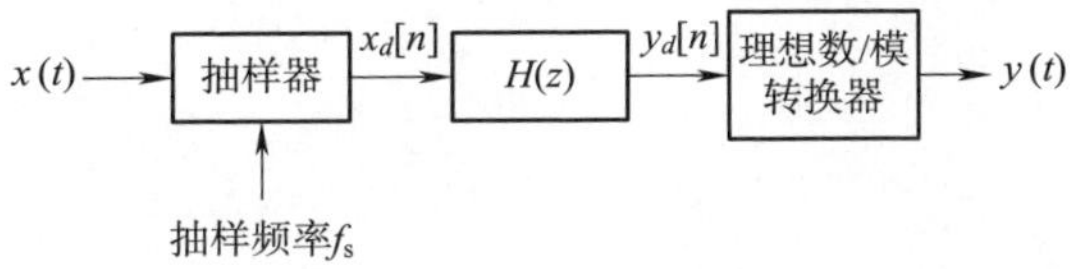

(b)

图 6-17　题 6-18 图

对于 $H(z)$，下面有四个二阶数字滤波器可供选择，每一个滤波器的增益都是 $K=0.25$，各自的零点 $\{z_i\}$ 和极点 $\{p_i\}$ 如下所示：

系统 A：$z_i=\pm 1$，$p_i=\frac{\sqrt{2}}{2}e^{\pm j\frac{\pi}{2}}$；

系统 B：$z_1=-1, z_2=0, p_i=\frac{\sqrt{2}}{2}e^{\pm j\frac{\pi}{4}}$；

系统 C：$z_1=-1, z_2=0, p_i=\sqrt{2}e^{\pm j\frac{\pi}{2}}$；

系统 D：$z_i=\pm 1, p_i=\pm 0.5$。

其中 $i=1,2$，抽样频率 $f_s=50$ kHz。

(1)从这些滤波器中挑选一个合适的，并解释原因。

(2)确定所选滤波器的 $H(z)$。

第7章 基于MATLAB的信号与系统实例分析

学习目标

(1)了解MATLAB软件的知识与特点。
(2)掌握MATLAB的窗口与应用方法。
(3)掌握MATLAB方法实现信号的时域及频域分析。
(4)掌握MATLAB方法实现信号波形。
(5)掌握MATLAB中常见的运算及函数应用。
(6)掌握MATLAB方法用于系统函数分析的方法。

学习导言

工欲善其事,必先利其器。方法性知识是与时俱进的。古人的钻木取火曾立过功,计算尺曾被采用过许多年。而今,计算机方法成为更快速、更有效的解决途径。

7.1 概 述

联系实际、注重应用是教育的重要体现,“信号与系统”不仅内容丰富,系统性强,而且应用广泛,其所研究的对象和众多例题都是以应用为目的。为了适应发展和便于工程应用,本章介绍了MATLAB方法,结合实验一并进行,引导学生学会用其解决信号与系统分析的有关问题,从而提高学习效率,培养工程素养。

7.2 MATLAB简介

7.2.1 MATLAB的知识与特点

MATLAB是美国MathWorks公司于1984年推出的一款功能强大的商业数学软件,用于算法开发、数据可视化、数据分析以及数值计算的高级技术计算语言和交互式环境。

MATLAB是matrix&laboratory两个词的组合,意为矩阵工厂(矩阵实验室),软件主要面对科学计算、可视化以及交互式程序设计的高科技计算环境。它将数值分析、矩阵计算、科学数据可视化以及非线性动态系统的建模和仿真等诸多强大功能集成在一个易于使用的视窗环境中,为科学研究、工程设计以及必须进行有效数值计算的众多科学领域提供了一种全面的解决方案,并在很大程度上摆脱了传统非交互式程序设计语言(如 C、Fortran)的编辑模式。

MATLAB 可以进行矩阵运算、绘制函数和数据、实现算法、创建用户界面、连接其他编程语言的程序等,主要应用于工程计算、控制设计、信号处理与通信、图像处理、信号检测、金融建模设计与分析等领域。

此外,MATLAB 还有以下特点:

(1)数值计算功能强,每个数值元素都视为复数,用双精度(64 位)一种格式,编程简化。

(2)具有符号计算功能、简单而强大的作图功能。

(3)功能多,可扩展性强,有多种工具箱作专门处理。

(4)新的版本中加入了对 C、Fortran、C++、Java 的支持,可以直接调用。

(5)用户可以将自己编写的实用程序导入 MATLAB 函数库中,以便于以后调用。

(6)众多的 MATLAB 爱好者编写了一些经典程序,用户可以直接下载使用。

7.2.2 MATLAB 的应用

以 MATLAB 6. X 为例,其集成环境有桌面平台及八个组成部分:指令窗口、历史指令窗口、工作台及工具箱窗口、工作目录窗口、工作空间窗口、矩阵编辑器、程序编辑器和帮助浏览器。

双击桌面上 MATLAB 图标进入 MATLAB 后,即可看到命令窗口(Command Window),它是主窗口,当显示“>>”时,表示系统处于准备接收命令的状态。

一些常用的波形产生和运算的函数如下:

sawtooth	产生周期锯齿波或三角波	cumsum	信号累加
square	产生周期方波	sum	信号求和
pulstran	脉冲串	diff	信号微分
sinc	辛格函数	conv	信号卷积
fliplr	信号翻转	quad	信号卷积
Heaviside(t)	阶跃函数 $\varepsilon(t)$	Dirac(t)	冲激函数 $\delta(t)$
syms	定义符号变量	Simple(f)	化简
diff(f)	微分	Diff(f,2)	二阶导数
int(f,a,b)	定积分	dsolve	求微分方程的解
Impulse(b,a)	求冲激响应	Step(b,a)	求阶跃响应

1. 连续信号频域分析函数

进行周期信号的频谱分析,其符号形式为

int(f,t,a,b)

代码中,f 为符号表达式;t 为积分变量;a 和 b 分别为积分的下限和上限。

【例 7-1】 计算傅里叶系数的被积函数 $Ae^{-jn\omega t}$。

解
```
f = A * exp(-j * n * 2 * pi/T * t);
Fn = int(f,t, -tao/2,tao/2)/T;
```

【例7-2】 $f(t)=3e^{-2t}\varepsilon(t)$计算其频谱密度函数。

解 f=3 * exp(-2 * t) * sym('Heaviside(t));

F=fourier(f);

2. 系统的复频域分析函数

(1)信号的拉式变换指令为

Fs=laplace(ft,t,s)

代码中,ft为信号f(t)的符号表达式;t为积分变量;s为复频率;Fs为拉普拉斯变换$F(s)$。

(2)信号的拉普拉斯反变换格式为

f_t=ilaplace(fs,s,t)

(3)系统零、极点指令格式为

sys=tf(b,a)

sys=zpk(z,p,k)

z=tzero(sys),p=pole(sys)

pzmap(sys)

impulse(sys)

step(sys)

3. 离散系统分析的基本函数

(1)求差分方程零状态响应时,其调用格式为

y=filter(b,a,x)

(2)求单位响应$h(n)$的调用格式为

h=impz(b,a)

(3)求离散卷积和时,调用格式为

y=conv(h,x)

代码中,h为单位响应序列值,x为输入序列值,分别存储$h(n)$和$x(n)$的行向量。

(4)z变换,调用格式为

Fz=ztrans(fn,n,z)

代码中,fn为$f(n)$的符号表达式,n为序号,z为频率。

(5)计算频率响应,调用格式为

freqz(b,a)

freqz(b,a,n)

代码中,b和a分别为系统函数$H(z)$的分子、分母之系数向量;n为频率的计算点数,常取z的整数幂,绘制频率特性的横坐标的范围为0~π。

7.3 用MATLAB方法实现信号波形

【例7-3】 应用MATLAB方法实现单位阶跃信号和矩形脉冲信号。

解 t=-1:2;

x=(t>=0);

```
subplot(1,2,1),stairs(t,x),axis([ -1,2, -0. 1,1. 2]),grid on;
title('阶跃信号');
xlabel('时间(t)');
ylabel('幅值(f)');
t = -1:0. 001:1;
g = (t > = ( -1/2)) - (t > =(1/2));
subplot(1,2,2),stairs(t,g),axis([ -1,1, -0. 1,1. 2]),grid on;
title('矩形脉冲');
xlabel('时间(t)');
ylabel('幅值(f)');
```

运行结果如图 7-1 所示。

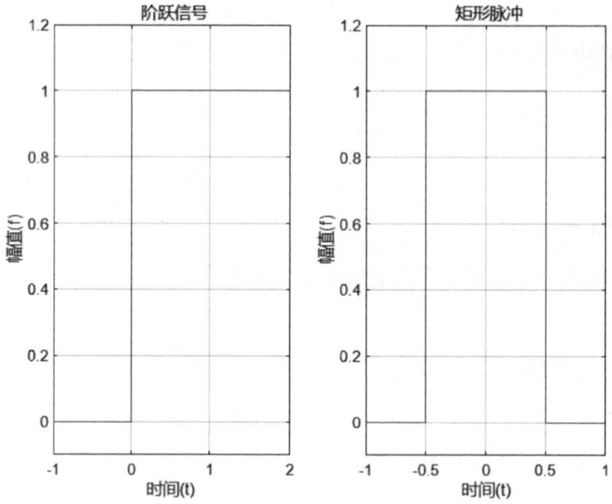

图 7-1　例 7-3 信号波形图

【例 7-4】　应用 MATLAB 方法生成正弦信号。

解

```
A =2;
f =3;
phi = pi/6;
t =0:0. 000 1:5;
y = A * cos(3 * f * t + phi);
y1 = A * cos(3 * f * (t -5) + phi);
y2 = A * cos(3 * f * (t +5) + phi);
plot(t,y,''),grid on,hold on;
plot(t,y1,'g');
plot(t,y2,'y');
title('正弦信号');
xlabel('时间(t)');
ylabel('幅值(f)');
```

运行结果如图7-2所示。

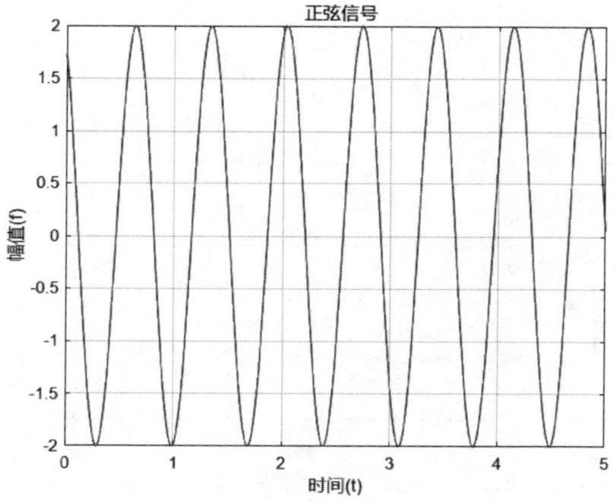

图7-2　例7-4信号波形图

【例7-5】　应用MATLAB方法生成指数函数信号。

解
```
fplot(@(t)exp(t),[-1,3]),grid on;
title('指数信号');
xlabel('时间(t)');
ylabel('幅值(f)');
```

运行结果如图7-3所示。

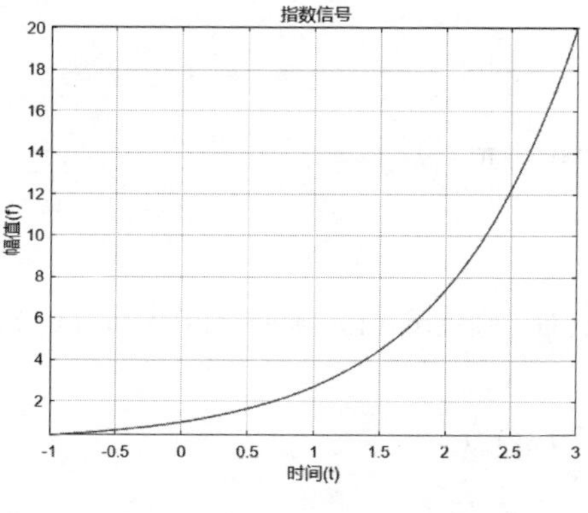

图7-3　例7-5信号波形图

【例7-6】　应用MATLAB方法生成Sa函数和sinc函数波形。

解
```
t=-5:0.01:5;
f1=sinc(t);
subplot(2,1,1),plot(t,f1),grid on;
title('sinc(t)信号');
xlabel('时间(t)');
ylabel('幅值(f)');
t=-3*pi:0.01*pi:3*pi;
f2=sinc(t/pi);
```

```
subplot(2,1,2),plot(t,f2),grid on;
title('Sa(t)信号');
xlabel('时间(t)');
ylabel('幅值(f)');
```

运行结果如图 7-4 所示。

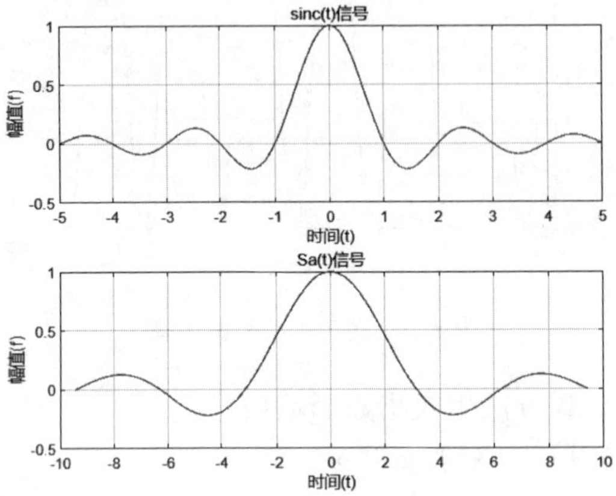

图 7-4　例 7-6 信号波形图

【例 7-7】　应用 MATLAB 方法进行信号的简单运算。

解

```
subplot(3,1,1),fplot(@(t)(cos(18*pi*t)+cos(20*pi*t)),[0,pi],LineStyle
="-",Color='r'),
grid on;
title('cos(18πt)+cos(20πt)');
xlabel('时间(t)');
ylabel('幅值(f)');
subplot(3,1,2),fplot(@(t)(sinc(t).*cos(20*pi*t)),[-3,4],LineStyle="-"),
gridon;
title('sinc(t)*cos(20πt)');
xlabel('时间(t)');
ylabel('幅值(f)');
subplot(3,1,3),fplot(@(t)((2+2*sin(4*pi*t)).*cos(50*pi*t)),[-2,4],
linestyle="-"),grid on;
title('(2+2sin(4πt))*cos(50πt)');
xlabel('时间(t)');
ylabel('幅值(f)');
```

运行结果如图 7-5 所示。

【例 7-8】　应用 MATLAB 方法进行信号的抽样。

解

```
t=-3*pi:0.01:3*pi;
s=sinc(t/pi);
```

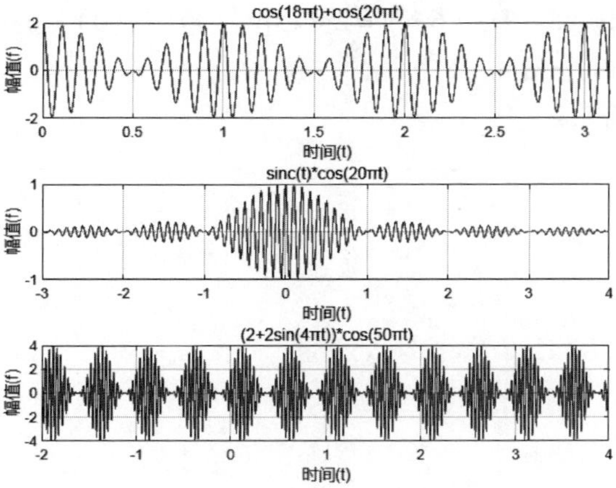

图 7-5　例 7-7 信号波形图

```
subplot(3,1,1),plot(t,s,'r'),grid on;
title('Sa(t)');
xlabel('时间(t)');
ylabel('幅值(f)');
p = zeros(1,length(t));
for i =20:-1:-20
p = p + rectpuls(t +0.6 * i,0.4);
end
```

运行结果如图 7-6 所示。

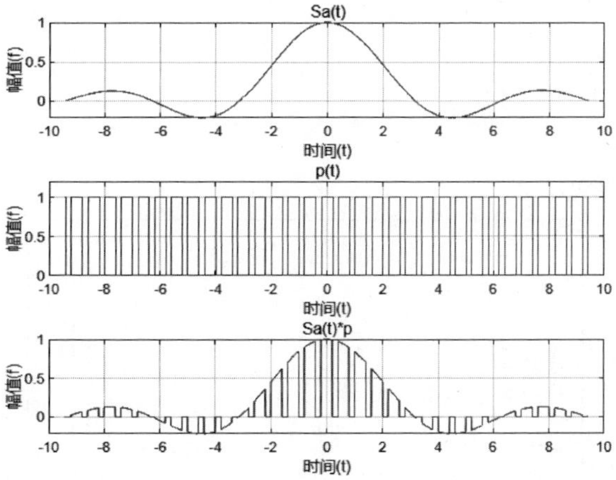

图 7-6　例 7-8 信号波形图

7.4　MATLAB 方法用于时域分析

【例 7-9】　设方程 $y''(t)+5y'(t)+6y(t)=2e^{-t}\varepsilon(t)$，试求零状态响应 $y(t)$。

解 yzs = dsolve('D2y + 5 * Dy + 6 * y = 2 * exp(- t)','y(0) = 0,Dy(0) = 0')

fplot(yzs,[0,8]),grid on;

运行结果如图 7-7 所示。

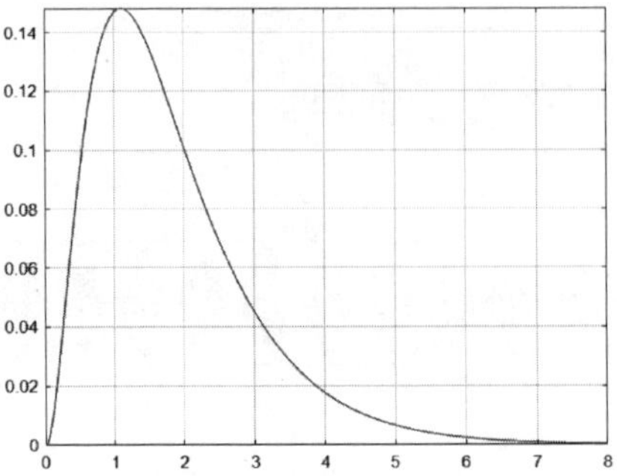

图 7-7 例 7-9 信号波形图

【例 7-10】 已知二阶系统方程

$$u_c''(t) + \frac{R}{L}u_c'(t) + \frac{1}{LC}u_c(t) = \frac{1}{LC}\delta(t)$$

对下列情况分别求 $h(t)$,并画出其波形。

a. R = 4 Ω,L = 1 H,C = 1/3 F

b. R = 2 Ω,L = 1 H,C = 1 F

c. R = 1 Ω,L = 1 H,C = 1 F

d. R = 0 Ω,L = 1 H,C = 1 F

解

```
R = input('电阻 R = ');
L = input('电感 L = ');
C = input('电容 C = ');
b = 1/(L * C);
a = [1 R/L 1/(L * C)];
impulse(b,a);
```

运行结果如图 7-8 所示。

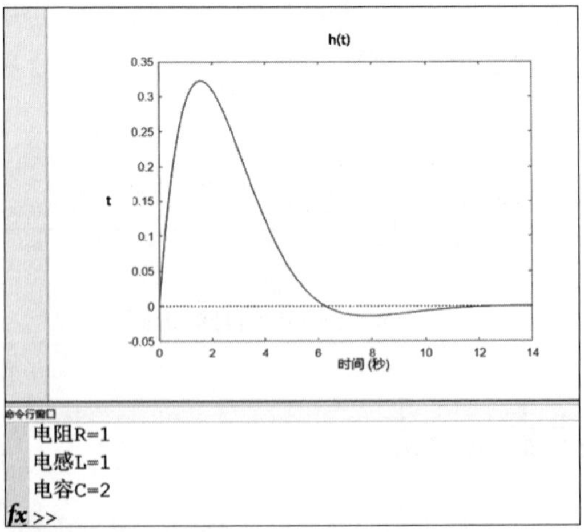

图 7-8 例 7-10 信号波形图

【例 7-11】 实现卷积 $f(t)*h(t)$，其中，$f(t)=2[\varepsilon(t)-\varepsilon(t-1)]$，$h(t)=\varepsilon(t)-\varepsilon(t-2)$。

解

```
p=0.01;
nf=0:p:2;
f=2*((nf>=0)-(nf>=1));
nh=0:p:2;
h=((nh>=0)-(nf>=2));
conv(f,h);
subplot(3,1,1),stairs(nf,f),grid on;
title('f(t)'),axis([0,3,0,3]);
subplot(3,1,2),stairs(nh,h),grid on;
title('h(t)'),axis([0,3,0,3]);
left=nf(1)+nh(1);
right=length(nf)+length(nh)-2;
y=conv(f,h);
y=y*p;
k=p*(left:right);
subplot(3,1,3),plot(k,y),grid on;
title('y(t)=f(t)*h(t)'),axis([0,3,0,3]);
```

运行结果如图 7-9 所示。

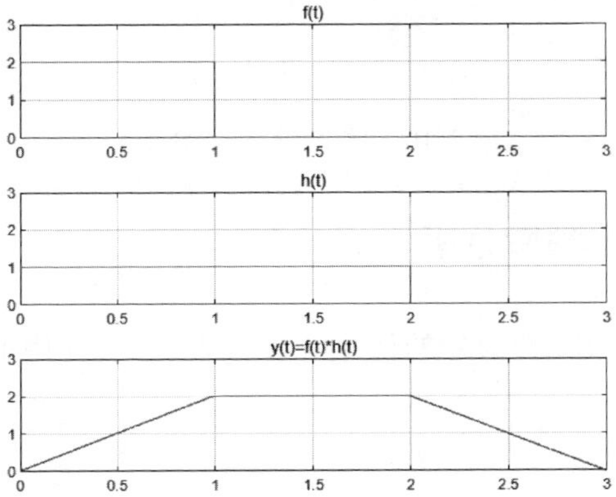

图 7-9　例 7-11 信号波形图

【例 7-12】 实现卷积 $f(t)*h(t)$，其中，$f(t)=2[\varepsilon(t)-\varepsilon(t-2)]$，$h(t)=e^{-t}\varepsilon(t)$。

解

```
p=0.01;
nf=0:p:2;
f=2*((nf>=0)-(nf>=2));
nh=0:p:4;
h=exp(-nh);
conv(f,h);
subplot(3,1,1),stairs(nf,f),grid on;
```

```
title('f(t)'),axis([0,3,0,3]);
subplot(3,1,2),stairs(nh,h),gridon;
title('h(t)'),axis([0,3,0,3]);
left = nf(1) + nh(1);
right = length(nf) + length(nh) - 2;
y = conv(f,h);
y = y * p;
k = p * (left:right);
subplot(3,1,3),plot(k,y),grid on;
title('y(t) = f(t) * h(t)'),axis([0,3,0,3]);
```

运行结果如图 7-10 所示。

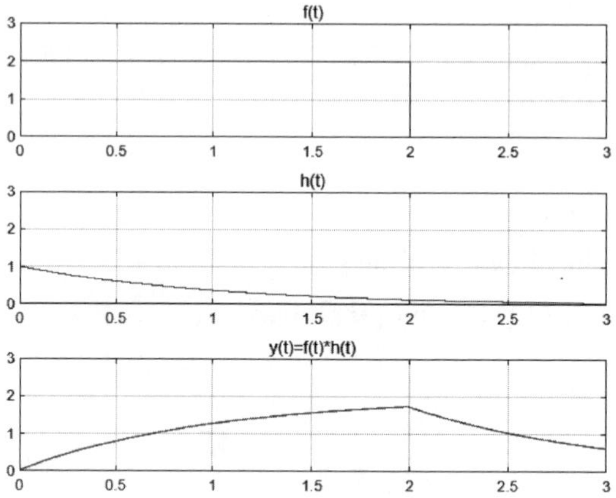

图 7-10 例 7-12 信号波形图

7.5 MATLAB 方法用于频域分析

【例 7-13】 求周期矩形脉冲信号的傅里叶级数表示式,并用 MATLAB 方法求出 N = 7 和 N = 21 时的合成图。

解

```
t = -3:0.001:3;
N = input('N = ');
F0 = 0.5;
fN = F0 * ones(1,length(t));
for n = 1:2:N
    fN = fN + cos(pi * n * t) * sinc(n/2);
end
plot(t,fN);
title('fN(t)');
axis([-3,3,-0.2,1.2]),grid on;
```

运行结果如图 7-11 所示。

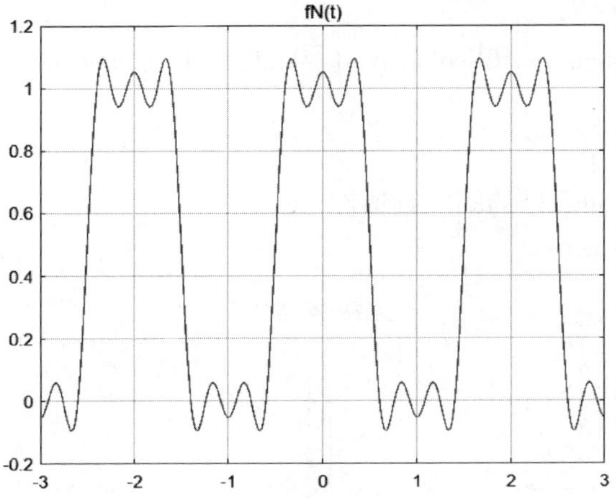

（a）N=7时

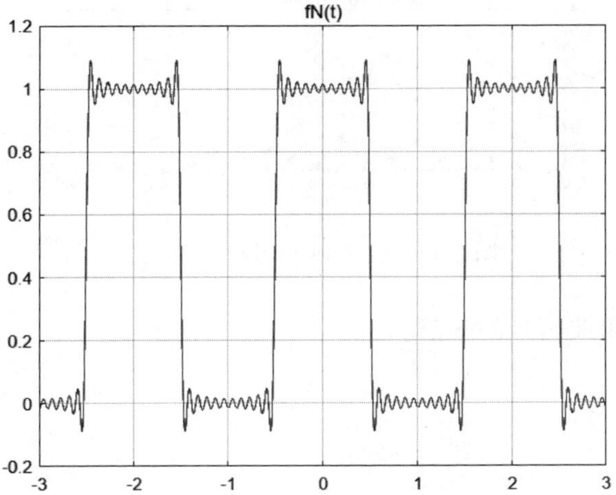

（b）N=21时

图7-11 例7-13信号波形图

【例7-14】 绘制矩形脉冲的图像及幅度频谱图。

解
```
fs = 150;
N = 200;
f = 1/fs;
t = (-(N-1):N-1)*f;
A = 1;
P = 2*pi;
y = A*square(P*(t+0.05),10);
subplot(2,1,1),plot(t,y),axis([-1.2,1.2,0,1.5]),grid on;
xlabel('时间');
ylabel('幅值');
title('周期矩形脉冲信号');
Y = fft(y);
```

```
fy = (abs(Y) * 2)/N;
subplot(2,1,2),stem(fy,'filled'),axis([0,20,0,4]),hold on,grid on;
xlabel('频率');
ylabel('幅值');
title('周期矩形脉冲信号的幅度频谱图');
```

运行结果如图 7-12 所示。

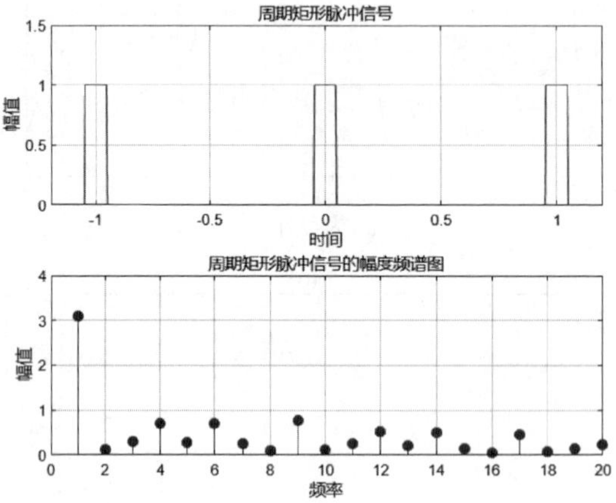

图 7-12　例 7-14 信号频谱图

【例 7-15】　求出三角波信号的频谱。

解

```
syms t w;
f = (1 - (abs(t)/2));
ft = f * exp( -1i * w * t);
F = int(ft,t, -2,2);
F = simplify(F);F;
m = -8:0.01:8;
ezplot(abs(F),m);grid on;
title('三角波信号的频谱');
```

运行结果如图 7-13 所示。

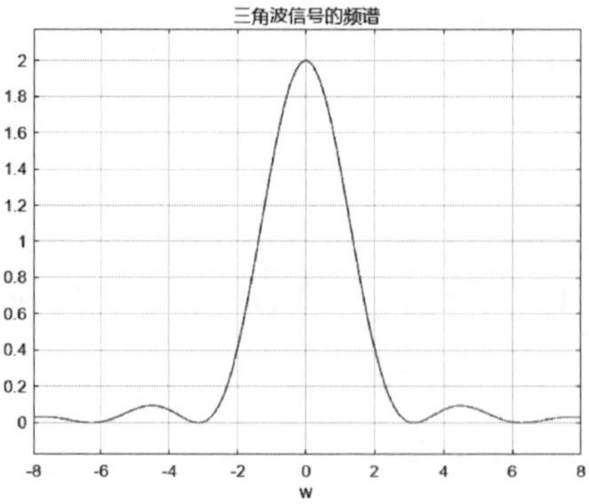

图 7-13　例 7-15 信号频谱图

【例7-16】　求出二阶低通滤波器的幅频特性和相频特性。

解
```
Q = input('输入 Q =');
normalizedw = linspace(0.1,10,100);
H = 1./(1 - normalizedw.^2 + 1i * normalizedw/Q);
subplot(1,2,1),plot(normalizedw,abs(H));
title('幅频特性曲线');grid on
subplot(1,2,2),plot(normalizedw,angle(H));
title('相频特性曲线');grid on;
```
运行结果如图7-14所示。

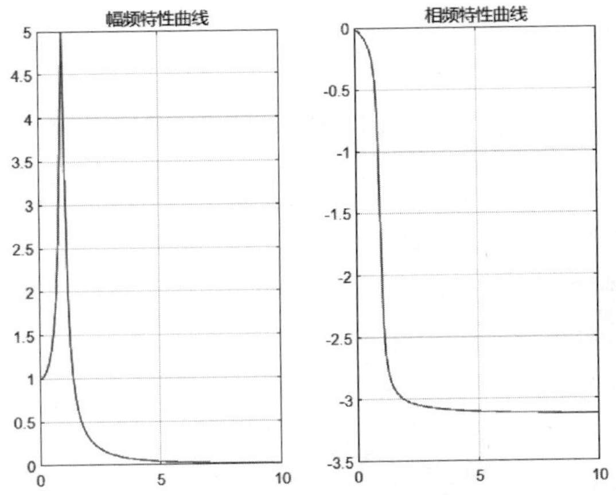

图7-14　例7-16信号波形图

【例7-17】　三阶低通滤波器特性为

$$H(\omega)=\frac{1}{(j\omega)^3+3(j\omega)^2+2(j\omega)+1}$$

试求:(1)该系统的幅频特性 $|H(\omega)|$ 和相频特性 $\varphi(\omega)$;(2)该系统的冲激响应 $h(t)$。

解　(1)求该系统的冲激响应的程序如下:
```
w = 0:0.01:5;
H = 1./((j * w).^3 + 3 * (j * w).^2 + 2 * j * w + 1);
subplot(1,2,1),plot(w,abs(H));
title('幅频特性曲线');grid;axis tight;
subplot(1,2,2),plot(w,angle(H));
title('相频特性曲线');grid;axis tight;
```
运行结果如图7-15所示。

(2)求该系统的冲激响应的程序如下:
```
b = 1;
a = [1 3 2 1];
impulse(b,a);
```
运行结果如图7-16所示。

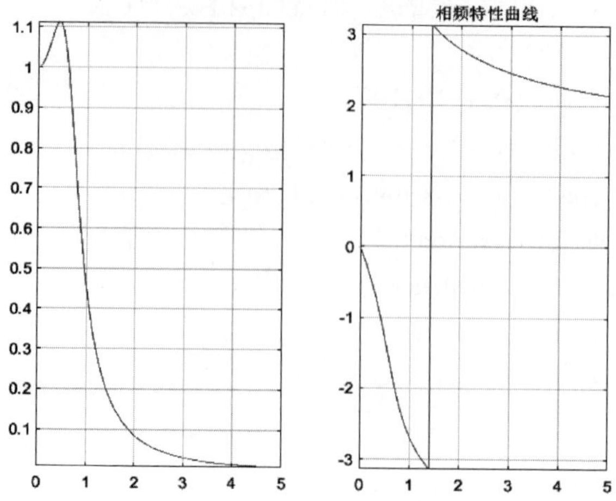

图 7-15　例 7-17(1)信号波形图

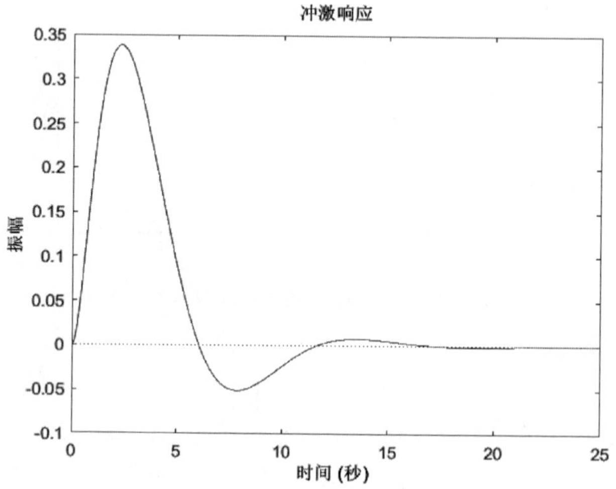

图 7-16　例 7-17(2)信号波形图

7.6　MATLAB 方法用于复频域分析

【例 7-18】　求拉普拉斯变换：(1)$f(t)=2\cos\omega t$；(2)$f(t)=3e^{-2t}\varepsilon(t)$。

解
```
syms t w;
fat = 2 * cos(w * t);
fbt = 3 * exp(-2 * t);
fas = laplace(fat);
fbs = laplace(fbt);
p = 0.1;
x = -1:p:0.5;
```

```
y = -5:p:5;
[x,y] = meshgrid(x,y);
s = x + 1i * y;
Fas = abs((2 * s)./(s.^2 +1));
Fbs = abs(3./(s +2));
subplot(2,1,1),mesh(x,y,Fas),surf(x,y,Fas),colormap("cool"),grid on;
title('拉普拉斯变换(a)');
xlabel('实轴');
ylabel('虚轴');
subplot(2,1,2),mesh(x,y,Fbs),surf(x,y,Fbs),colormap("hsv"),grid on;
title('拉普拉斯变换(b)');
xlabel('实轴');
ylabel('虚轴');
```

运行结果如图7-17所示。

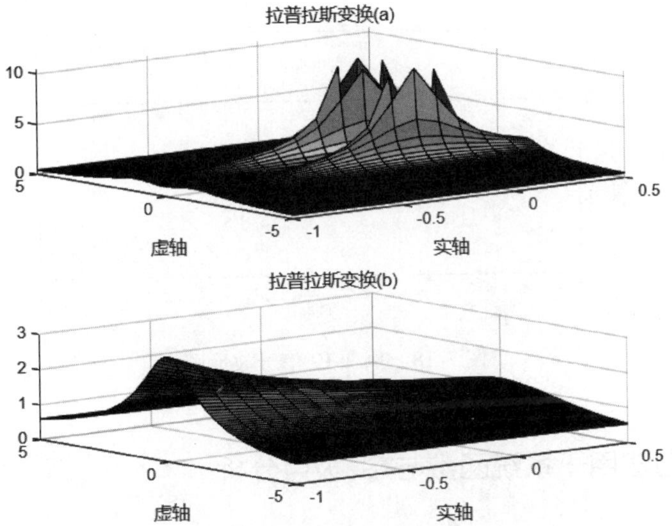

图7-17 例7-18信号波形图

【例7-19】 求拉普拉斯逆变换：(1) $F(s)=\dfrac{2s+1}{s^2+7s+10}$；(2) $F(s)=\dfrac{s^2}{s^2+3s+2}$。

解

```
syms s;
fas = (2 * s +1)./(s.^2 +7 * s +10);
fbs = (s.^2)./(s.^2 +3 * s +2);
fat = ilaplace(fas);
fbt = ilaplace(fbs);
t = -5:0.01:5;
Fat =3 * exp(-5 * t) - exp(-2 * t);
```

```
Fbt = dirac(t) - 4 * exp(-2 * t) + exp(-t);
subplot(2,1,1),plot(t,Fat),grid on;
title('原函数信号 a');
xlabel('时间(t)');
ylabel('幅值(f)');
subplot(2,1,2),plot(t,Fbt),grid on;
title('原函数信号 b');
xlabel('时间(t)');
ylabel('幅值(f)');
```

运行结果如图 7-18 所示。

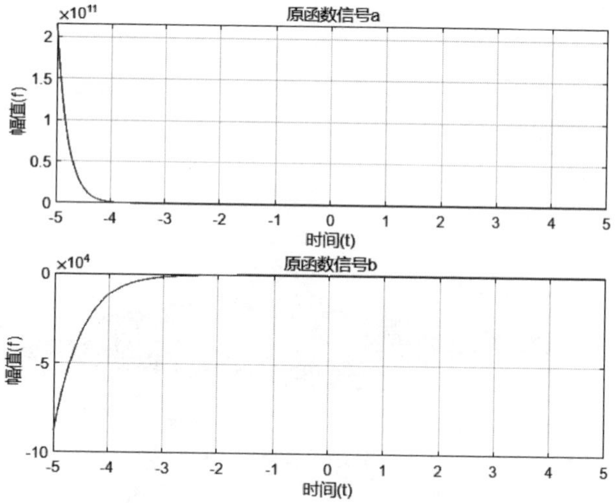

图 7-18　例 7-19 信号波形图

7.7　MATLAB 方法用于系统函数与零、极点分析

【例 7-20】 零极点分析。

(1) $H(s)=\dfrac{s+2}{s^2+4s+5}$，求零极点并画出零极点图，并求阶跃响应 $s(t)$ 和冲击响应 $h(t)$。

解

```
b = [1 2];
a = [1 4 5];
sys = tf(b,a);
subplot(1,3,1),pzmap(sys);
subplot(1,3,2),step(b,a);
subplot(1,3,3),impulse(b,a);
```

运行结果如图 7-19 所示。

(2) $H(s)=\dfrac{s+2}{s^3+3s^2+2s+1}$，求 $H(s)$ 的零极点分布。

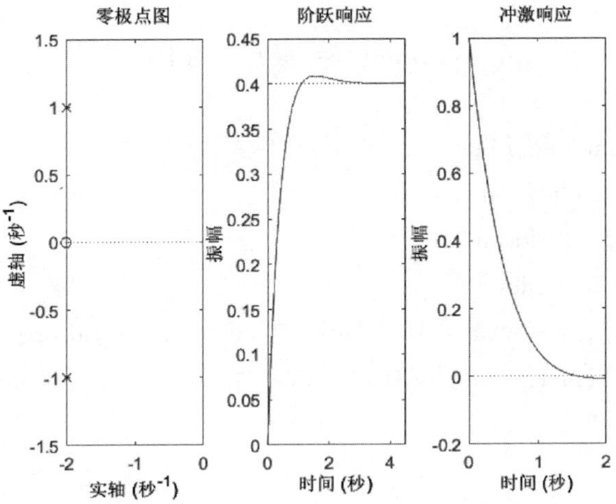

图 7-19　例 7-20(1)信号波形图

解　b = [1 2];

a = [1 3 2 1];

sys = tf(b,a);

pzmap(sys);

运行结果如图 7-20 所示。

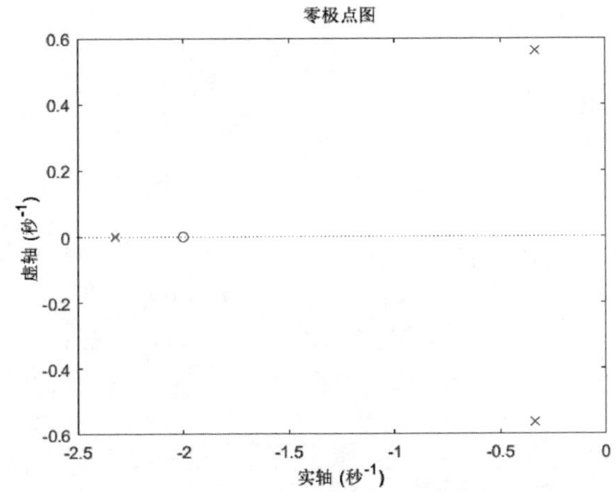

图 7-20　例 7-20(2)信号波形图

【例 7-21】　设有系统函数

$$H(s)=\frac{1}{s^3+2s^2+2s+1}$$

试画出零、极点分布图,并求该系统的冲激响应和频率特性。

解　num = [1];

den = [1 2 2 1];

sys = tf(num,den);

```
poles = roots( den)
subplot(2,2,1),pzmap(sys);title('零、极点分布图');
t = 0:0.02:10;
h = impulse(num,den,t);
subplot(2,2,2),plot(t,h);
title('冲激响应');grid on
[H w] = freqs(num,den);
subplot(2,2,3),plot(w,abs(H));title('幅频特性');grid on;
subplot(2,2,4),plot(w,angle(H));title('相频特性');grid on;
```

运行结果如图 7-21 所示。

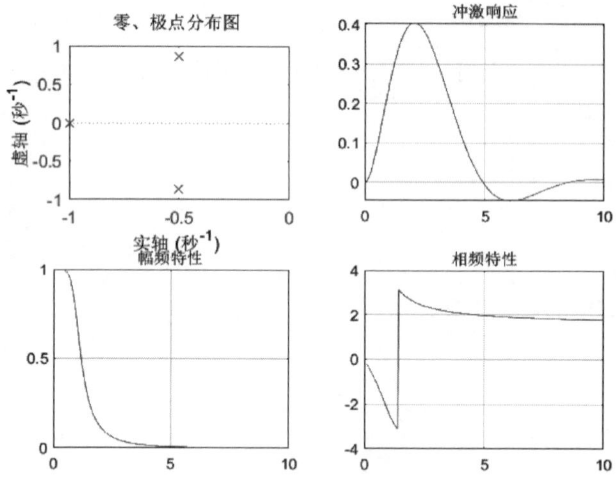

图 7-21　例 7-21 信号波形图

【例 7-22】　某导弹自动跟踪系统框图如图 7-22 所示,其系统函数为

$$H(s)=\frac{34.5s^2+119.7s+98.1}{s^3+35.714s^2+119.741s+98.1}$$

试求其阶跃响应 $s(t)$。

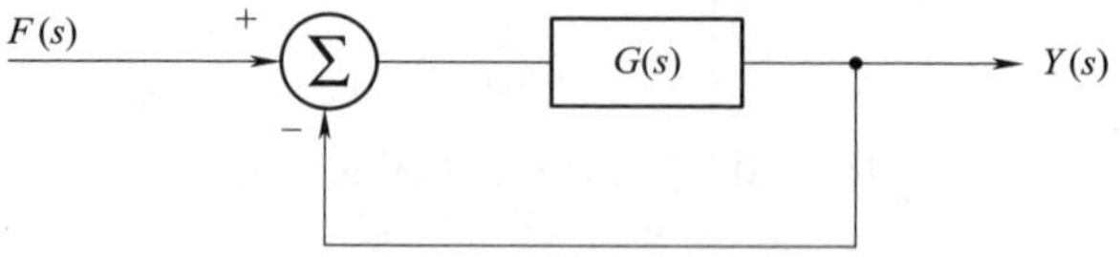

图 7-22　系统框图

解
```
num = [34.5 119.7 98.1];
den = [1 35.714 119.741 98.1];
step(num,den); grid on;
```

运行结果如图 7-23 所示。

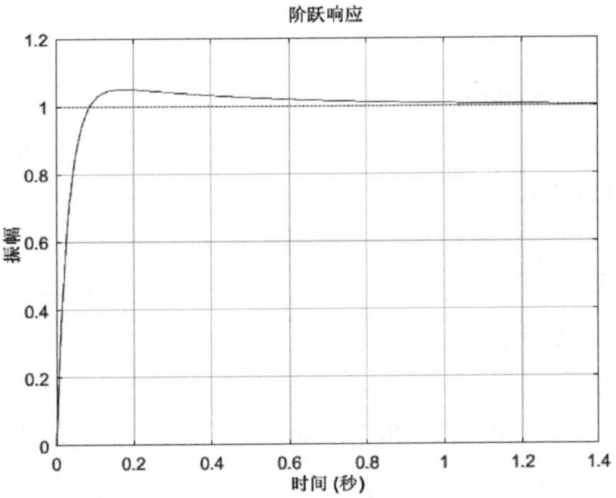

图 7-23　例 7-22 信号波形图

7.8　MATLAB 方法用于离散系统时域分析

【例 7-23】　已知差分方程 $y(n)-y(n-1)+0.8y(n-2)=f(n)$。

(1) 当 $f(n)=0.5^{n}\varepsilon(n)$ 时，求零状态响应 $y(n)$；

(2) 当 $f(n)=\delta(n)$ 时，求单位响应 $h(n)$。

解

```
b=[1];a=[1 -1 0.8];         % 差分方程的系数
n=0:15;                     % 序列的个数
fn=0.5.^n;                  % 输入序列
y1=filter(b,a,fn);          % 零状态响应
y2=impz(b,a,16);            % 单位响应
subplot(1,2,1),stem(n,y1,'filled');title('零状态响应');grid on;
subplot(1,2,2),stem(n,y2,'filled');title('单位响应');grid on;
```

运行结果如图 7-24 所示。

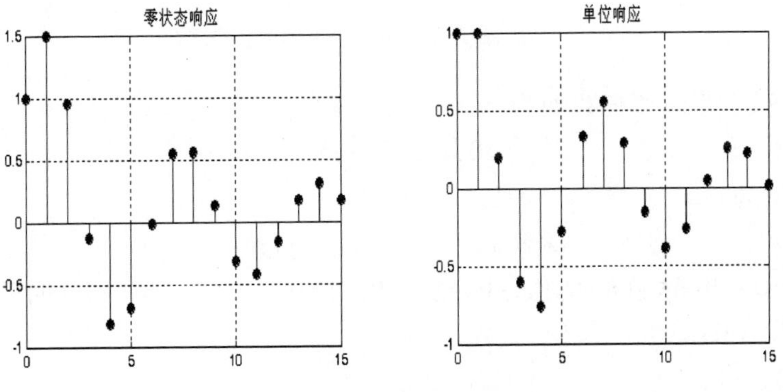

图 7-24　例 7-23 信号波形图

【例 7-24】 求卷积和:若 $f(n)=0.8^{n-5}\varepsilon(n-5)$,到 $n=30$,$h(n)=R_{10}(n)$,求 $y(n)=f(n)*h(n)$。

解

```
nf = 5:30;Nf = length(nf);                              % 确定 f(n)的序号向量和区间长度
f = 0.8.^(nf - 5);                                      % 确定 f(n)序列值
nh = 0:9;Nh = length(nh);                               % 确定 h(n)的序号向量和区间长度
h = ones(1,Nh);;                                        % 确定 h(n)序列值
left = nf(1) + nh(1);                                   % 确定卷积序列的起点
right = nf(Nf) + nh(Nh);                                % 确定卷积序列的终点
y = conv(f,h);                                          % 计算 f(n)和 h(n)的卷积
subplot(3,1,1),stem(nf,f,'filled');grid on;             %  绘制 f(n)的图形
axis([0 40 0 1]);title('f(n)');
subplot(3,1,2),stem(nh,h,'filled');grid on;             % 绘制 h(n)的图形
axis([0 40 0 1.1]);title('h(n)');
subplot(3,1,3),stem(left:right,y,'filled'); grid on;    % 绘制 y(n)的图形
axis([0 40 0 5]);title('y(n) = f(n) * h(n)');
```

运行结果如图 7-25 所示。

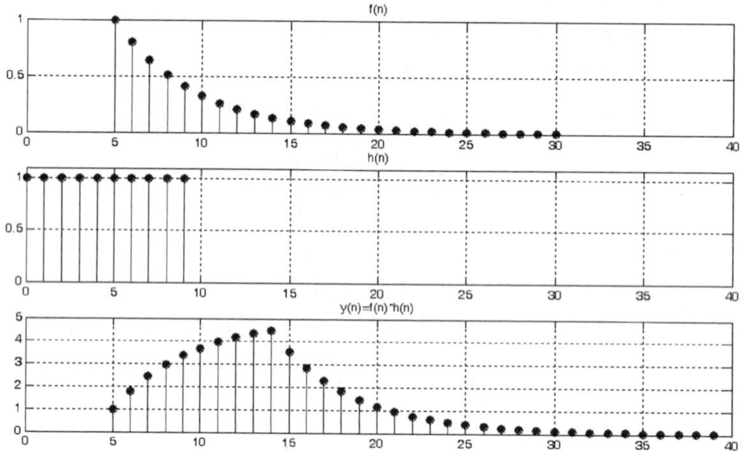

图 7-25 例 7-24 信号波形图

【例 7-25】 斐波那契数列为

$$\{0,1,1,2,3,5,8,13,\cdots\}$$

数学模型为

$$y(n)-y(n-1)-y(n-2)=0$$

试求 $n=0\sim30$ 时 $y(n)$的值,并分别画出 $n=0\sim20$ 和 $n=0\sim30$ 时的曲线 $y(n)$。

解

```
y(1) = 0;
y(2) = 1;
for i = 3:30
    y(i) = y(i - 1) + y(i - 2);
```

```
end
disp(y);
subplot(1,2,1),stem(y(1:20),'filled'); grid on % 绘制 n=0~20 时斐波那契数列的图形
subplot(1,2,2),stem(y(1:30),'filled'); grid on % 绘制 n=0~30 时斐波那契数列的图形
```

运行结果如图 7-26 所示。

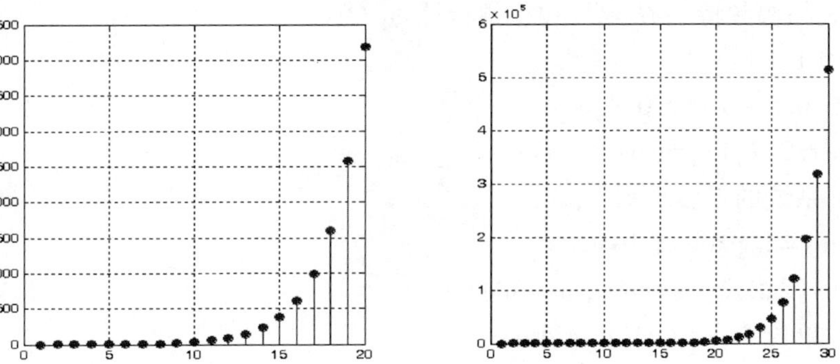

图 7-26 例 7-25 信号波形图

7.9 MATLAB 方法用于 z 域分析

【例 7-26】 求反变换,已知

$$F(z)=\frac{z+0.6}{z^2-1.2z+0.4}=\frac{z^{-1}+0.6z^{-2}}{1-1.2z^{-1}+0.4z^{-2}}$$

计算到 $n=40$,画出 $f(n)$ 曲线。

解

```
b=[0 1 0.6];
a=[1 -1.2 0.4];
[fn n]=impz(b,a,40);
stem(n,fn,'filled');
title('f(n)');grid on
```

运行结果如图 7-27 所示。

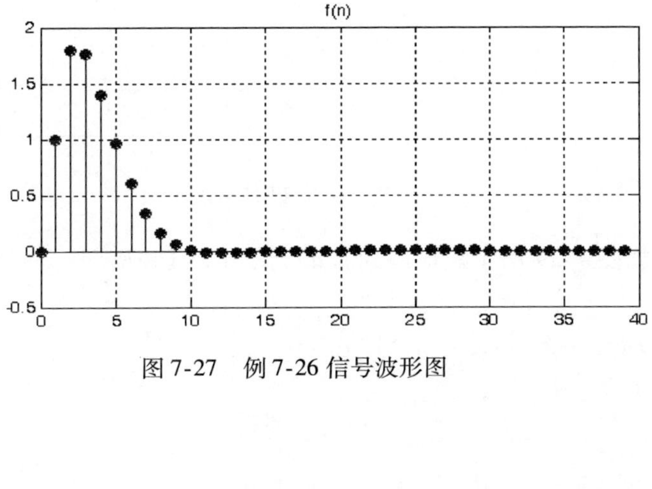

图 7-27 例 7-26 信号波形图

【例 7-27】 分析数字滤波器,设

$$H(z)=\frac{z^2+2z+1}{z^3+0.5z^2-0.005z+0.3}=\frac{z^{-1}+2z^{-2}+z^{-3}}{1+0.5z^{-1}-0.005z^{-2}+0.3z^{-3}}$$

(1)画出零极点图;

(2)求系统响应 $h(n)$;

(3)求系统的幅频特性 $H(e^{j\Omega})$ 和相频特性 $\varphi(\Omega)$。

解

```
b=[0 1 2 1];
a=[1 0.5 -0.005 0.3];
subplot(2,2,1),zplane(b,a);
title('系统的零极点图');
[hn n]=impz(b,a,16);
subplot(2,2,2),stem(n,hn,'filled');
title('单位响应 h(n)');grid on;
axis([0 15 -0.5 1.6]);
[h w]=freqz(b,a,16);
subplot(2,2,3),plot(w,abs(h)');
title('幅频特性曲线');grid on;
subplot(2,2,4),plot(w,angle(h));
title('相频特性曲线');grid on;
```

运行结果如图 7-28 所示。

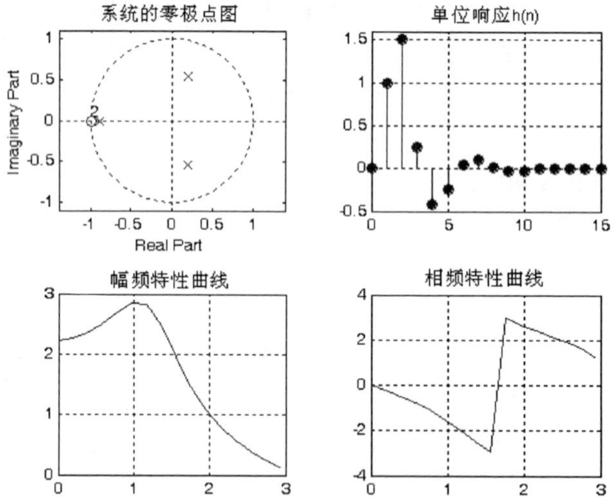

图 7-28　例 7-27 信号波形图

【例 7-28】 如图 7-29 所示矩形序列 $f(n)$,试画出其频谱图。

解

```
M=4;
W=linspace(-3*pi,3*pi,512);
f=ones(1,2*M+1);
```

```
F = freqz(f,[1],W). * exp(j * M * W);
plot(W/pi,real(F));
xlabel('\omega/\pi');grid on;
```

运行结果如图 7-30 所示。它为周期函数,频谱是连续的。

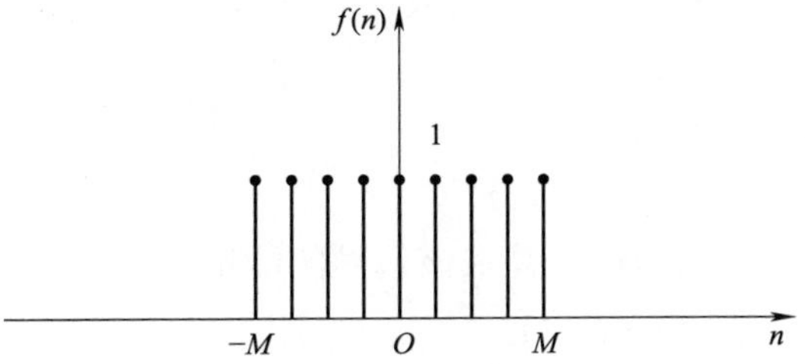

图 7-29　矩形序列

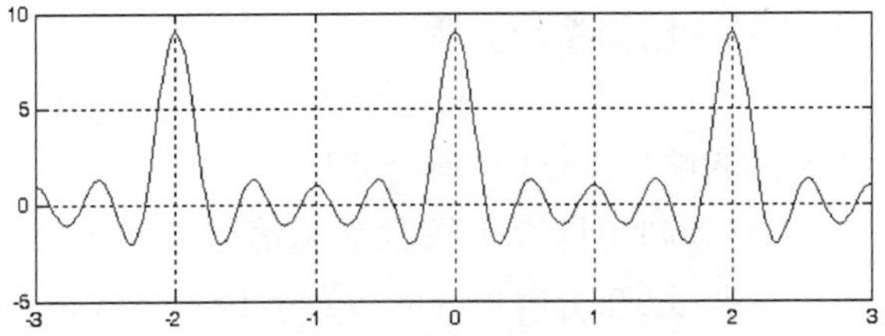

图 7-30　例 7-28 信号波形图

【例 7-29】　设有限长序列

$$f(n)=\begin{cases}1, & 0\leqslant n\leqslant 3\\ 0, & 其他\end{cases}$$

试求该信号的 DFT。设频谱 $F(k)$ 在区间 $[0,2\pi]$ 上等间隔抽样 16 个点。

解

```
fn = ones(1,4);                              % 有限长序列 f(n)
N = 16;                                      % 等间隔抽样 16 点
Fk = fft(fn,N);                              % 利用 FFT 计算 f(n)的 16 点 DFT
stem(0:N-1,abs(Fk),'filled'); grid on;       % 绘制 F(k)
```

运行结果如图 7-31 所示。该频谱是离散的,且是周期的。

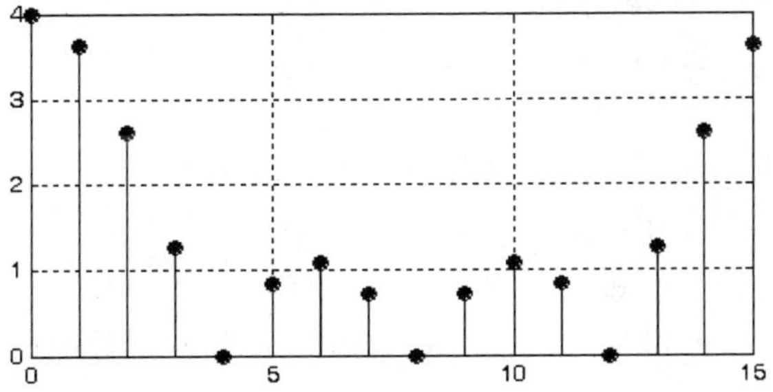

图 7-31　例 7-29 信号波形图

小　结

本章主要对“信号与系统”课程的实验(用 MATLAB 实现)进行了集中分析,分别通过实例对信号波形的绘制,信号与系统的时域分析、频域分析、复频域分析,系统的零极点分析,离散信号的时域分析及 z 变换分析进行了介绍,并引导学生对不同的知识点进行练习操作。

习　题

（要求使用 MATLAB 实现）

7-1　已知信号$f(t)=(-1.5\mathrm{e}^{-t}+6\mathrm{e}^{-2t}-4.5\mathrm{e}^{-3t})\varepsilon(t)$，试画出其波形。

7-2　已知系统方程

$$y''(t)+y'(t)+y(t)=\delta(t)$$

试求冲激响应$h(t)$并画出波形。

7-3　利用计算机编程绘制信号$f(t)=\mathrm{e}^{-|t|}\cos(2t)$的波形，并求该信号的能量。

7-4　已知$f_1(t)=\cos(t)$，$f_2(t)=\sin\pi t$，$f_3(t)=f_1(t)+f_2(t)$。

(1)确定$f_1(t)$和$f_2(t)$的基波周期T_1和T_2；

(2)证明：$f_3(t)$不是周期的，若它是周期的，则要求对于整数k_1和k_2，有$T_3=k_1T_1=k_2T_2$；

(3)求信号$f_1(t)$，$f_2(t)$，$f_3(t)$的功率P_1，P_2，P_3。

7-5　求图 7-32 所示非周期信号$f(t)$的频谱函数$F(\omega)$并画出频谱图。

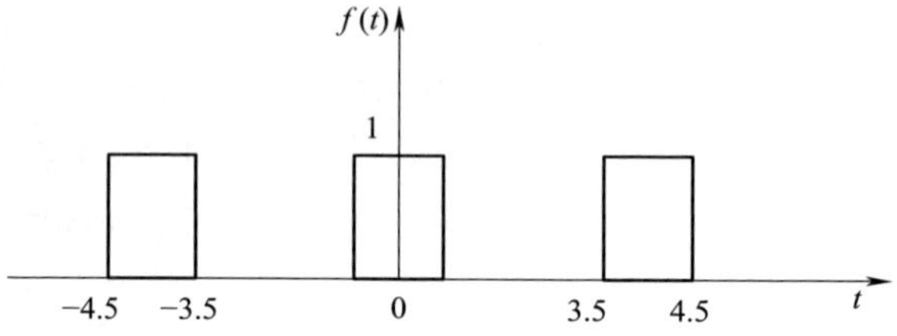

图 7-32　题 7-5 图

7-6　已知$f(t)=\mathrm{e}^{-t}\sin\omega t$，求其拉式变换$F(s)$。

7-7　已知$F(s)=\dfrac{2(s+6)}{s^2+7s+12}$，求其拉普拉斯反变换$f(t)$。

7-8　对于图 7-33 所示电路，其微分方程可以表示为

$$\frac{\mathrm{d}^2v_c(t)}{\mathrm{d}t^2}+\frac{R}{L}\frac{\mathrm{d}v_c(t)}{\mathrm{d}t}+\frac{1}{LC}v_c(t)=\frac{1}{LC}f(t)$$

设$L=1$ H，$C=1$ F，通过计算机仿真观察电阻R取下列数值时系统的冲激响应在 0～50 s 的波形。

(1)$R=0\ \Omega$；(2)$R=0.2\ \Omega$；(3)$R=2\ \Omega$；(4)$R=5\ \Omega$。

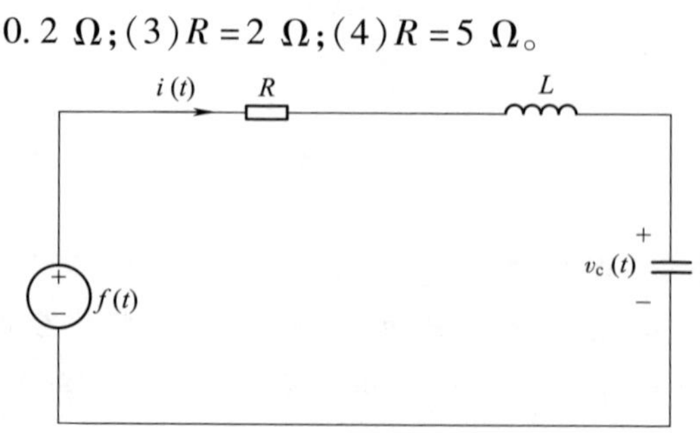

图 7-33　题 7-8 图

7-9　已知信号 $f(t)=\sum_{n=-\infty}^{+\infty} e^{-|t-2n|}$。

(1)证明：$f(t)$ 具有偶对称特性。

(2)证明：$f(t)$ 为周期信号，周期为 2。

(3)求信号 $f(t)$ 在区间 $t\in(0,1)$ 的闭合表达式，并利用 MATLAB 画出区间 $t\in(-1,1)$ 内信号 $f(t)$ 的图形。

7-10　设有系统函数

$$H(s)=\frac{sL+\frac{1}{sC}}{R+sL+\frac{1}{sC}}$$

其中 $R=50\ \Omega$，$L=50\ \mu\text{H}$，$C=470\ \text{pF}$，试画出该系统函数的零、极点分布图，幅频特性 $H(\omega)$ 和相频特性 $\phi(\omega)$。

7-11　试求卷积和 $f_1(n)*f_2(n)=\left(\frac{2}{3}\right)^n\varepsilon(n)*\varepsilon(n)$，画出图形（计算到 $n=10$）。

7-12　已知 z 变换 $F(z)=\frac{z^2}{(z-0.5)(z-1)}$，试求其反变换 $f(n)$，并画出图形（计算到 $n=30$）。

7-13　若系统函数 $H(\omega)=\frac{1}{j\omega+1}$，激励为周期信号 $f(t)=\sin t+\sin 3t$。

(1)利用傅里叶变换求响应 $y(t)$ 的解析解。

(2)画出系统的幅频和相频特性曲线。

(3)利用 MATLAB 画出 $f(t)$，$y(t)$ 的波形。

7-14　请利用计算机编程绘制下列因果系统的零、极点图和频率响应特性，并判断系统具有什么类型的滤波特性，观察零、极点分布和系统频率响应特性的关系。

(1) $H_1(s)=\frac{2}{s+2}$；　　(2) $H_2(s)=\frac{2}{s+2}$；

(3) $H_3(s)=\frac{1}{s^2+2s+10}$；　　(4) $H_4(s)=\frac{(s-1)(s-2)}{(s+1)(s+2)}$。

7-15　已知某线性时不变离散因果系统的差分方程为

$$y[n]+3y[n-1]+2y[n-2]=x[n]+x[n-1],$$

该系统的激励信号为 $x[n]=(-3)^n u[n]$，起始状态为 $y[-1]=-2$，$y[-2]=3$。

(1)求系统的全响应。

(2)借助 z 变换利用计算机求系统的全响应。

7-16　有状态方程

$$\begin{pmatrix}\dot{x}_1\\ \dot{x}_2\\ \dot{x}_3\end{pmatrix}=\begin{pmatrix}-2 & 0 & -1\\ 0 & -3 & 3\\ 2 & -2 & 0\end{pmatrix}\begin{pmatrix}x_1\\ x_2\\ x_3\end{pmatrix}+\begin{pmatrix}1 & 0\\ 0 & -3\\ 0 & 0\end{pmatrix}\begin{pmatrix}f_1(t)\\ f_2(t)\end{pmatrix}$$

$$y(t)=\begin{pmatrix}0 & 1 & 0\end{pmatrix}\begin{pmatrix}x_1\\x_2\\x_3\end{pmatrix}+\begin{pmatrix}0 & 1\end{pmatrix}\begin{pmatrix}f_1(t)\\f_2(t)\end{pmatrix}$$

设$\begin{pmatrix}x_1(0)\\x_2(0)\\x_3(0)\end{pmatrix}=\begin{pmatrix}0\\0\\0\end{pmatrix}$，$f_1(t)=\varepsilon(t)$，$f_2(t)=\mathrm{e}^{-2t}\varepsilon(t)$，试求 $x_1(t)$，$x_2(t)$，$x_3(t)$和 $y(t)$，并画出各曲线。

参 考 文 献

[1] 郑君里,应启珩,杨为理. 信号与系统:下册[M]. 2 版. 北京:高等教育出版社,2000.

[2] 管致中,夏恭恪,孟桥. 信号与线性系统:上册[M]. 6 版. 北京:高等教育出版社,2015.

[3] 管致中,夏恭恪,孟桥. 信号与线性系统:下册[M]. 6 版. 北京:高等教育出版社,2016.

[4] 谷源涛,应后坎,郑君里. 信号与系统:MATLAB 综合实验[M]. 北京:高等教育出版社,2008.

[5] 吕玉琴,俎云霄,张健明. 信号与系统[M]. 北京:高等教育出版社,2014.

[6] 陈后金,胡健,薛健,等. 信号与系统[M]. 3 版. 北京:高等教育出版社,2020.

[7] 奥本海姆,威尔开斯凯,纳瓦布. 信号与系统(第 2 版)[M]. 刘树棠,译. 北京:电子工业出版社,2013.

[8] 吕玉琴,尹霄丽,张金玲,等. 信号与系统考研指导[M]. 3 版. 北京:北京邮电大学出版社,2013.

[9] 尹霄丽,张健明. MATLAB 在信号与系统中的应用[M]. 北京:清华大学出版社,2015.

[10] 尹龙飞,尹霄丽. 信号与系统:答疑解惑与典型题解[M]. 北京:北京邮电大学出版社,2022.

[11] 黄小平,王岩. 卡尔曼滤波原理及应用:MATLAB 仿真[M]. 2 版. 北京:电子工业出版社,2022.

[12] 尹霄丽,尹龙飞,滕颖蕾. 信号与系统[M]. 北京:人民邮电出版社,2023.

[13] 张延华,刘鹏宇. 信号与系统. [M]. 2 版. 北京:机械工业出版社,2017.

[14] 俞一彪,孙兵. 数字信号处理[M]. 南京:东南大学出版社,2021.

[15] 谭静,卞晓晓,张小琴,等. 信号与线性系统分析[M]. 南京:南京大学出版社,2016.

[16] 胡沁春,刘刚利,高燕. 信号与系统[M]. 重庆:重庆大学出版社,2015.

[17] 林瑜筠. 高速铁路信号技术[M]. 北京:中国铁道出版社有限公司,2022.